EXAM PRESS®

Gold Oracle Database 12c Upgrade [新機能] 解説編

株式会社システム・テクノロジー・アイ　代田佳子

本書内容に関するお問い合わせについて

このたびは翔泳社の書籍をお買い上げいただき、誠にありがとうございます。弊社では、読者の皆様からのお問い合わせに適切に対応させていただくため、以下のガイドラインへのご協力をお願い致しております。下記項目をお読みいただき、手順に従ってお問い合わせください。

●ご質問される前に

弊社Webサイトの「正誤表」をご参照ください。これまでに判明した正誤や追加情報を掲載しています。

正誤表　http://www.shoeisha.co.jp/book/errata/

●ご質問方法

弊社Webサイトの「刊行物Q&A」をご利用ください。

刊行物Q&A　http://www.shoeisha.co.jp/book/qa/

インターネットをご利用でない場合は、FAXまたは郵便にて、下記"翔泳社 愛読者サービスセンター"までお問い合わせください。
電話でのご質問は、お受けしておりません。

●回答について

回答は、ご質問いただいた手段によってご返事申し上げます。ご質問の内容によっては、回答に数日ないしはそれ以上の期間を要する場合があります。

●ご質問に際してのご注意

本書の対象を越えるもの、記述個所を特定されないもの、また読者固有の環境に起因するご質問等にはお答えできませんので、予めご了承ください。

●郵便物送付先および FAX 番号

送付先住所　〒160-0006　東京都新宿区舟町５
FAX番号　03-5362-3818
宛先　（株）翔泳社 愛読者サービスセンター

はじめに

前バージョンであるOracle Database 11g Release 2（以降、Oracle Database 11gR2）が出荷されたのが2009年11月でした。それから5年半。2013年7月、Oracle Database 12c Release 1（以降、Oracle Database 12c）が登場しました。

Oracle Database 10g Release 1やRelease2では、それ以前の「インターネット（i）」対応から、資源をまとめることで大規模な環境を構築できる「グリッド（g）」対応となりました。グリッドでは、リソースを必要なときに必要なところに移動することで、アイドルリソースを減らすことができます。Oracle Database 11gR2はそのグリッドを踏襲し、さらに変更管理を追加したものになりました。今回のOracle Database 12cは、「クラウド（c）」対応です。クラウドでは、雲の向こう（ネットワークの先）からサービスを提供してもらうために必要な環境を用意し、利用側は環境を意識せずに利用することができます。

Oracle Database 12cは、クラウド対応機能の代表格「マルチテナント」だけでなく、セキュリティ、情報ライフサイクル管理、高可用性やパフォーマンスなど、500以上の新機能が追加されました。そのすべてを使用する必要はありませんが、システムで必要な機能に対する選択肢が広がったといえます。

本書は「ORACLE MASTER Gold Oracle Database 12c」に必要な試験「Upgrade to Oracle Database 12c（1Z0-060）」に含まれる項目を解説しています。出題傾向は、筆者が受験した感想から分析したため、必ずしも同じになるとは限りませんが、参考にしてください。

資格取得のためだけでなく、本書がみなさんの現場での知識獲得や活用にもつながれば幸いです。

2014年9月
代田 佳子

ORACLE MASTER 資格と試験の概要

最初に、みなさんがこれから挑もうとしている ORACLE MASTER 資格制度と試験について理解しましょう。

ORACLE MASTER とは

ORACLE MASTER（オラクル認定資格制度）とは、その名のとおり、日本オラクル株式会社（以下、日本オラクル）がOracle 製品に関する技術力を認定する制度です。Oracle 製品を利用するユーザーから見れば、ORACLE MASTER 取得者が在籍する企業であれば、安心して提案やサポートが受けられるということであり、ORACLE MASTER の資格は業界からは高く評価されていると言えます。

ORACLE MASTER は、1997 年から提供が開始されており、2003 年には全世界共通の認定資格「Oracle Certification Program（OCP)」に準拠し、世界レベルで認定される資格になっています。

ORACLE MASTER Oracle Database 12c とは

ORACLE MASTER は、「特定の職種に求められる幅広いスキル」を認定するもので、職種ごとに以下の 4 分野に分かれています。

表 0-1：ORACLE MASTER の分類と職種

分類	対象者
Database	データベース管理者
Middleware / Java	開発者
Applications	ビジネスアプリケーション管理者
Server / Storage System	サーバーおよびストレージ管理者

このうち、「Database」と「Middleware / Java」で ORACLE MASTER という名称が使用されています。

また、これら以外に「特定専門領域もしくはテクノロジについての専門スキル」を認定する「ORACLE MASTER Expert プログラム」という資格も用意されています。

この中で特に人気の高いものが、最多シェアを誇るRDBMS である「Oracle Database」管理者向けの資格です。Oracle Database のバージョンごとに資格が用意されており、本書では、2013 年 6 月に国内リリースされた「Oracle Database 12c」についてのスキルを認定する、「ORACLE MASTER Oracle Database 12c」資格を扱います。

ORACLE MASTER Oracle Database 12c の認定レベル

「ORACLE MASTER Oracle Database 12c」資格体系は、Oracle Database のバージョンごとに 4 つの認定レベルに分かれています。

入門レベルの Bronze から、Silver、Gold、最上位の Platinum まで、段階的なステップアップが可能です。なお、上位資格を取得するには、下位の資格を取得していることが条件とされています。ただし、Oracle Database 11g など過去のバージョンで資格を取得している人は、移行試験に合格することで Oracle Database 12c 資格にアップグレードできます。

表 0-2：12c 資格取得のための試験

<table>
<tr><th>12c 資格名</th><th colspan="2">12c 資格新規取得用試験（試験番号）</th><th>前バージョンからのアップグレード試験（試験番号）</th></tr>
<tr><td>Platinum Oracle Database 12c</td><td colspan="3">本書刊行時においては詳細未定</td></tr>
<tr><td>Gold Oracle Database 12c</td><td colspan="2">Oracle Database 12c:Advanced Administration（1Z0-063）*
日本語試験準備中</td><td>9i,10g,11g Gold 保有者は…
Upgrade to Oracle Database 12c（1Z0-060）</td></tr>
<tr><td>Silver Oracle Database 12c</td><td colspan="2">Oracle Database 12c:
Installation and Administration（1Z0-062）</td><td>9i,10g,11g Silver 保有者は…
Oracle Database 12c: Installation and Administration（1Z0-062）</td></tr>
<tr><td rowspan="2">Bronze Oracle Database 12c</td><td>Bronze DBA 12c
（1Z0-065）</td><td>12c SQL 基礎
（1Z0-061）**</td><td rowspan="2">7,8,8i Platinum、7,8,8i Gold、9i Silver Fellow、10g,11g Bronze 保有者は…
Bronze DBA 12c
（1Z0-065）</td></tr>
<tr><td colspan="2">2 つの試験に合格する必要がある</td></tr>
</table>

* Gold、Platinum に認定されるためには、試験に合格するほか、別途、日本オラクルが開催する指定研修コースの受講が必要です。対象コースなど詳細については Oracle University の Web サイト（http://education.oracle.com/jp/）を確認してください。

**「12c SQL 基礎」の代わりに「Bronze SQL 基礎 I（1Z0-017）」「11g SQL 基礎 I（1Z0-051）」でも可。

また、Silver 以上はグローバル資格「Oracle Certification Program（OCP）」に完全対応しており、資格取得と同時にそれぞれ対応する OCP レベルに認定されます。

表 0-3：ORACLE MASTER とグローバル資格

ORACLE MASTER	グローバル資格
Platinum Oracle Database 12c	OCM（Oracle Certified Master）
Gold Oracle Database 12c	OCP（Oracle Certified Professional）
Silver Oracle Database 12c	OCA（Oracle Certified Associate）

認定試験の概要

本書で扱う「Upgrade to Oracle Database 12c」試験は、11g以前のバージョンの「ORACLE MASTER Gold」資格を保有している方が、「ORACLE MASTER Gold Oracle Database 12c」資格にアップグレードするための試験です。この1試験に合格するだけで、12c Gold資格を保有できます。

「Upgrade to Oracle Database 12c」試験の概要は、以下のとおりです。

表 0-4

<table>
<tr><th>試験番号</th><th>試験時間</th><th>出題範囲</th><th>出題数</th><th>合格ライン</th><th>試験料</th><th>オンライン受験</th></tr>
<tr><td rowspan="2">1Z0-060</td><td rowspan="2">120 分</td><td>セクション 1：
Oracle Database 12c の新機能</td><td>51 問</td><td>64%</td><td rowspan="2">26,600 円
（税抜）</td><td rowspan="2">不可</td></tr>
<tr><td>セクション 2：
重要な DBA スキル</td><td>34 問</td><td>65%</td></tr>
</table>

セクション1とセクション2、合計85問の問題を120分で解答します。

※本書では「セクション1：Oracle Database 12c の新機能」に絞って解説します。

ORACLE MASTER の最新情報

ここに記載した情報は本書執筆時点（2014年7月）のものです。ORACLE MASTER に関する最新情報は、Oracle University の Web サイトをご覧いただくか、下記までお問い合わせください。

ORACLE MASTER に関するお問い合わせ

日本オラクル株式会社　Oracle University

URL：http://education.oracle.com/jp

TEL：0120-155-092　平日 9:00-17:00（12:00-13:00 は除く）

E-mail：OUadm_jp@oracle.com

受験のお申し込み / お問い合わせ先

ピアソン VUE

URL：http://www.pearsonvue.com/japan

TEL：0120-355-583 または 0120-355-173

FAX：0120-355-163

本書の内容

本書は「ORACLE MASTER Gold Oracle Database 12c」にアップグレードするための試験「Upgrade to Oracle Database 12c（1Z0-060）」に含まれる「セクション1：Oracle Database 12cの新機能」の学習書です。

本書の構成と内容は以下のとおりです。

第1〜8章

Oracle Database 12cの新機能について以下の8つの章に分けて解説しています。

第1章　Enterprise Managerとツール

Oracle Enterprise Manager Cloud Controlは、Oracle Database 12cの完全な管理に使用することができます。Oracle Database 12cからはDatabase Controlが提供されず、個々のデータベースの簡易的な管理にはDatabase Express（EM Express）が提供されます。または、Oracle Database 10gから提供されるSQL Developerに追加されたDBA接続を使用することができます。

第2章　マルチテナント

1つのデータベース内（コンテナデータベース：CDB）に、移植可能な自己完結型データベース（プラガブルデータベース：PDB）を組み込むことができます。これにより、1つのシステムを複数のサービスで共有するマルチテナント構成が可能になります。

第3章　情報ライフサイクル管理（ILM）

ヒートマップと自動データ最適化を使用することで、時間経過に伴うデータの使用状況の変化を監視し、圧縮と表領域移動を検討することができます。また、データベース内アーカイブや時制有効性を使用して、レコードの表示制限を行い、データ提供管理を自動化することができます。

第4章　セキュリティ

各種監査機能を統合して一元管理できる統合監査や新しい管理グループ（SYSBACKUP、SYSDG、SYSKM）による職務の分離、使用されていない権限を特定する権限分析、データに一時的なマスキングを行うことで機密データの表示を禁止するデータリダクションなど、多層防御向けセキュリティ機能が提供されています。

第5章　高可用性

バージョンアップのたびに進化するRMANによるバックアップ／リカバリは、Oracle Database 12cでも機能追加やインタフェースの改善が行われています。可用性のために必要な各種オンライン機能が追加されています。

第6章　管理性

従来の1つのSQLを追跡できるリアルタイムSQL監視が拡張され、2時点間の複数のデータベース操作を監視できるリアルタイムデータベース操作監視が提供されています。自動診断リポジトリ（ADR）では、DDLログとデバッグログをアラートログから切り離すことが可能になり、管理性が向上しています。

第7章　パフォーマンス

オプティマイザ統計収集の拡張や適応問合せ最適化機能により、実行計画の最適化がより自動化されました。また、問題が発生している場合に、リアルタイムADDMや期間比較ADDMによって適切なアクションの実行が可能になります。ネットワークの圧縮やフラッシュキャッシュなどの既存機能が拡張され、UNIX環境でプロセスを統合するマルチプロセスマルチスレッド（MPMT）や一時表のための一時UNDOなどの新機能を使用することでパフォーマンスが向上します。

第8章　その他

Oracle Data Pumpによるエクスポート／インポート、SQL*Loaderによるロード操作に新しい構文が追加されました。パーティショニングに対するパーティションメンテナンス操作の拡張、SELECT文による問合せ結果行を制限するSQL行制限、VARCHAR2などの最大サイズを32Kまで増加させる拡張データ型などの新機能も追加されています。

また、本文や図表などのほか、次の要素があります。

- **試験ではここが出る**：各章の最初で、合格するために本章で特に理解すべきことを挙げています。
- **参照**：各項目に関連するマニュアルなどを明示しています。

- **注意**：正確に理解するための補足や試験解答時の注意事項です。
- **学習チェック**：「試験ではここが出る」で挙げた事項を理解できているか確認する章末問題です。

姉妹書「練習問題編」のお知らせ

本書の姉妹書として、『[ワイド版] オラクルマスター教科書 Gold Oracle Database 12c Upgrade［新機能］練習問題編』（ISBN978-4-7981-4598-3）がオンデマンドで刊行されています。ぜひご活用ください。

試験チェックリスト

表0-5は、オラクル社が用意している試験チェックリストです。なお、表0-5の出題頻度は、おおよその出題問題数から算出した割合です。実際の試験と異なる可能性がありますが、参考にしてください。

表0-5：試験チェックリスト：セクション1

No.	カテゴリ		出題頻度	本書で対応する章
1	Enterprise Manager およびその他のツール	Enterprise Manager Database Express インストール、構成、管理ツール	★☆☆☆	1
2	マルチテナントコンテナデータベースおよびプラガブルデータベースの基礎	マルチテナントアーキテクチャ マルチテナントアーキテクチャの利点 マルチテナントアーキテクチャの用語	★★☆☆	2
3	マルチテナントコンテナデータベースおよびプラガブルデータベースの作成	CDBの作成と構成 PDBの作成と構成 非CDBをPDBに移行	★★★★	2
4	マルチテナントコンテナデータベースおよびプラガブルデータベースの管理	CDB／PDBへの接続 CDB／PDBの起動と停止 CDB／PDBのインスタンスパラメータを変更	★★★☆	2
5	CDBおよびPDBにおける表領域とユーザーの管理	CDB／PDB内の表領域を管理 CDB／PDBのユーザーと権限を管理	★★★☆	2
6	CDBおよびPDBのバックアップリカバリおよびフラッシュバック	CDB／PDBのバックアップを実行 CDB／PDBのリカバリを実行 CDB／PDBのフラッシュバックを実行	★★★★	2

（※表は続く）

表 0-5：試験チェックリスト：セクション 1（続き）

No.	カテゴリ		出題頻度	本書で対応する章
7	ヒートマップ、自動データ最適化およびオンラインでのデータファイルとパーティションの移動	ヒートマップと自動データ最適化	★☆☆☆	3
		オンラインデータファイル移動		5
8	データベース内アーカイブおよび一時的処理	データベース内アーカイブ	★★☆☆	3
		時制有効性		
9	監査	統合監査	★★★☆	4
		監査ポリシー		
10	権限	管理権限（SYSBACKUP、SYSDG、SYSKM）	★★★☆	4
		権限分析		
		PL／SQL コール時の権限チェック		
11	Oracle Data Redaction	Oracle Data Redaction	★☆☆☆	4
12	Recover Manager の新機能	アクティブなデータベース複製の拡張	★★☆☆	5
		クロスプラットフォームバックアップ／リストア		
		マルチセクションの拡張		
		RMAN コマンドラインインタフェースの拡張		
		表リカバリ		
		フラッシュバックデータアーカイブの拡張		3
13	リアルタイムデータベース操作監視	リアルタイムデータベース操作監視	★★☆☆	6
14	SQL チューニングの機能拡張	適応問合せ最適化	★★★☆	7
		適応 SQL 計画管理		
		ヒストグラムの拡張		
		バルクロードのオンライン統計収集		
		グローバル一時表のセッションプライベート統計		
		自動列グループ検出		
		SQL 計画ディレクティブ		
15	緊急監視、リアルタイム ADDM、期間比較 ADDM および ASH 分析	緊急監視とリアルタイム ADDM	★★☆☆	7
		期間比較 ADDM		
		ASH 分析		
16	リソースマネージャおよびその他のパフォーマンスの拡張	CDB と PDB のためのリソースマネージャ	★★★☆	6
		リソースマネージャの拡張		6
		マルチプロセスマルチスレッド		7
		スマートフラッシュキャッシュ		
		一時 UNDO		

（※表は続く）

表 0-5：試験チェックリスト：セクション 1（続き）

No.	カテゴリ		出題頻度	本書で対応する章
17	表、索引およびオンライン操作の機能拡張	同一列セットの複数の索引	★★★	5
		非表示の列		
		オンライン再定義の拡張		
		オンライン DDL 機能の拡張		
18	ADR およびネットワークの拡張機能	ADR DDL ログとデバッグログ	★	6
		高度なネットワーク圧縮		7
19	Oracle Data Pump、SQL*Loader および外部表	Oracle Data Pump：全体トランスポータブル	★★★★	8
		Oracle Data Pump：表としてのエクスポートビュー		
		Oracle Data Pump：暗号化パスワードのエコーなし		
		Oracle Data Pump：インポート時の変換オプション		
		SQL*Loader：新しい構文		
		SQL*Loader：エクスプレスモード		
20	パーティション化の拡張	オンラインパーティション操作	★★★	8
		時間隔参照パーティション化		
		複数パーティションでのメンテナンス操作		
		パーティション表の部分索引		
		非同期グローバル索引メンテナンス		
		パーティションメンテナンス操作のカスケード機能		
21	SQL の拡張および Unicode 用移行アシスタント	SQL 行制限句	★	8
		Unicode 用データベース移行アシスタント		

表 0-6 は、「セクション 2：重要な DBA スキル」の試験チェックリストです。内容は、主に Oracle Database 11g の機能がメインになりますが、Oracle Database 10g でサポートされた機能も含まれます。これらは本書の模擬試験には含めていますが、詳細は、各バージョンのマニュアルや Oracle Database 10g 新機能、Oracle Database 11g 新機能に対応した書籍を参照してください。

表 0-6：試験チェックリスト：セクション 2

No.	カテゴリ		出題頻度
1	コア管理	DB アーキテクチャの基礎	★★★★
		データベースのインストールと設定	
		サーバーとクライアントのネットワークを設定	
		データベースのアラートを監視	
		日常的な管理タスクを実行する	
		パッチを適用および確認する	
		データベースのバックアップ / リカバリ	
		ネットワークとデータベースのトラブルシューティング	
		データリカバリアドバイザによる問題の検出と修復	
		フラッシュバックテクノロジの実装	
		データのロードとアンロード	
		SYSAUX の占有データを再配置	
		デフォルトの永続表領域を作成	
		REDO ログファイルサイズ・アドバイザの使用	
		SecureFile LOB の使用	
		Direct NFS の使用	
2	パフォーマンスの管理	最適なパフォーマンスに必要なデータベースのレイアウト設計	★★☆☆
		パフォーマンスの監視	
		メモリーを管理する	
		パフォーマンス問題の分析と識別	
		Real Application Testing を使用した変更管理	
		Resource Manager を使用したリソース管理	
		SQL チューニングアドバイザを使用したチューニング	
3	ストレージ	データベース構造の管理	★★☆☆
		ASM の管理	
		ASM ディスクとディスクグループの管理	
		ASM インスタンスの管理	
		VLDB の管理（パーティショニング、マテリアライズドビューなど）	
		領域管理の実装	
4	セキュリティ	VPD を使用したセキュリティポリシーの開発と実装	★☆☆☆
		FGA を使用した監査の設定と管理	
		パスワードファイルの作成	
		列と表領域の暗号化	

「セクション2：重要なDBAスキル」の学習の一助として、Oracle Databaseのマニュアルおよび『オラクルマスター教科書』の『10g新機能編』『11g新機能編』の参照先一覧（PDFファイル）を用意しています。

また、「セクション2：重要なDBAスキル」の試験直前チェックシートと、「Oracle Database 12cの新機能一覧」をPDFファイルとして用意しました。

これらのファイルは、下記ダウンロードサイトからダウンロードできます。ダウンロードの際にはアクセスキーを求められますので、ダウンロードサイトにある指示に従って入力してください。

本書のダウンロードサイト

http://www.shoeisha.co.jp/book/download/9784798145976

本書記載内容に関する制約について

本書は、「ORACLE MASTER Gold Oracle Database 12c」資格へアップグレードするための試験「Upgrade to Oracle Database 12c（1Z0-060）」に含まれる「セクション1：Oracle Database 12cの新機能」に対応した学習書です。
「Upgrade to Oracle Database 12c（1Z0-060）」は、日本オラクル株式会社（以下、主催者）が運営する資格制度に基づく試験であり、一般に「ベンダー資格試験」と呼ばれているものです。「ベンダー資格試験」には、下記のような特徴があります。

① **出題範囲および出題傾向は主催者によって予告なく変更される場合がある。**
② **試験問題は原則、非公開である。**

本書の内容は、その作成に携わった著者をはじめとするすべての関係者の協力（実際の受験を通じた各種情報収集／分析など）により、可能な限り実際の試験内容に則すよう努めていますが、上記①・②の制約上、その内容が試験の出題範囲および試験の出題傾向を常時正確に反映していることを保証するものではありませんので、あらかじめご了承ください。

目次

オラクルマスター教科書 Gold Oracle Database 12c Upgrade［新機能］編

試験直前チェックシート

このチェックシートは、試験に関する重要なポイントを抜粋して記載してあります。受験前にこのシートを利用して、自信のないところや再度確認しておきたい項目を重点的にチェックしてください。

Enterprise Managerとツール（第1章）

- [ ] EM Expressの有効化
  - データベース作成後、XMLポートを有効化することで使用できる
  - XMLデータベースと共有サーバー接続が必要
- [ ] EM Expressでできないこと
  - 起動や停止
  - バックアップ／リカバリ
  - リソースマネージャやスケジューラの管理
- [ ] Oracle Database 12cのDatabase Configuration Assistant（DBCA）
  - CDBの作成、PDBの追加／切断／削除／構成

マルチテナント（第2章）

- [ ] CDBレベルで管理されるリソース（全PDBで共有）
  - SGA
  - 制御ファイル
  - REDOログファイル
  - UNDO表領域
- [ ] CDBレベルで管理される操作（全PDBに反映）
  - パッチの適用
- [ ] PDBレベルで実行可能な操作
  - スキーマオブジェクトの管理
  - バックアップ／リカバリ（完全、PITR）
  - リソースマネージャによるリソース制限
- [ ] マルチテナントアーキテクチャの利点
  - データベースの統合
  - 個々のデータベースの管理作業が軽減
- [ ] CDBの作成方法
  - enable_pluggable_database=TRUEのインスタンス
  - ENABLE PLUGGABLE DATABASE句を指定してデータベース作成
  - 非CDBをCDBに変換することはできない
- [ ] シードPDBのファイル配置
  - CREATE DATABASE文のSEED FILE_NAME_CONVERT句
  - db_create_file_destパラメータ（ルートコンテナがOMF時）
  - pdb_file_name_convertパラメータ
- [ ] マルチテナント環境のディクショナリ
  - CDB_xxx：CDB全体（ルートコンテナからのみ全PDB）
  - DBA_xxx：現コンテナ全体
- [ ] CON_ID列（コンテナ番号）
  - 0：CDB全体（非CDB含む）
  - 1：ルートコンテナ（CDB$ROOT）
  - 2：シードPDB（PDB$SEED）
  - 3以上：ユーザーPDB
- [ ] シードPDBのみ表領域を追加
  - CREATE DATABASE文のSEED句内でUSER_DATA句
- [ ] PDBの作成方法
  - シードPDBから空のPDB（CREATE PLUGGABLE DATABASE文でADMIN USER句）
  - 既存PDBをクローニング（CREATE PLUGGABLE DATABASE文でFROM句）
  - 切断したPDBを接続（CREATE PLUGGABLE DATABASE文でUSING句）
  - DBMS_PDBで非CDBをPDBとして接続
- [ ] シードPDBからPDBを作成
  - PDB_DBAロールを持つローカルユーザーが作成される（ADMIN USER句）
  - シードPDBに属するすべてのデータファイルと一時ファイルがコピーされる
- [ ] 既存PDBをクローニング
  - 同じCDB、異なるCDBで可能（異なるCDBはデータベースリンク）
  - ソースPDBはREAD ONLYでオープンしておく
- [ ] 非CDBからPDBを作成
  - 12cの非CDB：
    ① XML作成（DBMS_PDB.DESCRIBE）
    ② PDB作成（CREATE PLUGGABLE DATABASE文でUSING句）
    ③ PDBにnoncdb_to_pdb.sql実行
  - 11.2.0.3の非CDB、異なるOS：全体トランスポータブル
- [ ] 接続（プラグ）の条件
  - キャラクタセットに互換性があること
  - DBMS_PDB.CHECK_PLUG_COMPATIBILITYとPDB_PLUG_IN_VIOLATIONSで検証
- [ ] PDBの切断（UNPLUG）
  - 対象PDBをクローズまたはREAD ONLYにしておく
  - 現CDBからの削除（DROP）が必要

- 切断後CDBに接続できる（同じCDBなら削除後に可能）

- [ ] PDBの削除（DROP）
  - 対象PDBを切断またはクローズしておく
  - シードPDBは削除できない
  - 物理ファイルはデフォルト保存（KEEP DATAFILES）
- [ ] CDBとPDBへの接続
  - ルートコンテナ：ローカル接続、リモート接続可能
  - PDB：常にリモート接続（リスナー経由のサービス接続）
- [ ] PDBにサービスを追加
  - PDBに接続してDBMS_SERVICE.CREATE_SERVICE
  - -pdb PDB名を指定したsrvctl
  - service_namesパラメータ調整は不可（ルートコンテナのみ可能）
- [ ] PDB名の変更
  - RESTRICTED SESSIONでオープンしておく
  - PDBに接続してALTER PLUGGABLE DATABASE文でRENAME GLOBAL_NAME TO句
  - リスナーに登録されるサービス名も変更される
- [ ] PDBの起動と停止
  - ルートコンテナに接続して
    ALTER PLUGGABLE DATABASE ALL OPEN;
    ALTER PLUGGABLE DATABASE ALL CLOSE IMMEDIATE;
  - ルートコンテナか対象PDBに接続して
    ALTER PLUGGABLE DATABASE PDB名 OPEN;
    ALTER PLUGGABLE DATABASE PDB名 CLOSE IMMEDIATE;
  - 対象PDBに接続して
    STARTUP
    SHUTDOWN IMMEDIATE
- [ ] PDBの起動
  - シードPDB：ルートコンテナのOPEN時にREAD ONLYで自動オープン
  - その他PDB：自動でOPENするならトリガーを検討
  - ルートコンテナがREAD ONLY：PDBもREAD ONLYならOPEN可能
- [ ] PDBの自動起動
  - ルートコンテナでAFTER STARTUPイベントトリガーを作成
  - トリガー内で動的SQLを使用してPDBをOPEN
- [ ] PDBの停止
  - シードPDB：明示的にクローズできない
  - その他PDB：CLOSEはセッション切断待ち、CLOSE IMMEDIATEは強制クローズ
  - ルートコンテナの停止：全PDBはCLOSE IMMEDIATEで強制クローズ
- [ ] マルチテナントの初期化パラメータ変更
  - ルートコンテナ：SPFILEファイルに保存
  - PDB：ルートコンテナのディクショナリに保存
- [ ] PDBのSCOPE=SPFILEでパラメータを変更
  - 対象PDBのみ変更される
  - 次回PDBがオープンするとき反映される
- [ ] PDBに接続してUNDO表領域を作成
  - エラーにならない
  - 表領域もデータファイルも作成されない
- [ ] 表領域とデータファイル
  - 表領域名：コンテナ間で同じ名前可能
  - データファイル：各ファイルは異なるファイルであること
- [ ] デフォルト表領域、デフォルト永続表領域
  - 各コンテナで表領域作成
  - デフォルト表領域：各コンテナでユーザーに割り当て
  - デフォルト永続表領域：各コンテナでALTER DATABASE文
    （旧表領域を使用しているユーザーのデフォルト表領域にも影響）
- [ ] 一時表領域、デフォルト一時表領域
  - 一時表領域：各コンテナでユーザーに割り当て
  - デフォルト一時表領域：各コンテナでALTER DATABASE文
  - PDBのデフォルト一時表領域未設定
    ルートコンテナのデフォルト一時表領域使用（共有一時表領域）
- [ ] 表領域のサイズ制限
  - CDBの作成時または各PDBに接続してALTER PLUGGABLE DATABASE文のSTORAGE句
  - MAXSIZE：PDB内表領域の合計サイズに制限
  - MAX_SHARED_TEMP_SIZE：共有一時表領域の使用可能サイズに制限
- [ ] 共通ユーザー（C##xxx）
  - ルートコンテナでのみ作成可能
  - ルートコンテナでのみ変更可能（パスワード含む）
  - 各コンテナでスキーマを持つ
  - デフォルト表領域、一時表領域、クォータ指定の表領域は各コンテナに必要
- [ ] ローカルユーザー（非CDBと同じ）
  - 対象PDB内のみ存在
- [ ] CONTAINER=ALL句
  - ルートコンテナでのみ使用可能
  - 共通ユーザー、共通ロール作成時のデフォルト
  - 権限付与時は明示的に指定する必要（全コンテナに反映）
- [ ] ローカル権限と共通権限
  - ルートコンテナのみ共通権限可能
  - 各コンテナはローカル権限可能（ルートコンテナ含む）
  - 共通権限で付与したものは共通権限としてのみ取り

消し可能

- ☑ ALTER SESSION SET CONTAINERによるコンテナ切替え
  - SET CONTAINER権限が必要
  - 共通ユーザーのみ可能
- ☑ Oracleメタデータ
  - メタデータリンク：各コンテナには固有となるメタデータのみ配置
  - オブジェクトリンク：ルートコンテナのみオブジェクトを配置し各コンテナから参照
- ☑ CDBのバックアップ
  - ルートコンテナでBACKUP DATABASEコマンド
  - シードPDBも含む全データファイル、制御ファイル、SPFILE
- ☑ PDBのバックアップ
  - ルートコンテナでBACKUP PLUGGABLE DATABASE PDB名コマンド
  - PDBでBACKUP DATABASEコマンド
- ☑ 表領域のバックアップ
  - ルートコンテナでBACKUP TABLESPACE PDB名:表領域名コマンド
  - 各コンテナでBACKUP TABLESPACEコマンド
- ☑ NOARCHIVELOGモード時のバックアップ
  - ルートコンテナをマウントモードにする（PDBクローズではない）
- ☑ ユーザー管理のバックアップ
  - ルートコンテナ：データベースレベルと表領域レベル（非CDBと同じ）
  - PDB：PDBレベルと表領域レベル
    - ALTER PLUGGABLE DATABASE BEGIN BACKUP
    - ALTER PLUGGABLE DATABASE END BACKUP
- ☑ インスタンス障害
  - CDBレベルで影響
- ☑ 一時表領域のリカバリ
  - 各コンテナで一時ファイルをADDとDROP
  - PDBの一時表領域自動リカバリ：PDBの再オープン
  - CDBの一時表領域自動リカバリ：CDBの再起動
- ☑ ルートコンテナでリカバリ
  - 非CDBと同じ方法でリカバリ（制御ファイル、REDOログファイル）
  - マウントでリカバリ：SYSTEM表領域、UNDO表領域
  - オープンでも可能（データファイルはOFFLINE）：SYSAUX表領域
- ☑ PDBの表領域のリカバリ
  - SYSTEM表領域：PDBをクローズ（できなければCDB再起動）
  - 非SYSTEM表領域：オープンでも可能（データファイルはOFFLINE）
- ☑ CDBレベルのDBPITR
  - 現データベースでPITR
  - CDBでRESETLOGSが必要（REDOログの再作成、順序番号1にリセット）
  - ルートコンテナで実行（全PDBに影響）
- ☑ PDBレベルのPDBPITR
  - 補助インスタンスでPITRとトランスポータブル表領域
  - PDBでRESETLOGSが必要（REDOログ変更なし）
  - ルートコンテナで実行（他PDBに影響しない）
- ☑ 表領域レベルのTSPITR
  - 補助インスタンスでPITRとトランスポータブル表領域
    - 「PDB名：表領域名」でTSPITR
    - ルートコンテナで実行（他表領域に影響しない）
- ☑ CDBでフラッシュバックデータベース
  - CDBレベルでのみ可能
  - READ ONLYでオープン：PDBを手動でREAD ONLYでオープン
  - RESETLOGSでオープン：PDBはトリガーでオープンも可能
- ☑ フラッシュバック前にデータファイル移動がある場合
  - データはフラッシュバック
  - データファイルは移動後のまま

情報ライフサイクル管理（ILM）（第3章）

- ☑ heat_mapパラメータ
  - 自動データ最適化の有効化：インスタンスレベルでTRUE
- ☑ heat_map結果
  - SYSAUX表領域に保存
  - ユーザー定義表領域内セグメントへのアクセス、変更（ブロックレベル）
- ☑ 圧縮ポリシー
  - 有効範囲：表領域、グループ、セグメント、行
  - タイプ：基本、拡張行、列圧縮
  - パターン：変更なし、アクセスなし、アクセス減少、作成

    （「パターン」状態が評価期間経過後「タイプ」で圧縮）
- ☑ 階層ポリシー（移動ポリシー）
  - ソース表領域でUSEDを超える：アクセスしていないセグメントから移動
  - ターゲット表領域でFREEを超える：移動が終了
- ☑ カスタムポリシー
  - セグメントレベルで使用可能
  - BOOLEAN型を戻すファンクション使用
- ☑ ポリシーの競合
  - 異なるパターン（行レベルはNO MODIFICATIONのみ可能）
  - 同じ評価期間
  - 後から低い圧縮レベル
- ☑ ポリシーの評価

- 行：MMONが15分ごと
- セグメント、グループ:自動化メンテナンスタスク（日次ウィンドウ）
- 手動：DBMS_ILM.EXECUTE_ILMプロシージャ

☐ ORA_ARCHIVE_STATE列
- 表の定義にROW ARCHIVAL句を指定することで自動生成
- 明示的に指定することで列表示可能
- 明示的に列値を更新する（デフォルトは「0」）

☐ row archival visibilityセッションパラメータ
- ACTIVE：0のレコードのみ表示（デフォルト）
- ALL：すべてのレコード表示

☐ データベース内アーカイブの無効化
- ALTER TABLE文のNO ROW ARCHIVAL句で無効化
- ORA_ARCHIVE_STATE列も自動削除

☐ 時制有効性
- PERIOD FOR句で有効化
- 列指定なし：有効期間名_STARTと有効期間名_END列が非表示列として自動作成

☐ 時制有効性のデータ参照
- SELECT文でAS OF句やVERSIONS句を指定
- AS OF句とPERIOD FOR句の組み合わせ：トランザクションからディメンション有効データのみ表示
- DBMS_FLASHBACK_ARCHIVE.ENABLE_AT_VALID_TIME：セッション内の全処理に影響

☐ 時制有効性の無効化
- ALTER TABLE文で有効期間ディメンションの削除
- 暗黙作成された開始列と終了列は自動削除

☐ フラッシュバックデータアーカイブの特徴
- 履歴データの長期保存（UNDO保存期間より長く保存可能）
- サプリメンタルロギング不要
- ユーザーコンテキスト収集可能

☐ フラッシュバックデータアーカイブの有効化
- アーカイブ領域の作成（適切な表領域）
- フラッシュバックデータアーカイブの有効化（表ごと）

☐ フラッシュバックデータアーカイブの最適化
- OPTIMIZE DATA句
- 圧縮と重複除外の有効化

セキュリティ　（第4章）

☐ 統合監査の利点
- 監査全般のパフォーマンス向上
- 監査証跡としての使用領域が減少
- RMANイベントは自動で監査

☐ 統合監査の有効化
- デフォルトは混在モード（統合監査は無効）
- V$OPTIONビューで確認（Unified Auditing=TRUE）
- uniaud_onでmake

☐ 統合監査の管理権限
- AUDIT_ADMINロール：監査ポリシーの作成、有効／無効、監査証跡の管理
- AUDIT_VIEWERロール：監査証跡の確認

☐ 監査レコードの書き込み
- キュー書込みモード
  - パフォーマンス：良い、監査結果：書き込み前のクラッシュで損失
- 即時書き込みモード
  - パフォーマンス：悪い、監査結果：損失なし

☐ 監査キュー
- unified_audit_sga_queue_sizeでサイズ設定
- DBMS_AUDIT_MGMT.FLUSH_UNIFIED_AUDIT_TRAILで手動フラッシュ可能

☐ 混在監査
- 統合監査が無効なとき
- audit_xxxパラメータで設定（従来通り）
- キュー書き込み可能
- 従来監査証跡にも記録するためパフォーマンス悪い

☐ 統合監査証跡
- AUDSYSスキーマ
- UNIFIED_AUDIT_TRAILビュー
- DBMS_AUDIT_MGMTパッケージでメンテナンス

☐ 監査ポリシー
- CREATE AUDIT POLICY文で作成
- オブジェクト監査のON句：直前の文のみオブジェクト限定
- EVALUATE句：指定したタイミングでのみ条件評価

☐ 監査ポリシーの有効化
- AUDIT POLICY文で有効化
- BY句でユーザー限定：複数実行は同時に有効（和集合）
- EXCEPT句でユーザー除外：複数実行は最後の文のみ反映
- デフォルトは成功時と失敗時の両方監査

☐ 事前定義監査ポリシー
- ORA_ACCOUNT_MGMT：ユーザーと権限管理アクション
- ORA_DATABASE_PARAMETER：ALTER SYSTEMとALTER DATABASE文
- ORA_SECURECONFIG：セキュリティ関連。デフォルト有効

☐ デフォルトで有効な監査
- RMANによる操作
- 特権ユーザーによる接続、起動、停止など（従来通り）

☐ 追加された特権ユーザー権限
- SYSBACKUP：SQLとRMANでバックアップ、リカバリ（RMANのみではない）
- SYSDG：DataGuardBrokerを使用したDataGuard構成管理
- SYSKM：暗号化ウォレットやハードウェアセキュリティモジュールによるキーストア管理

- ☐ 特権ユーザー権限でアクセスする方法
  - SYSBACKUP：RMANで明示的にAS SYSBACKUP指定必要（デフォルトSYSDBA）
  - SYSDG：dgmgrlで自動判定（SYSDG接続できないときSYSDBA）
  - SYSKM：ADMINISTER KEY MANAGEMENT文でキーストア管理
- ☐ パスワードファイルへの登録
  - format=12のパスワードファイルであること（デフォルト有効）
  - sysbackup=Y sysdg=Y syskm=Y：パスワードファイル作成時登録
  - ignorecase=N：大文字／小文字が区別される（デフォルト有効）
  - V$PWFILE_USERSビュー：TRUEなら有効な登録済み
- ☐ 権限分析
  - 権限を使用したか使用していないかの分析
  - 使用していない権限は手動でREVOKEを検討
- ☐ 権限分析の手順
  ① 権限分析ポリシー作成：DBMS_PRIVILEGE_CAPTURE.CREATE_CAPTURE
  ② 権限分析の有効化　：DBMS_PRIVILEGE_CAPTURE.ENABLE_CAPTURE
  ③ 分析対象操作の実行
  ④ 権限分析の無効化　：DBMS_PRIVILEGE_CAPTURE.DISABLE_CAPTURE
  ⑤ 権限分析結果の生成　：DBMS_PRIVILEGE_CAPTURE.GENERATE_RESULT
  ⑥ 分析結果の確認　：DBA_USED_xxxやDBA_UNUSED_xxxビューの確認
- ☐ xxx_PATH権限分析結果ビューのGRANT_PATH値
  - 1つの値：直接権限付与
  - 2つ以上の値：ロール経由による付与
- ☐ INHERIT PRIVILEGES権限
  - 実行者から定義者に許可を出す（実行者に注意を促す）権限
    GRANT INHERIT PRIVILEGES ON USER 実行者 TO 定義者
  - プロシージャ（AUTHID CURRENT_USER）、ビュー（BEQUEATH CURRENT_USER）で使用
- ☐ Oracle Data Redaction
  - データ自体の変更はしない
- ☐ FULLリダクションで使用する値
  - DBMS_REDACT.UPDATE_FULL_REDACTION_VALUESで値の変更
  - データベース再起動によって反映される
- ☐ DBMS_REDACT.ADD_POLICYでポリシーを追加
  - expressionによる条件は必須：TRUE時にリダクション
  - 1つの表に1つのポリシーのみ作成可能
  - 列ごとに異なるリダクションタイプを指定できる
- ☐ リダクションからの除外
  - SYSユーザー
  - EXEMPT REDACTION POLICY権限

高可用性　（第5章）

- ☐ RMANコマンドラインインタフェースで実行可能
  - DESCRIBEコマンド
  - SQL文の直接実行
  - SELECT文の実行
  - PL／SQLの実行
- ☐ 表リカバリ
  - バックアップを使用して削除された表の復元
  - 表レベルのPITR
- ☐ マルチセクションが可能な操作
  - イメージコピー
  - レベル1増分バックアップ
  - アーカイブログファイル
  - バックアップセット、レベル0増分バックアップ（11gでも可能）
- ☐ クロスプラットフォームデータ転送が可能なバックアップタイプ
  - イメージコピー（11gでも可能）
  - バックアップセット
- ☐ クロスプラットフォームデータ転送とエンディアン形式
  - 表領域転送：バックアップセット作成時に変換実行
  - データベース転送：同じエンディアン形式であること
- ☐ アクティブなデータベースの複製
  - DUPLICATEコマンドでFROM ACTIVE DATABASE句
  - デフォルトでバックアップセット使用（プルベース）
  - イメージコピーは補助チャネルが少ないとき（プッシュベース）
  - USING COMPRESSED BACKUPSET：バイナリ圧縮の有効化
  - SECTION SIZE：マルチセクションによる分割
  - NOOPEN：複製後にRESETLOGSでオープンしない
- ☐ PDBの複製
  - enable_pluggable_database=TRUEの補助インスタンスが必要
  - 既存CDBの複製
  - 「TABLESPACE PDB名:表領域名」で限定も可能
- ☐ ストレージスナップショットの最適化
  - バックアップモードにしないストレージスナップショットが可能
  - スナップショット側の作成完了時間の指定：SNAPSHOT TIME句
- ☐ INVISIBLE指定した列
  - DESCRIBEで表示されない（SET COLINVISIBLE ON後は表示）

- PL／SQLの%ROWTYPE属性でも表示されない
- 制約を作成することは可能

☐ INVISIBLE指定した索引
- 1つの索引のみVISIBLEなら同一列セットの複数の索引作成可能
- 表の更新時に索引の更新は実行される
- オプティマイザは無視する
- optimizer_use_invisible_indexes=TRUEならオプティマイザから使用検討

☐ DBMS_REDEFINITION.START_REDEF_TABLEのcopy_vpd_opt
- VPDポリシー（FGAC）が作成済みの表でも再定義を可能にする
- CONS_VPD_AUTO：VPDポリシーを自動コピー
- CONS_VPD_MANUAL：VPDポリシーを手動コピー

☐ DBMS_REDEFINITION.FINISH_REDEF_TABLEのdml_lock_timeout
- FINISH処理で表ロックが取得できないときのロック待ちに制限
- ロック取得できれば完了、できなければ指定時間待機後エラー

☐ ONLINE句を指定できるDDL
- 索引の削除
- 索引のUNUSABLE
- 制約の削除
- 列削除のマーク付け時

☐ オンラインデータファイル移動
- ALTER DATABASE文でMOVE DATAFILE句
- 移動中のSELECT、DML、表の作成、ブロックメディアリカバリ可能
- 移動中にフラッシュバックデータベースはできない
- 移動後にフラッシュバックデータベースで戻ることは可能（ファイルは移動後のままで内容がフラッシュバック）

管理性　（第6章）

☐ リアルタイムデータベース操作監視
- 複数のワークロードの監視時に適切
- パラレル、I／O要求、処理合計時間などの統計情報収集
- 日中と夜間にわたって必要時のみ収集可能

☐ DBMS_SQL_MONITOR.BEGIN_OPERATION
- セッションごとに実行する
- CPUまたはI／Oが5秒以上、パラレル処理、MONITORヒントのSQLが監視対象
- forced_tracking=>'Y'：セッション内全SQLが監視対象

☐ リアルタイムデータベース操作監視の結果レポート
- V$SQL_MONITORビュー
- DBMS_SQL_MONITOR.REPORT_SQL_MONITOR

☐ enable_ddl_logging=TRUE
- すべてのDDLの実行時間とSQL文テキストを保存
- ADRホーム/log/ddl/log.xml
- ADRホーム/log/ddl_SID名.log

☐ ADRCIからのDDLログ参照
- show logコマンド
- 実行時間とSQL文テキスト確認

☐ CDB計画（PDB間を制御）
- 共有：CPUとパラレル（share）
- CPU使用率の上限（utilization_limit）
- パラレルサーバーの制限（parallel_server_limit）

☐ CDB計画でPDB以外に設定できるリソース制限
- 自動化メンテナンスタスク用リソース制限（デフォルト：-1で20%）
- デフォルト用リソース制限

☐ 非CDBのリソース計画とPDB計画
- ほぼ同じ（レベル数、グループ数の最大数が異なる）
- 非CDBは8レベルまで、PDB計画は1レベルのみ

☐ CDB計画とPDB計画
- いずれも独立して構成することができる
- PDB計画はCDB計画に加えて構成される

☐ リソースマネージャの新しいしきい値
- 経過時間（switch_elapsed_time）
- 論理I／O（switch_io_logical）
- リアルタイムSQL監視のロギング（log_only）

パフォーマンス　（第7章）

☐ 自動展開タスク
- 未承認SQL計画履歴の計画ベースライン化
- SQLチューニングアドバイザに連動

☐ 自動展開タスクの結果レポート
- DBMS_SPM.REPORT_AUTO_EVOLVE_TASK

☐ 自動展開タスクの手動実行手順
  - ① タスクを作成　：DBMS_SPM.CREATE_EVOLVE_TASK
  - ② タスクパラメータの設定　：DBMS_SPM.SET_EVOLVE_TASK_PARAMETER
  - ③ タスクの実行　：DBMS_SPM.EXECUTE_EVOLVE_TASK
  - ④ レポート生成　：DBMS_SPM.REPORT_EVOLVE_TASK
  - ⑤ タスクの推奨事項を実装　：DBMS_SPM.IMPLEMENT_EVOLVE_TASK

☐ DBMS_XPLAN.DISPLAY_SQL_PLAN_BASELINEの結果
- 実際の実行計画がSQL管理ベース（SMB）に保存
- 実行時と異なる可能性はある

☐ optimizer_adaptive_features＝TRUE（デフォルトTRUE）
- 適応計画、自動再最適化、SQL計画ディレクティブ、適応カーソル共有に影響

☐ 適応問合せ最適化

- 適応計画：初回の実行計画作成時、結合方法の調整
- 自動再最適化：2回目以降の実行計画作成時、統計フィードバック

☐ optimizer_adaptive_reporting_only=TRUE（デフォルトはFALSE）
- 適応問合せ最適化の情報収集は行う
- デフォルト計画のみ選択

☐ SQL計画ディレクティブ
- 列グループ（列の組み合わせ）のヒストグラム情報
- 統計が欠落したりカーディナリティが不正確な場合に収集
- 動的サンプリング（動的統計）で収集
- SYSAUX表領域に保存
- 特定のSQL文に対応付けられていない

☐ SQL計画ディレクティブのパージ
- デフォルト53週（1年）未使用で自動削除
- DBMS_SPD.SET_PREFSでSPD_RETENTION_WEEKSの調整可能

☐ 自動動的サンプリング
- optimizer_dynamic_sampling=11
- 統計収集と結果の保持

☐ ヒストグラムの拡張
- 上位頻度（TOP-FREQUENCY）
- ハイブリッド（HYBRID）
- バケット数＜固有値のときに使用される

☐ 自動列グループ検出の手順
  ① ワークロードの分析：DBMS_STATS.SEED_COL_USAGE
  ② 結果レポートの表示：DBMS_STATS.REPORT_COL_USAGE
  ③ 拡張統計の作成　：DBMS_STATS.CREATE_EXTENDED_STATS

☐ バルクロードのオンライン統計収集対象となる処理
- CREATE TABLE AS SELECT
- 空の表へのAPPENDまたはパラレルによるINSERT INTO SELECT文

☐ グローバル一時表のセッションプライベート統計
- セッションごとのオプティマイザ統計保持
- GLOBAL_TEMP_TABLE_STATSプリファレンス（デフォルト：SESSION）

☐ 緊急監視
- 通常のログインができない場合に使用
- ハングアップしているインスタンスに直接アクセス
- SGAからパフォーマンスデータを読み込む

☐ リアルタイムADDM
- インスタンスにログイン
- SGAとPGAから情報を収集、分析（AWRスナップショットではない）

☐ 期間比較ADDM
- デフォルトで実行されない
- DBMS_ADDM.COMPARE_DATABASES、COMPARE_INSTANCESなど

☐ ASH分析
- Enterprise Managerにおける出力の変更
- 任意の期間で範囲設定、フィルタリングなど

☐ ネットワーク圧縮の拡張
- sqlnet.oraでSQLNET.COMPRESSION=ON
- 圧縮レベル（SQLNET.COMPRESSION_LEVELS）、しきい値（SQLNET.COMPRESSION_THRESHOLD）の変更が可能
- 圧縮処理にはCPUバウンド（CPU負荷）が影響

☐ SDU（Session Data Unit）サイズ
- sqlnet.oraのDEFAULT_SDU_SIZE
- 最大2MBまで設定可能

☐ スマートフラッシュキャッシュ
- db_flash_cache_file：静的パラメータ
- db_flash_cache_size
  - db_flash_cache_fileと対で設定すること（個数が合わないと起動エラー）
  - 動的変更は0か元のサイズのみ可能（異なるサイズはエラー）

☐ マルチプロセスマルチスレッドの利点
- CPU使用率の削減
- 仮想メモリ使用量の削減
- パラレル実行のパフォーマンスが向上

☐ マルチプロセスマルチスレッドの有効化
- threaded_execution=TRUE
- OS認証は使用できなくなる
- リスナー経由での使用：DEDICATED_THROUGH_BROKER_リスナー名=on

☐ 一時UNDO
- temp_undo_enabled=TRUE
- REDO生成量を削減
- UNDO表領域の使用量も削減
- V$TEMPSEG_USAGE、V$TEMPUNDOSTATで確認

☐ SecureFiles LOBの拡張
- デフォルトでSecureFiles LOB（拡張LOB）
- db_securefile=PREFERRED

☐ 表圧縮の拡張
- ROW STORE句（11gはCOMPRESS句）
- 拡張行圧縮（OLTP圧縮）と基本圧縮

その他　（第8章）

☐ 11.2.0.3の非CDBをPDBとして追加
- 全体トランスポータブルなら非CDBのアップグレード不要
- ユーザー定義表領域はすべて読取り専用表領域にする
- ユーザー定義表領域のデータファイルはすべて配置する

- 「full=Y transportable=ALWAYS versions=12」を指定

- [ ] 表としてのエクスポートビュー
  - view_as_tables=ビュー名
  - ビュー定義を表定義に変換してエクスポート
  - 表としてインポートされる
  - スカラー型のみで構成されたビューのみ可能
- [ ] 暗号化パスワードのエコーなし
  - encryption_pwd_prompt=y
  - パスワードプロンプトでパスワード入力
  - encryption_password=パスワードと同時に使用できない
- [ ] table_compression_clause
  - エクスポート時と異なる圧縮設定ができる
  - 表、索引の一部に限定できる
- [ ] lob_storage
  - エクスポート時と異なるLOBアーキテクチャ
  - db_securefileパラメータに合わせることができる（DEFAULT指定時）
- [ ] disable_archive_logging
  - セグメントを作成するREDOは生成
  - データ処理に関するREDO生成をなくす
- [ ] アイデンティティ列
  - シーケンスが関連付けられた列
- [ ] FIELD NAMES FIRST FILE
  - 最初のファイルの1行目が列名指定（ALL FILESならすべてのファイル）
- [ ] FIELDS CSV WITH EMBEDDED
  - CSVなどの区切り記号のデータファイル
  - 改行マークがデータに埋め込める
  - レコード区切りは別途INFILE句のSTRオプション
- [ ] データファイルに関する拡張
  - INFILE句でワイルドカードとして「*」と「?」
- [ ] SQL*Loaderのエクスプレスモード
  - 制御ファイル不要
- [ ] エクスプレスモードの条件について
  - 表の作成は事前に行っておく必要がある
  - 対象表の列はスカラー型
  - 実行ユーザーにCREATE ANY DIRECTORY権限が必要（外部表使用時）
  - 区切り記号を使用したデータファイルを「表名.dat」で用意
- [ ] 時間隔参照パーティション化
  - 時間隔パーティションで参照パーティションが使用できる
- [ ] オンラインパーティション移動
  - ONLINE句を追加したMOVE PARTITION
  - メンテナンス中のDML実行可能
  - 表領域移動、同時に圧縮指定可能
  - 索引同時再構築はUPDATE INDEXES句指定
- [ ] 複数パーティションでのメンテナンス操作
  - 対象タイプ：レンジ、リスト、システム
  - コマンド変更なし：追加（ADD PARTITITON）、分割（SPLIT PARTITITON）
  - 複数形：削除（DROP PARTITITONS）、マージ（MERGE PARTITITONS）
- [ ] 並列でオプティマイザ統計収集
  - CONCURRENTプリファレンス
  - 複数パーティションで並列にオプティマイザ統計収集
- [ ] パーティションメンテナンス操作のカスケード機能
  - ON DELETE CASCADE句を指定した参照整合性に制約
  - 親表のメンテナンスの子表への自動伝播
    - TRUNCATE PARTITION
    - EXCHANGE PARTITION
- [ ] パーティション表の部分索引
  - ローカル索引：対象外索引パーティションはUNUSABLE
  - グローバル索引：対象外パーティションの行は作成されない
- [ ] 部分索引の有効化
  - 表パーティション：INDEXING ON
  - 索引：INDEXING PARTIAL
- [ ] 非同期グローバル索引メンテナンス
  - メンテナンス時：ディクショナリ定義のみ変更
  - セグメント領域：後からクリーンアップ
    - PMO_DEFERRED_GIDX_MAINT_JOBスケジューラジョブ
    - DBMS_PART.CLEANUP_GIDXプロシージャ
- [ ] 非同期グローバル索引メンテナンスが実行される文
  - DROP PARTITION
  - TRUNCATE PARTITION
  - FETCH FIRST n ROWS ONLY：最初のn行
  - FETCH FIRST n PERCENT ROWS ONLY：最初のn%の行
  - OFFSET m FETCH NEXT n ROWS ONLY：m行飛ばした次のn行
- [ ] 最大サイズ制限の緩和
  - 最大32767バイトまでのVARCHAR2、NVARCHAR2、RAW
  - max_string_size=EXTENDED（STANDARDに戻せない）
  - utl32k.sqlで再コンパイル（UPGRADEモード）
- [ ] DMU実行条件
  - 10.2.0.4.4以降のデータベースが対象
  - 対象データベースは通常のOPENが必要
- [ ] DMU実行
  - 対象表や列を限定できる
  - 変更後に大きくなる列や表現できなくなる列をレポート

第1章

Enterprise Manager

本章の内容

アクセスキー **H**（大文字のエイチ）

この章で学ぶこと

Oracle Enterprise Manager Cloud Controlは、Oracle Database 12cの完全な管理に使用することができます。一方、Oracle Database 12cからOracle Enterprise Manager Database Controlが使用できなくなり、代替として、個々のデータベースの簡易的な管理にはOracle Enterprise Manager Database Express（EM Express）が提供されます。また、データベース管理用としてOracle Database 10gから提供されているSQL Developerに追加されたDBA接続を使用することができます。

試験ではここが出る

□EM Expressの有効化に必要な設定は何か。

□EM Expressでできないことは何か。

□Oracle Database 12cのDBCAで可能になった機能は何か。

1-1 Enterprise Manager

Oracle Enterprise Manager Cloud Controlは、Oracle Database 12c以前のデータベース管理にも使用できますので新機能とはいえませんが、基本的な使用方法は確認しておきましょう。

Oracle Enterprise Manager Database Express（EM Express） は、Oracle Database 12cから導入された新しいEnterprise Managerです。従来のOracle Enterprise Manager Database Controlと比べ、使用できる機能が制限されていますので、十分確認しておいてください。

▶**参照**
Oracle Enterprise Manager Cloud Controlの構成や管理方法に関しては、『Oracle Enterprise Manager Cloud Controlドキュメント』マニュアルセットを参考にしてください。
Oracle Enterprise Manager Database Expressに関しては、『Oracle Database 2日でデータベース管理者』マニュアルを参考にしてください。

1-1-1 Oracle Enterprise Manager Cloud Control

Oracle Enterprise Managerの構成は、Oracle Database 11g以前のEnterprise Manager Grid Controlとほぼ同じです（図1-1）。

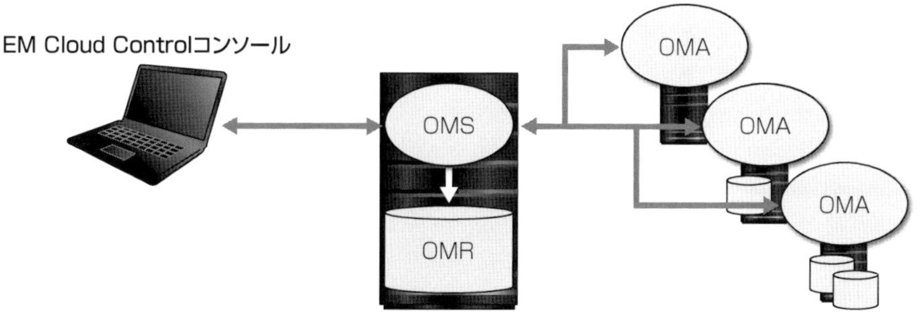

Oracle Management Services (OMS)	Web Logic Server上で動作する**Webアプリケーション**
Oracle Management Repository (OMR)	管理対象ホストから収集された**データの格納場所**
Oracle Management Agent (OMA)	管理対象ホストで情報を収集しOMSに**アップロードするプロセス**

図1-1　Oracle Enterprise Manager Cloud Controlの構成

ターゲットの検出

Oracle Management Agent（OMA）がインストールされたホストでは、ターゲット検出が自動で行われています。ターゲットページから管理するには、「ターゲットの追加」処理を行います。ターゲットを手動で追加する手順は以下のとおりです（画面 1-1～3）。

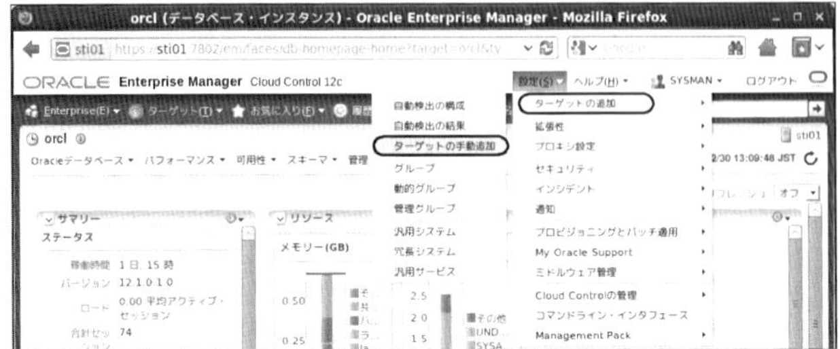

画面 1-1　設定メニューの「ターゲットの追加」から「ターゲットの手動追加を選ぶ

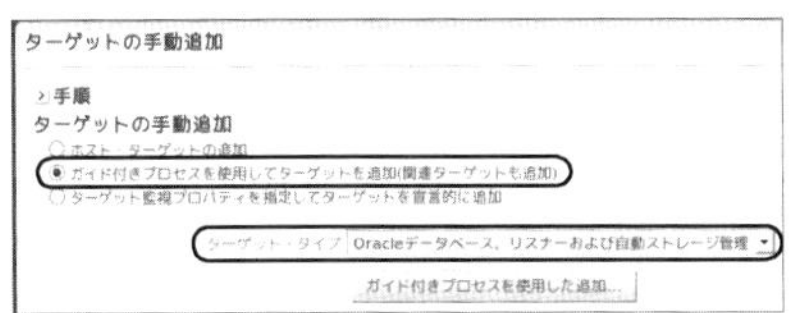

画面 1-2　「ターゲットタイプ」を選択して追加

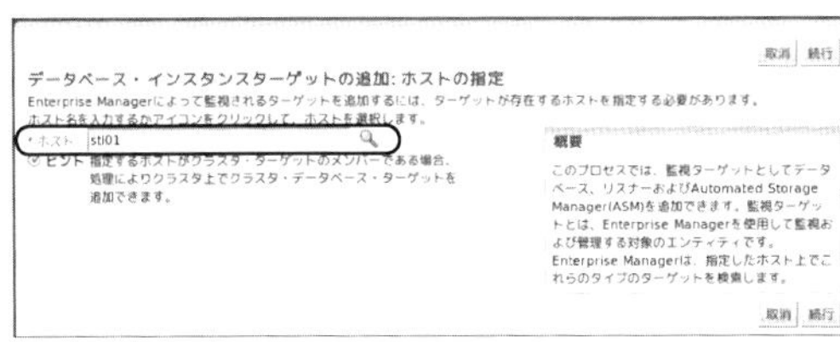

画面 1-3　指定したホスト上でターゲット検出が再実行される

1-1-2　Oracle Enterprise Manager Database Express

Oracle Enterprise Manager Database Express（EM Express）は、Oracle Database 11g 以前の Database Control と異なり、中間層プロセス（dbconsole）が存在しません。XML DB で提供される Oracle Web Server（組み込み Web サーバー）上で動作する「EM Express サーブレット」がページを提供します（図 1-2）。

図 1-2　Enterprise Manager Database Express の構成

EM Express のポート登録

EM Expressを使用するには、XML DBのデータにポートを登録する必要があります。HTTPSを使用するならDBMS_XDB_CONFIG.setHTTPsPort、HTTPを使用するならDBMS_XDB_CONFIG.setHTTPPortで設定します。現在の設定はDBMS_XDB_CONFIG.getHTTPsPortやDBMS_XDB_CONFIG.getHTTPPortで確認できます。また、リスナーがリスニングするエンドポイントにも表示されます（例 1-1）。

例 1-1：XML DB のための設定

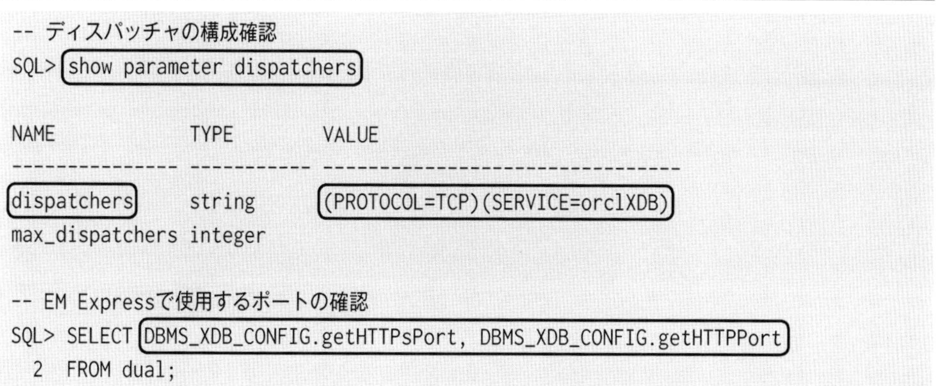

```
-- ディスパッチャの構成確認
SQL> show parameter dispatchers

NAME             TYPE        VALUE
---------------- ----------- ------------------------------------
dispatchers      string      (PROTOCOL=TCP)(SERVICE=orclXDB)
max_dispatchers  integer

-- EM Expressで使用するポートの確認
SQL> SELECT DBMS_XDB_CONFIG.getHTTPsPort, DBMS_XDB_CONFIG.getHTTPPort
  2  FROM dual;
```

```
GETHTTPSPORT GETHTTPPORT
------------ -----------
        5500           0

-- リスナーのエンドポイントを確認
SQL> ! lsnrctl status
……
リスニング・エンドポイントのサマリー……
  (DESCRIPTION=(ADDRESS=(PROTOCOL=tcp)(HOST=sti01)(PORT=1521)))
  (DESCRIPTION=(ADDRESS=(PROTOCOL=ipc)(KEY=EXTPROC1521)))
  (DESCRIPTION=(ADDRESS=(PROTOCOL=tcps)(HOST=sti01)(PORT=5500))
   (Security=(my_wallet_directory=/u01/app/oracle/product/12.1.0
   /dbhome_1/admin/orcl/xdb_wallet))(Presentation=HTTP)(Session=RAW))
……
```

EM Expressページ

ブラウザに表示されるEM Expressページでは、Shockwave Flash（SWF）ファイルが使用されているため、Flashプラグインが必要です。設定したポートとemコンテキストルートを使用してブラウザに接続すると、EM Expressページへのログインページが表示されます（画面1-4）。

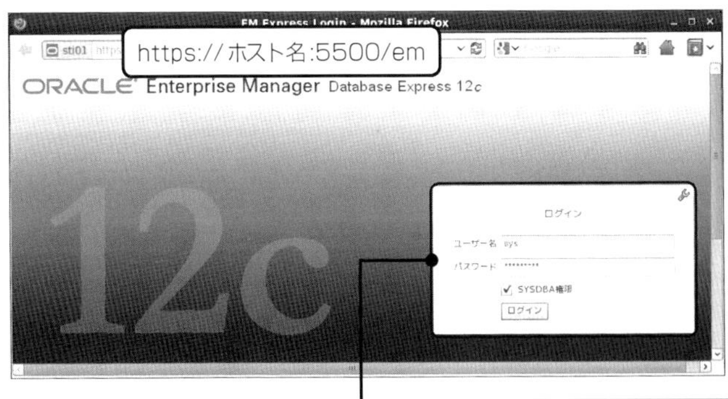

画面1-4　EM Expressのログインページ

EM Expressは、少ないメモリとディスク消費でデータベース管理の主な機能を提供する管理ツールです。ただし、起動や停止、バックアップ／リカバリといった機能がありません。対応している管理機能は、「構成」「記憶域」「セキュリティ」「パフォーマンス」です（画面 1-5）。

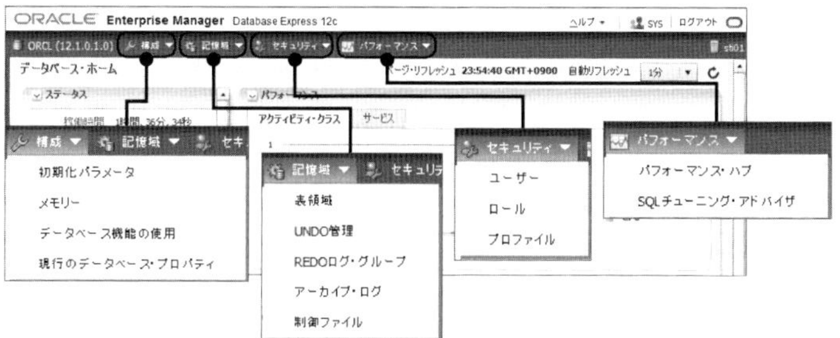

画面 1-5　EM Express の管理メニュー

パフォーマンスページには、「パフォーマンス・ハブ」と「SQLチューニング・アドバイザ」があります。「パフォーマンス・ハブ」ページから「リアルタイムパフォーマンス監視」や「ADDM」「ASH分析」などを実行することができます（画面 1-6）。

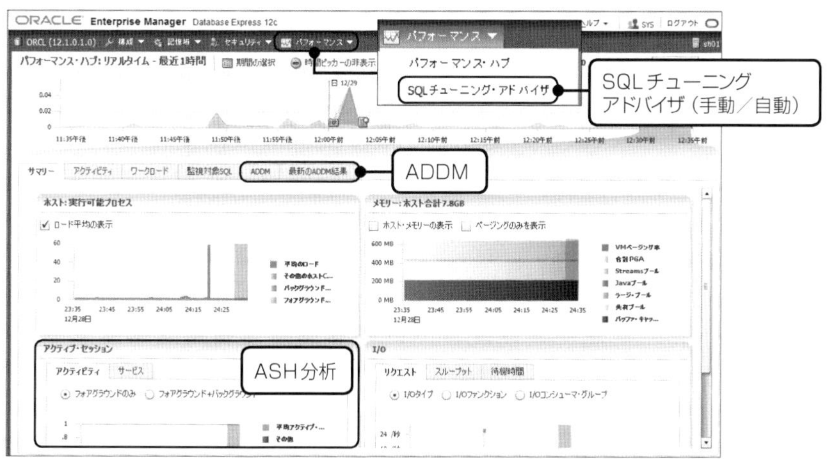

画面 1-6　EM Express の「パフォーマンスハブ」ページ

1-2 ツールの新機能

データベースの作成や構成変更、削除に使用するDatabase Configuration Assistant（DBCA）や、データベースに接続してSQL実行やPL／SQLの開発に使用するOracle SQL DeveloperにもOracle Database 12cから拡張された機能があります。

▶参照
Database Configuration Assistantに関しては、『Oracle Database 2日でデータベース管理者』マニュアルを参考にしてください。
Oracle SQL Developerに関しては、『Oracle SQL Developerユーザーズガイド』マニュアルを参考にしてください。

1-2-1 Database Configuration Assistant（DBCA）

テンプレートを基にデータベースを作成したり削除したりする機能は従来どおりですが、以下の機能が追加されました。

- マルチテナントのためのデータベース作成（画面 1-7）
- リスナーの追加（画面 1-8）
- Database VaultとLabel Securityの構成

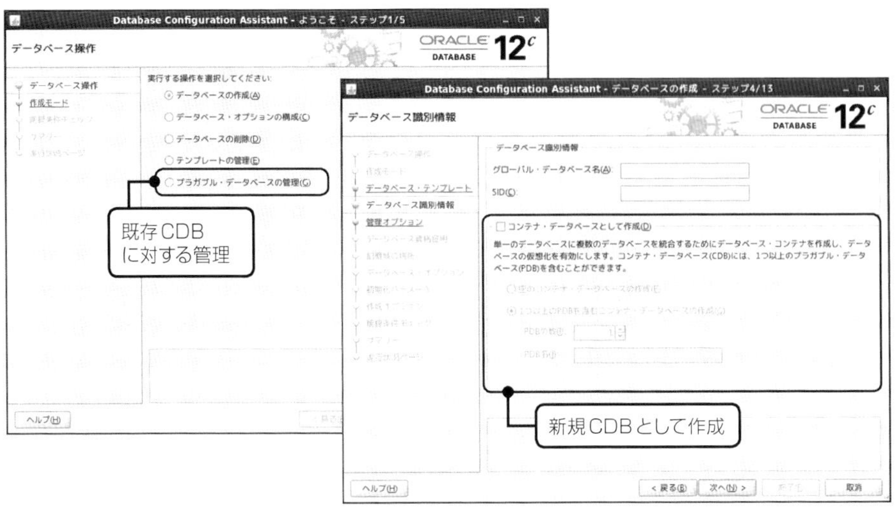

画面 1-7　マルチテナント関連

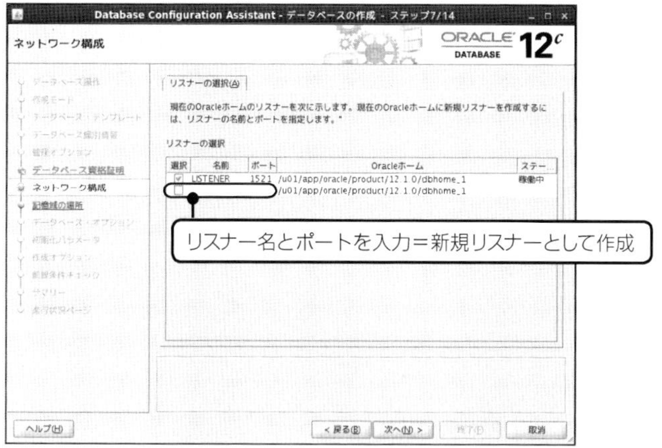

画面 1-8　リスナー構成

▶参照
マルチテナントのデータベース作成に関しては、「2-2　CDBとPDBの作成」を参照してください。

1-2-2　Oracle SQL Developer

Oracle SQL Developerは、グラフィカルにデータベース内オブジェクトを参照したり開発したりするだけでなく、データベース管理も行えるようになりました。SQL Developer内のDBAナビゲータでDBA接続を使用することで、DBAとしての操作ができます（画面 1-9）。

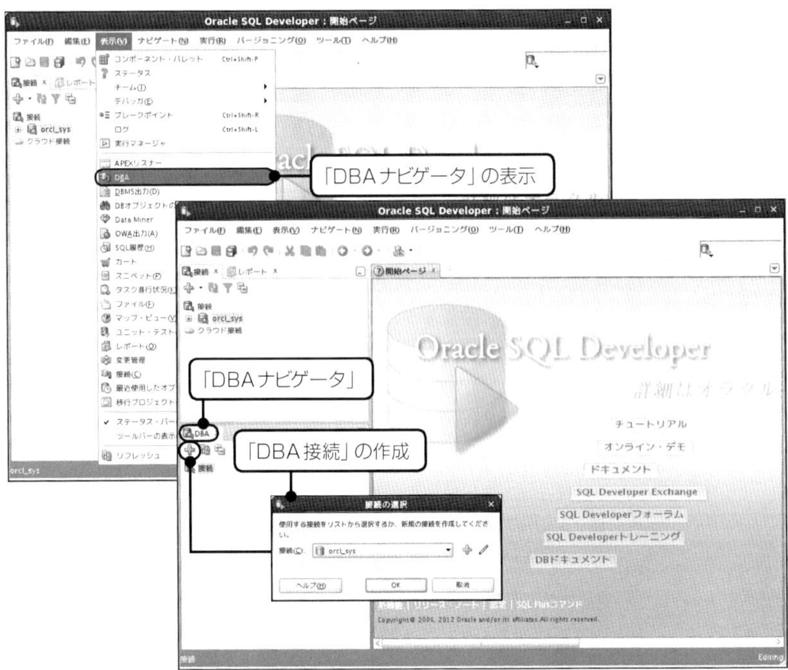

画面 1-9 DBA ナビゲータと DBA 接続

DBA ナビゲータを使用して、データベースの起動／停止、RMAN バックアップ／リカバリ、データ・ポンプエクスポート／インポートなどを操作できます。DBA ナビゲータで可能な管理操作は、次のとおりです（画面 1-10〜16）。

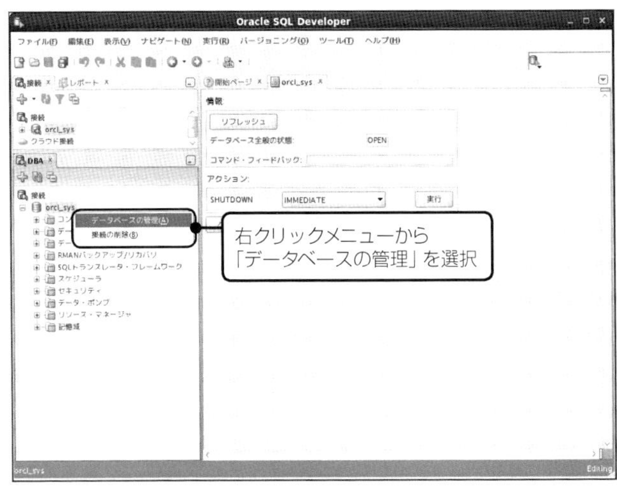

画面 1-10 データベースの起動停止

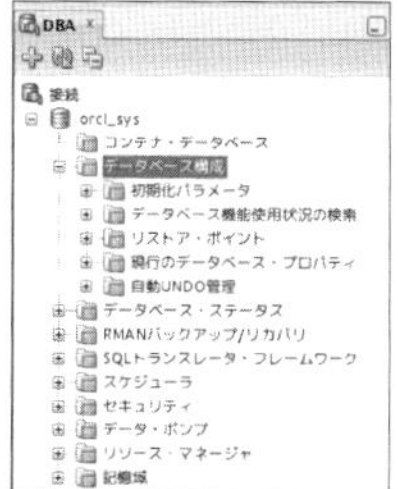

画面 1-11　データベース構成（初期化パラメータや自動 UNDO 管理など）

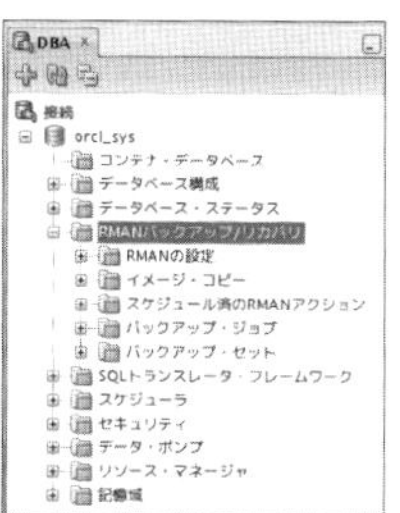

画面 1-12　RMAN バックアップ／リカバリ

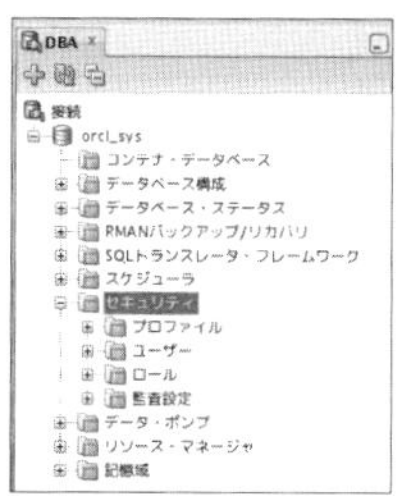

画面 1-13　セキュリティ（ユーザーやロール、監査設定など）

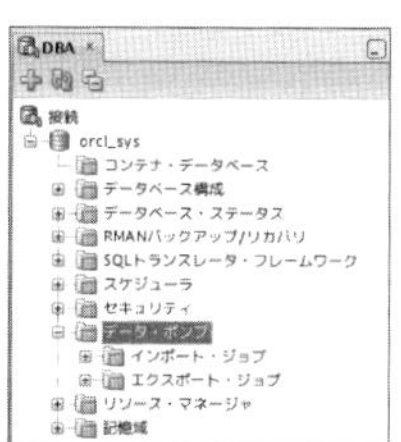

画面 1-14　データ・ポンプ

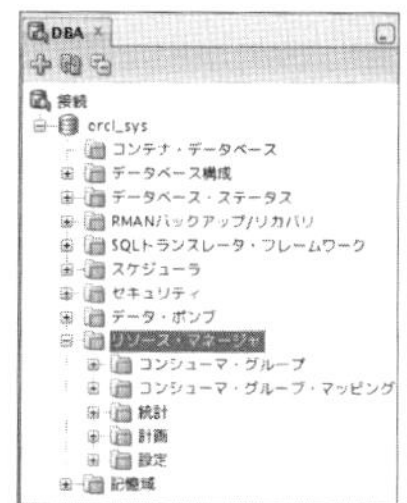

画面 1-15　リソース・マネージャ

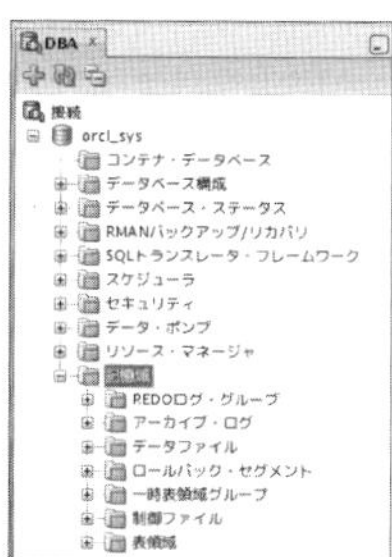

画面 1-16　記憶域（表領域、REDO ログ・グループなど）

学習チェック

この章で学んだことを正確に理解しているか、確認しましょう。

☑ **1** EM Express の有効化に必要な設定は何ですか。

☑ **2** EM Express でできないことは何ですか。

☑ **3** Oracle Database 12c の DBCA で可能になった機能は何ですか。

● 解答 ●

1 ・XML データベースのデータにポート登録が必要
・XML データベースと共有サーバー接続が必要

2 ・起動や停止
・バックアップ／リカバリ
・リソースマネージャやスケジューラの管理

3 ・CDB の作成
・PDB の追加／切断／削除／構成

第2章

マルチテナント

本章の内容

アクセスキー **7** (数字のなな)

この章で学ぶこと

1つのデータベース内（コンテナデータベース：CDB）に、移植可能な自己完結型データベース（プラガブルデータベース：PDB）を組み込むことができます。これによって1つのシステムを複数のサービスで共有するマルチテナント構成が可能になります。

▶参照
マルチテナントに関しては、『Oracle Database概要』『Oracle Database管理者ガイド』マニュアルを参考にしてください。

試験ではここが出る

□CDBレベルで管理されるリソース（全PDBで共有）は何か。
□CDBレベルで管理される操作は何か。
□PDBレベルで実行可能な操作は何か。
□マルチテナントアーキテクチャの利点は何か。
□CDBの作成方法の特徴とはどんなものか。
□シードPDBのファイル配置を制御する要素は何か。
□マルチテナント環境のデータディクショナリビューにはどんなものがあるか。
□CON_ID列（コンテナ番号）にはどんなものがあるか。
□シードPDBのみ表領域を追加するにはどうするか。
□PDBを作成するにはどんな方法があるか。
□シードPDBからPDBを作成するとどうなるか。
□既存PDBをクローニングする場合の注意点は何か。
□非CDBからのPDBの作成はどのように行われるか。
□接続（プラグ）の条件は何か。
□PDBの切断（UNPLUG）の注意点は何か。
□PDBの削除（DROP）の注意点は何か。
□CDBとPDBへの接続の特徴は何か。
□PDBにサービスを追加するにはどうするか。
□PDB名を変更するにはどうするか。
□PDBの起動と停止にはどんな方法があるか。

□PDBの起動の特徴はどんなことか。

□PDBの自動起動にはどんな方法があるか。

□PDBの停止の特徴はどんなことか。

□マルチテナントの初期化パラメータ変更はどこに保存されるか。

□PDBにてSCOPE=SPFILEでパラメータを変更すると、どのように反映されるか。

□PDBに接続してUNDO表領域を作成するとどうなるか。

□マルチテナントの表領域とデータファイルの特徴は何か。

□マルチテナントのデフォルト表領域、デフォルト永続表領域の特徴は何か。

□マルチテナントの一時表領域、デフォルト一時表領域の特徴は何か。

□マルチテナントの表領域のサイズ制限はどのように行うか。

□マルチテナントの共通ユーザー(C##xxx)の特徴は何か。

□マルチテナントのローカルユーザーの特徴は何か。

□マルチテナントのCONTAINER=ALL句の特徴は何か。

□マルチテナントのローカル権限と共通権限の特徴は何か。

□ALTER SESSION SET CONTAINERによるコンテナ切替えの特徴は何か。

□マルチテナントのOracleメタデータの特徴は何か。

□CDBのバックアップはどのように行うか。

□PDBのバックアップはどのように行うか。

□マルチテナントの表領域のバックアップはどのように行うか。

□マルチテナントのNOARCHIVELOGモード時のバックアップの注意点は何か。

□マルチテナントのユーザー管理のバックアップはどのように行うか。

□マルチテナントのインスタンス障害はどのレベルに影響するか。

□マルチテナントの一時表領域のリカバリはどのように行うか。

□ルートコンテナでのリカバリはどのように行うか。

□PDBの表領域のリカバリはどのように行うか。

□CDBレベルのDBPITRはどのように行うか。

□PDBレベルのPDBPITRはどのように行うか。

□マルチテナントの表領域レベルのTSPITRはどのように行うか。

□CDBでフラッシュバックデータベースはどのように実行されるか。

□フラッシュバック前にデータファイル移動がある場合はどうなるか。

2-1 アーキテクチャ

複数のデータベースを個別に構成するのではなく、1つのコンテナデータベース上にプラガブルデータベースとして構成することで、データベースが使用するハードウェアリソースと管理コストを削減できるのが「マルチテナントアーキテクチャ」です。基本となる概念を理解しておきましょう。

2-1-1 マルチテナントアーキテクチャ

ショッピングセンターに複数の店舗が入っているのと同じように、複数のデータベースを格納したシステムを提供するのが「マルチテナント」です。マルチテナントでは、インスタンスに対応付けられるデータベースを「コンテナデータベース（Container Database：CDB）」と呼び、はめ込んでいくイメージから追加されるデータベースを「プラガブルデータベース（Pluggable Database：PDB）」と呼びます。PDBの接続（プラグ）と切断（アンプラグ）は簡単に行うことができます。

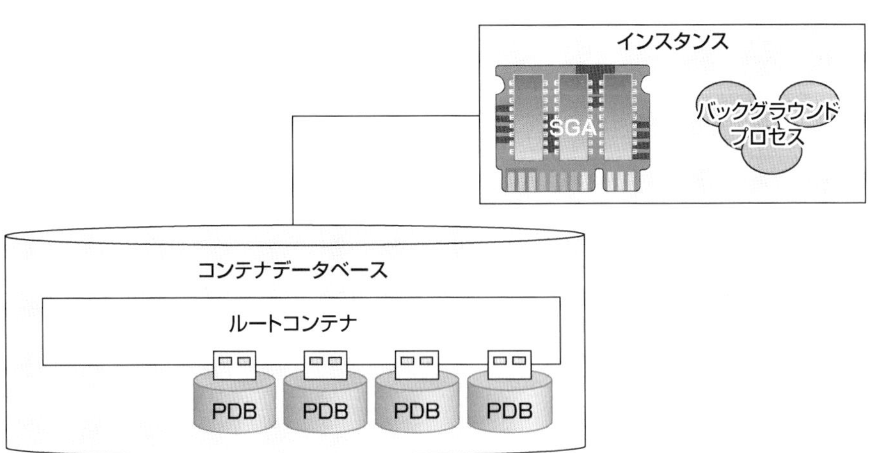

図2-1　マルチテナントアーキテクチャ

CDBを作成した時点では、PDBは存在しません。ビジネス要件に応じてPDBを追加します。アプリケーションごとにスキーマや異なるオブジェクトを使用するなら、独自のPDBに格納することで、アプリケーションを分離できます。PDBは、自己完結型ユニットとして、別のCDBに移動（プラガブル）することができます。

コンテナ

マルチテナントアーキテクチャでは、CDBに対応付けられたインスタンスですべてのPDBが動作します。CDBに配置されるデータベースは、管理用のルートコンテナ（CDB$ROOT）をはじめ、PDBもすべて「コンテナ」と呼ばれます。PDBを作成するために事前に作成されたテンプレートが「シードPDB（PDB$SEED）」です。ルートコンテナとシードPDBは、CDBに1つ存在します（図2-2）。シードPDBを含め、最大253個のPDBを作成することができます。

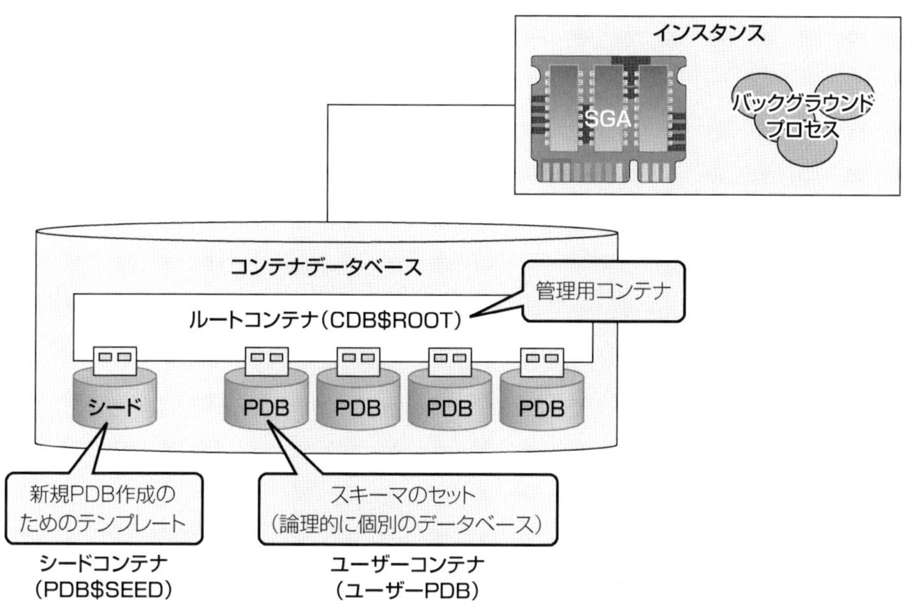

図2-2　マルチテナントのコンテナ

構成レベル

構成レベルには、CDBレベルとPDBレベルがあり、構成はさまざまです。CDBレベルとしての構成は、ルートコンテナに接続して実行します（表2-1）

表 2-1：マルチテナントと各種 Oracle 構成

構成	構成レベル	説明
SPFILE	CDB	CDB に 1 つ作成。各 PDB のパラメータはディクショナリに保存される
キャラクタセット	CDB	CDB に設定。各 PDB は同じキャラクタセットを使用する
Oracle Data Guard	CDB	CDB レベルでスタンバイデータベースを作成。PDB ごとに構成することはできない
Oracle Database Valut	PDB	各 PDB に個別の Database Vault メタデータを構成。レルムなどの構造メンバーが PDB 間で分離される
Oracle Scheduler	PDB	各 PDB で個別にスケジューラオブジェクト（ジョブ）を構成。独自に作成したスケジューラオブジェクトは Data Pump エクスポート / インポートにて別 PDB にコピーも可能
マスタ鍵	PDB	各 PDB で透過的データ暗号化などで使用するマスタ鍵を作成。暗号化関連ディクショナリデータも PDB 固有になる
統合監査	CDB と PDB	ルートで設定しすべての PDB に適用されるが、各 PDB で固有の監査ポリシーを追加することも可能
Oracle Xstream	CDB と PDB	ルートで設定しすべての PDB に適用されるが変更取得の構成、適用は PDB ごとに構成することができる

2-1-2　マルチテナントアーキテクチャの利点

複数のデータベースを 1 つにまとめ、ハードウェアリソースの消費を軽減させるのが「データベース統合」です。「マルチテナント」は、データベース統合の手法の 1 つです。仮想マシンやスキーマ統合を使用するよりも少ない運用コストでデータベース統合が実現できます (図 2-3)。

アプリ
DB
OS
ハイパーバイザー
ハードウェア
仮想マシン
・複数のOS環境を同じハードウェアに共存させる
・個々のデータベース管理のための運用コストがかかる
スキーマ
DB
OS
ハードウェア
スキーマ統合
・1つのデータベース上の異なるスキーマで管理する
・統合コストがかかるため実際の構成が難しい
PDB
CDB
OS
ハードウェア
マルチテナント
・CDB上の異なるPDBで管理する
・CDB単位の管理とPDB単位の管理ができるため運用コストを下げられる

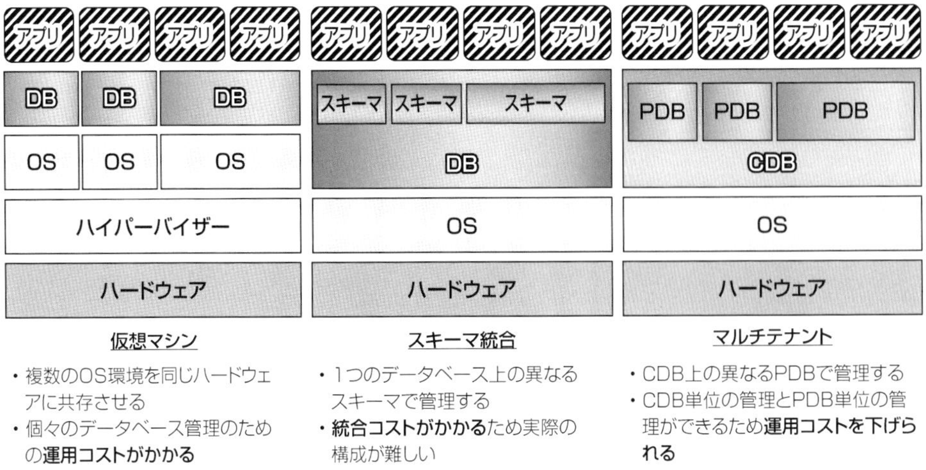

図 2-3　データベース統合

非 CDB と CDB

非CDBでは、各データベースが個別に制御ファイル、REDOログファイル、データファイルを持ちます。マルチテナントアーキテクチャは、制御ファイル、REDOログファイル、UNDO表領域が共通なので、記憶域割当てが削減できます（図2-4）。

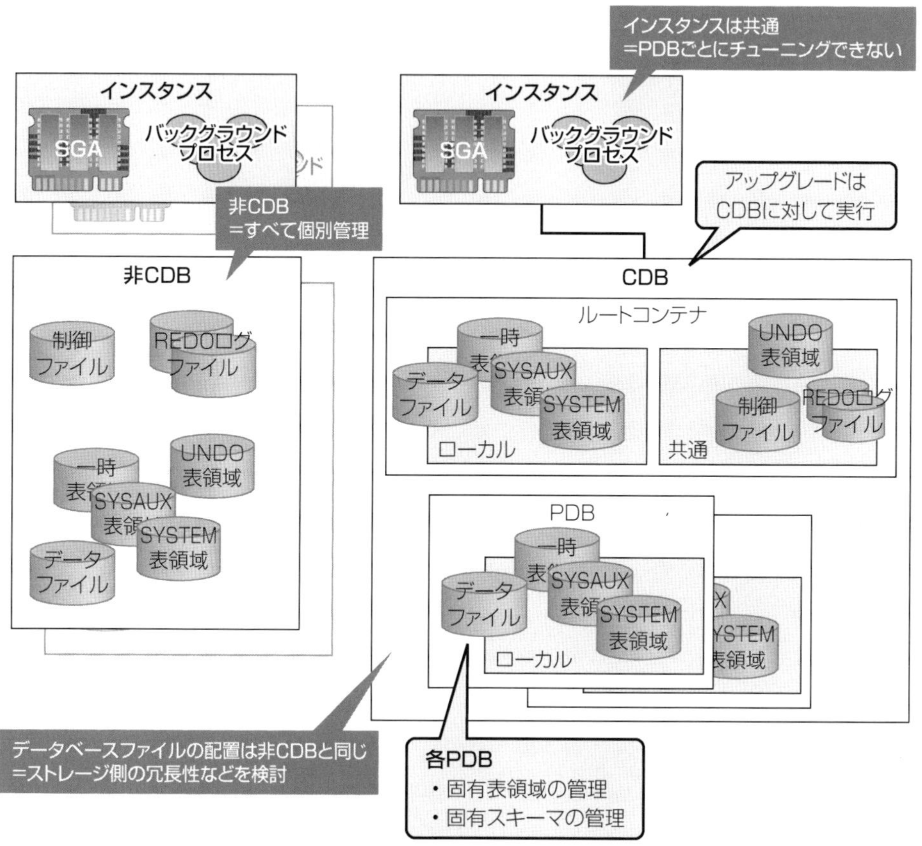

図 2-4 非 CDB と CDB

PDB 単位で実行可能な操作

CDBに対してデータベースのアップグレードを行うと、属するPDBにも反映されるため、アップグレード時間も短縮されます。PDBは1つのCDBのみに属します。一時的にアンプラグ（切り離し）を行って、別のCDBにプラグ（接続）することもできます（図2-5）。

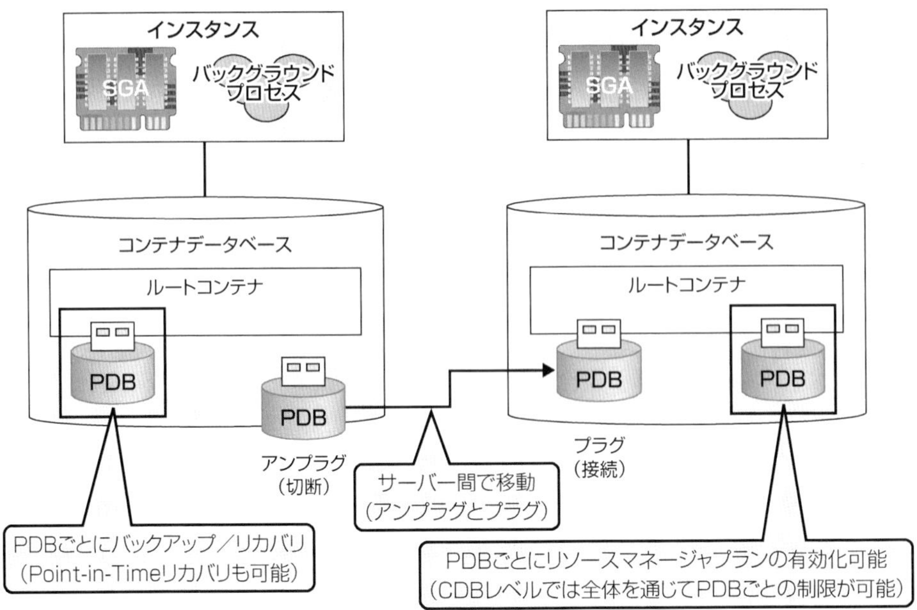

図 2-5　PDB 単位で実行可能な操作

2-2 CDB と PDB の作成

CDB は、マルチテナントを有効化したデータベースです。CDB の作成も PDB の追加構成も DBCA で可能ですが、Data Pump エクスポート／インポートや SQL Developer を使用して PDB を作成することもできます。必要な構成、ツールを理解しておきましょう。

2-2-1 CDB の作成と構成

CDB の作成は非 CDB の作成によく似ています。各種ツールを使用して新規に作成できます。SQL*Plus（SQL）や Oracle Enterprise Manager Cloud Control は、管理やアップグレードに使用することもできます（表 2-2）。

表 2-2：ツールとマルチテナント関連操作

	CDB 作成	PDB 作成	管理
SQL*Plus	○	○	○
OUI	○	○	
DBCA	○	○	
EM Cloud Control		○	○
SQL Developer		○	○

OUI：Oracle Universal Installer
DBCA：Database Configuration Assistant

CDB の作成ツール

DBCA は、非 CDB を作成するだけでなく、マルチテナントとして CDB を作成したり、PDB を作成することができます。空の CDB を作成したり、2 つ以上の PDB を最初から作成するには、「拡張モード」を使用します（画面 2-1 参照）。

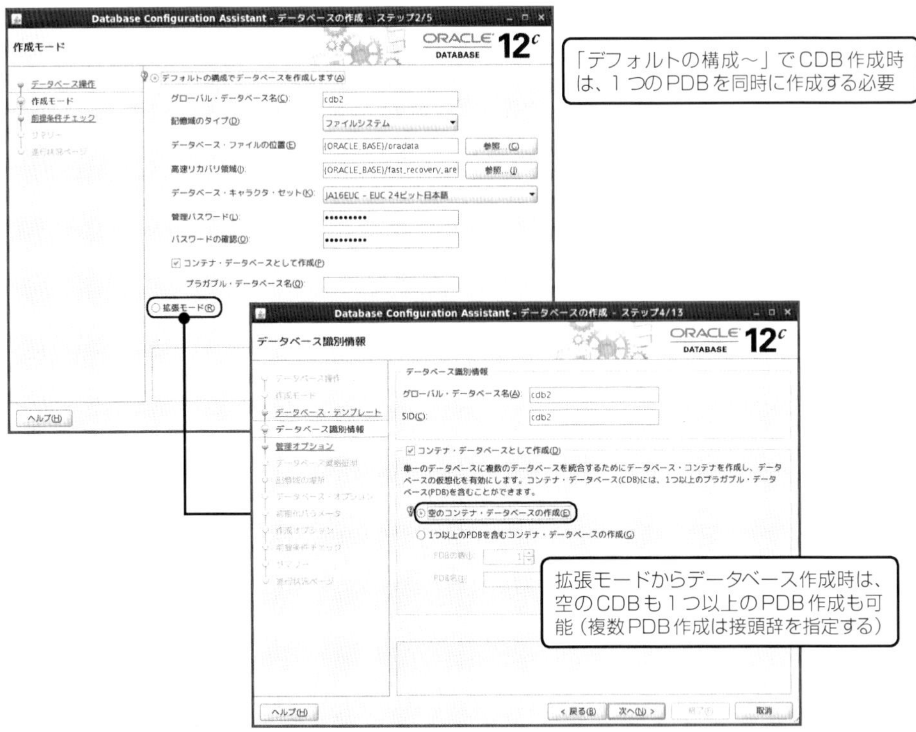

画面 2-1　拡張モードからコンテナデータベースを作成

SQLでCDBを作成する場合は、enable_pluggable_databaseパラメータをTRUEに設定したインスタンスを起動し、ENABLE PLUGGABLE DATABASE句を指定したCREATE DATABASE文を使用します（例2-1）。新規にデータベースを作成するときのみCDBにすることができます。既存の非CDBをCDBに変換することはできません。

例 2-1：SQL を使用した CDB の作成

```
-- CDBを作成するための初期化パラメータファイル
$ cat initcdb2.ora
db_create_file_dest='/u01/app/oracle/oradata'
db_name=cdb2
enable_pluggable_database=true

-- インスタンス起動
$ export ORACLE_SID=cdb2
$ sqlplus / as sysdba
SQL> STARTUP NOMOUNT
```

```
-- CDBとしてデータベースを作成
SQL> CREATE DATABASE cdb2 ENABLE PLUGGABLE DATABASE
  2  SEED SYSTEM DATAFILES SIZE 125M
  3       SYSAUX DATAFILES SIZE 100M;

-- データベース作成の完了（catalog.sql、catproc.sqlなど実行）
```

CDBとシードPDBのファイル配置

CDBを作成すると、ルートコンテナとシードPDBが作成されます。ルートコンテナの配置は、CREATE DATABASE文で明示的に指定するか、OMFを使用することができます。(図2-6)。

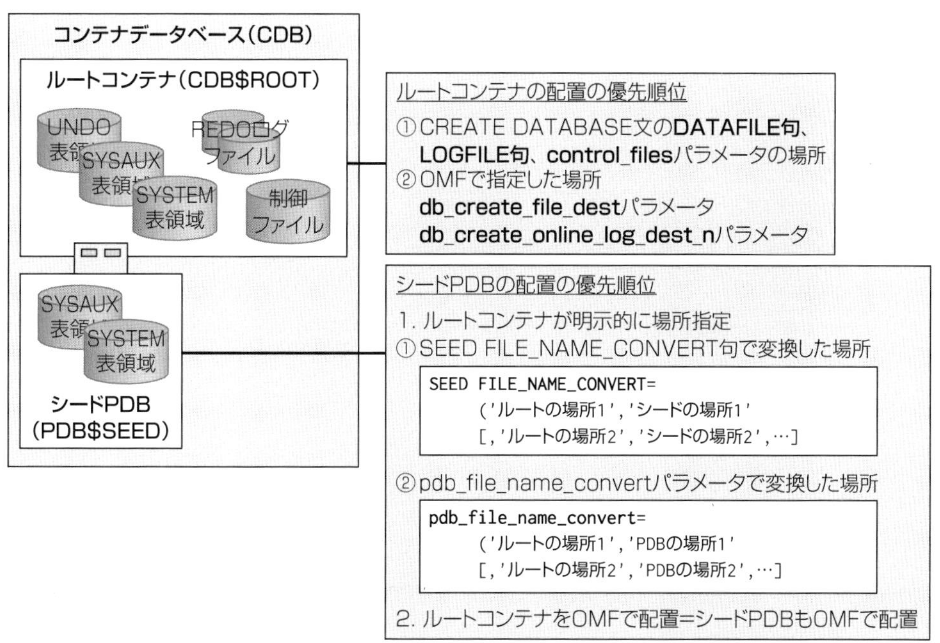

図2-6　CDB作成とファイルの配置

シードPDBの配置は、ルートコンテナに依存します。ルートコンテナを明示的に配置し、SEED FILE_NAME_CONVERT句を指定していたのであれば、FILE_NAME_CONVERT句で変換された場所にシードPDBが配置されます。また、USER_DATA句を使用してシードPDBに表領域を追加することができます。例2-2のように記述したのであれば、ルートコンテナは/disk1、シードPDBは/disk2に配置されます。

例2-2：SEED FILE_NAME_CONVERT句

```
SQL> CREATE DATABASE cdb2
  2    DATAFILE '/disk1/system01.dbf' SIZE 150M
  3    SYSAUX DATAFILE '/disk1/sysaux01.dbf' SIZE 100M
  4    UNDO TABLESPACE undotbs1 DATAFILE '/disk1/undotbs01.dbf' SIZE 200M
  5    LOGFILE GROUP 1 '/disk1/log1a.log' SIZE 50M,
         GROUP 2 '/disk1/log2a.log' SIZE 50M
  6  ENABLE PLUGGABLE DATABASE
  7  SEED FILE_NAME_CONVERT=('/disk1/','/disk2/')
  8    USER_DATA TABLESPACE user01 DATAFILE '/disk2/user01.dbf' SIZE 20M;
```

pdb_file_name_convertパラメータは、シードPDBを基に作成するPDB用のファイルが配置される場所を示すパラメータです。ただし、CDBを作成するときに、ルートコンテナの配置にOMFを使用せず、SEED FILE_NAME_CONVERT句も使用していない場合は、シードPDBの配置場所としても使用されます。

マルチテナントのデータディクショナリ

マルチテナントのデータディクショナリビューは、非CDB環境との互換性があります。DBA_xxx、ALL_xxx、USER_xxxビューには、現コンテナに関する情報のみが表示されます。マルチテナント全体の管理のために、CDB_xxxビューが追加され、全コンテナからの結果がすべて表示されます。どのコンテナの情報なのかはCON_ID列で区別されます（図2-7）。

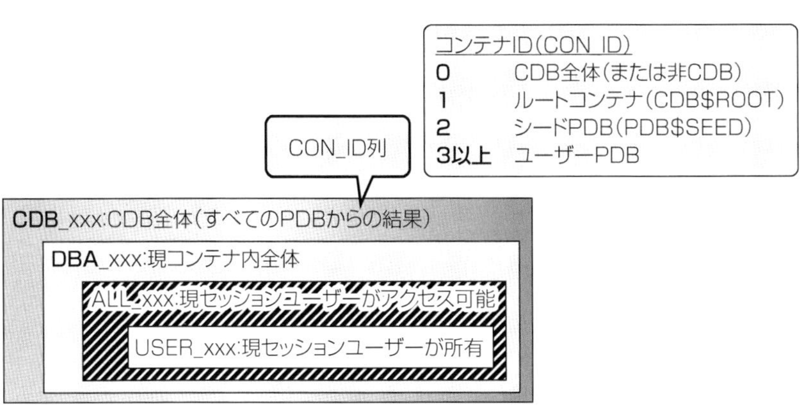

図2-7　マルチテナントのディクショナリ

CDB_xxxビューはPDBからもアクセスすることができます。ただし、表示されるのは、DBA_xxxビューと同様、現コンテナに関する情報のみとなります。

2-2-2　PDBの作成と構成

既存のCDBにPDBを配置するには、4つの方法があります（図2-8）。

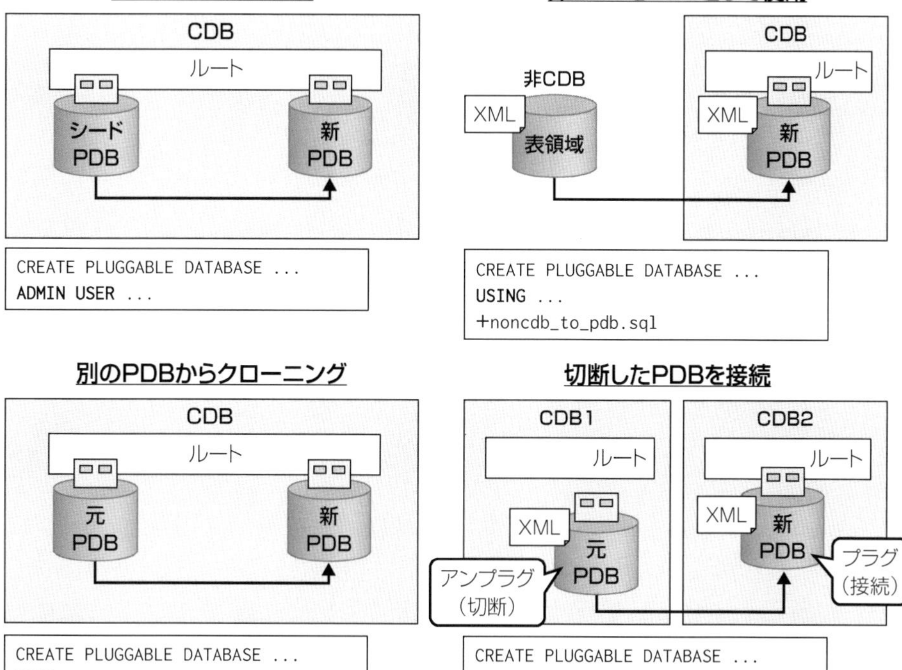

図2-8　PDBの作成

いずれのPDB作成方法でも、複数の句を組み合わせることができます（表2-3）。

表 2-3：CREATE PLUGGABLE DATABASE 文の句

句	説明	必要な状況
AS CLONE	新 PDB に一意の PDB ID、GUID を割当てる	切断元と同じ CDB で再接続する場合
SOURCE_FILE_NAME_CONVERT	XML ファイル内のパスを変換	XML 作成時と現在の場所が一致しない場合
MOVE、COPY、NOCOPY	MOVE：別の場所に移動 COPY：別の場所にコピー（デフォルト） NOCOPY：そのまま使用	事前にデータファイルを配置できるなら NOCOPY、移動したいなら MOVE
FILE_NAME_CONVERT	新 PDB のファイルを配置する場所変換	配置場所変換の優先順位 ① FILE_NAME_CONVERT 句 ② OMF（db_create_file_dest パラメータ） ③ pdb_file_name_convert パラメータ
STORAGE	すべての表領域、共有する一時表領域の最大サイズを設定	PDB に属する表領域の最大サイズ（MAXSIZE）、共有一時表領域の最大サイズ（MAX_SHARED_TEMP_SIZE）を超えるとエラーにしたい場合

シード PDB から作成

シード PDB を基に PDB を作成するには、CREATE PLUGGABLE DATABASE 文の ADMIN USER 句で PDB のローカル管理者を指定します。作成される管理者には、PDB_DBA ロール（空のロール）が付与されます。ADMIN USER 句で ROLES を指定した場合は、指定したロールも追加で付与されます。

シード PDB に含まれるデータファイルがコピーされる場所は、FILE_NAME_CONVERT 句、OMF、pdb_file_name_convert パラメータに依存します（図 2-9）。

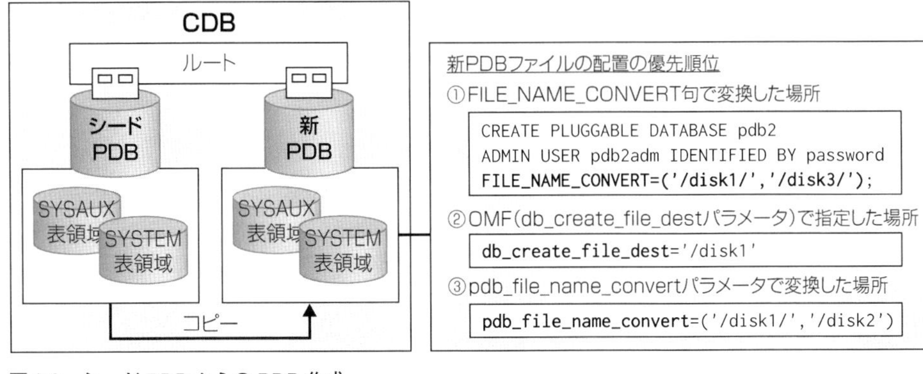

図 2-9　シード PDB からの PDB 作成

非CDBをPDBとして使用

非CDBをCDBに変換することはできませんが、PDBとして既存のCDBに接続することができます。Oracle Database 12cの非CDBではDBMS_PDBパッケージを使用します（図2-10）。

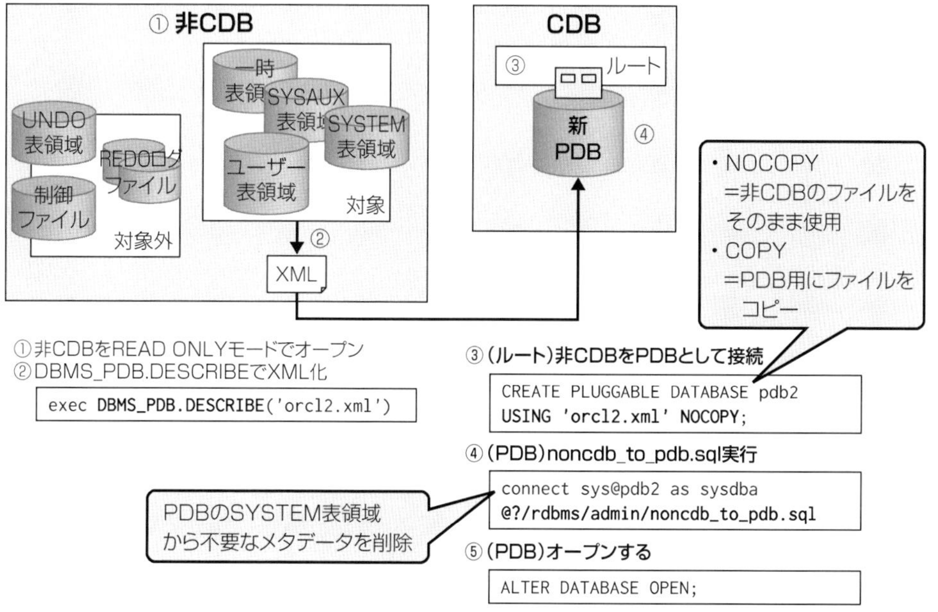

図2-10　非CDBからPDBを作成

NOCOPYを使用する場合は、ソースとなる非CDBを停止し、一時ファイルを削除しておく必要があります。また、PDB作成後、非CDBが使用できなくなります。ソースの非CDBをそのままにする場合は、COPYを検討します。COPY時のファイル配置は、FILE_NAME_CONVERT句、OMF、pdb_file_name_convertパラメータに依存します。

Oracle Database 11gリリース2（11.2.0.3）以降の非CDBのPDB化もサポートされています。11.2.0.3のままでPDB化する場合は、非CDBの内容をトランスポータブル表領域や全体トランスポータブル、レプリケーションなどを使用します。

▶参照
全体トランスポータブルを使用したPDBの作成に関しては「8-1-1　全体トランスポータブル」を参照してください。

別のPDBからクローニング

既存のPDBを基に新規PDBとしてコピーを作成するクローニングは、ソースPDBをREAD ONLYでオープンし、CREATE PLUGGABLE DATABASE文のFROM句でソースPDBを指定します。ファイルの配置は、FILE_NAME_CONVERT句、OMF、pdb_file_name_convertパラメータに依存します（図2-11）。

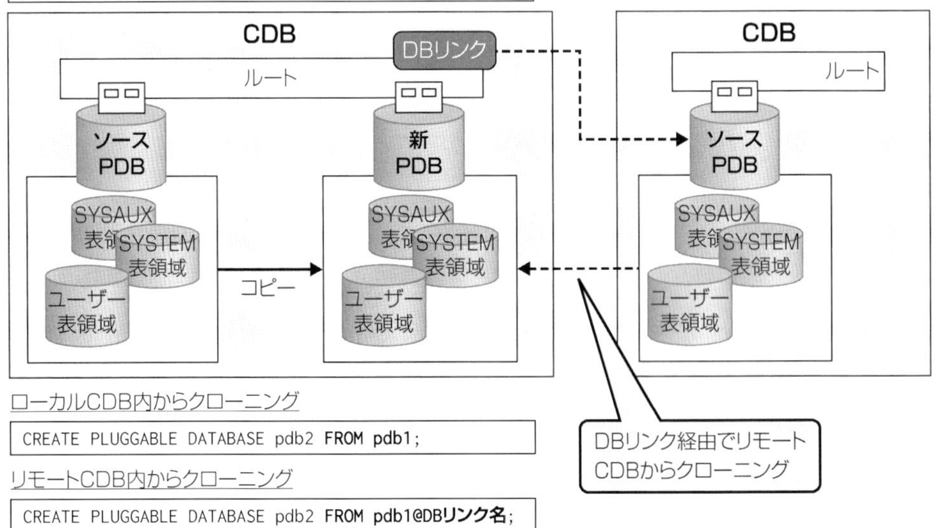

図2-11　既存PDBからのクローニング

クローニングは、ローカルCDB内だけでなく、リモートCDBから行うこともできます。リモートCDBからクローニングする場合は、事前にデータベースリンクを作成しておきます。

切断したPDBを別のCDBに接続

CDBのアップグレードは、存在するすべてのPDBに影響します。シードPDBも例外ではありません。アップグレードの影響を受けないためには、事前にCDBからPDBを切断し、アップグレードしない別のCDBに接続することを検討します（図2-12）。

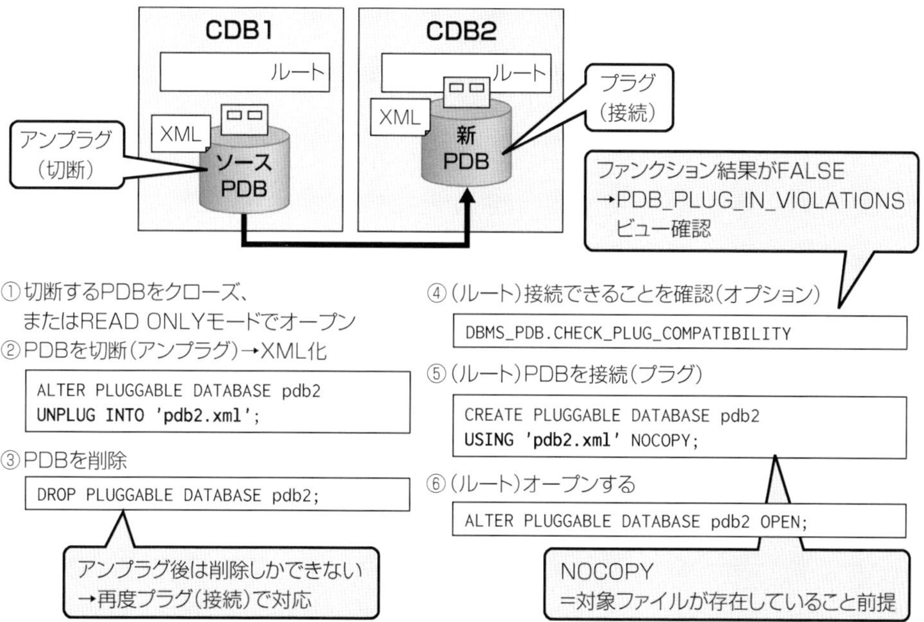

図 2-12　切断した PDB を別の CDB に接続

切断したPDBを同じCDBに接続する場合はAS CLONE句を使用して新しい識別子を割り当てます。

> ▶参照
> catblock.sqlなどOracle提供スクリプトの実行だけであれば、「$ORACLE_HOME/rdbms/admin/catcon.pl」が提供されており、一部のPDBのみで実行したり、一部のPDBを除外することができます。詳細は『Oracle Database管理者ガイド』マニュアルを参考にしてください。

接続（プラグ）の検証

シードPDB以外でPDBを作成する場合、ソースとなるデータベースと作成先のCDBのキャラクタセットに互換性が必要です。接続先となるデータベースのキャラクタセットは、ソースデータベースのキャラクタセットのスーパーセットである必要があります。非CDBからのPDB作成時にスーパーセットにならないキャラクタセットの場合、CREATE PLUGGABLE DATABASE文はできても、その後のnoncdb_to_pdb.sql実行時にエラーが発生します。事前にDBMS_PDB.CHECK_PLUG_COMPATIBILITYファンクションとPDB_PLUG_IN_VIOLATIONSビューを使用して検証することができます（例 2-3）。

例 2-3：接続前の検証

```
-- 非CDB側のDBMS_PDB.DESCRIBEでXML出力済み
-- DBMS_PDB.CHECK_PLUG_COMPATIBILITYでチェック
SQL> set serveroutput on
SQL> BEGIN
  2    IF DBMS_PDB.CHECK_PLUG_COMPATIBILITY('/tmp/orcl3.xml') THEN
  3      DBMS_OUTPUT.PUT_LINE('問題なし');        TRUEなら問題なし
  4    ELSE
  5      DBMS_OUTPUT.PUT_LINE('PDB_PLUG_IN_VIOLATIONSビュー確認');
                                                   FALSEなら問題あり＝結果を別途確認
  6    END IF;
  7  END;
  8  /
PDB_PLUG_IN_VIOLATIONSビュー確認        問題があった

orcl> SELECT type,cause,ERROR_NUMBER,message,action
  2  FROM pdb_plug_in_violations;

TYPE    CAUSE                   ERROR_NUMBER
------- ---------------------- ------------
MESSAGE
--------------------------------------------------------------------
ACTION
--------------------------------------------------------------
ERROR   Database CHARACTER SET         65116
Character set mismatch: PDB character set JA16SJISTILDE CDB charac
ter set AL32UTF8.        JA16SJISTILDEをAL32UTF8に入れようとした
......
```

PDBの削除

PDBを削除するには、ルートコンテナでDROP PLUGGABLE DATABASE文を使用します。対象となるPDBは、アンプラグするかクローズしている必要があります(例 2-4)。

例 2-4：PDBの削除

```
SQL> ALTER PLUGGABLE DATABASE pdb2 CLOSE;
SQL> DROP PLUGGABLE DATABASE pdb2;
```

DROP PLUGGABLE DATABASE文では、KEEP DATAFILES句とINCLUDING DATAFILES句を指定できます。デフォルトでは、KEEP DATAFILES句で動作し、対象PDBのデータファイルが保持された状態になり、アンプラグしたPDBを接続するためのデータファイルとして使用することができます。INCLUDING DATAFILES句は、対象PDBのすべてのデータファイルが物理的に削除されます。

2-3 CDB と PDB の管理

CDB は非 CDB と同じように管理することができますが、PDB の起動や停止、接続は独自の構文が必要になります。同じインスタンスを共有しますが、一部に PDB 固有で変更できる初期化パラメータもあります。リソースマネージャを使用して、PDB 内だけでなく PDB 間のリソース制限を行うことも可能です。PDB 固有の管理方法を十分確認しておきましょう。

▶参照
マルチテナント環境のリソースマネージャに関する追加の機能は「6-3-1　CDB計画とPDB計画」を参照してください。

2-3-1　CDB ／ PDB への接続

CDB への接続は、ルートコンテナへの接続です。非 CDB と同様に、ローカル接続、リモート接続が可能です。一方、PDB への接続は、常に Oracle Net を使用したリモート接続になります（図 2-13）。

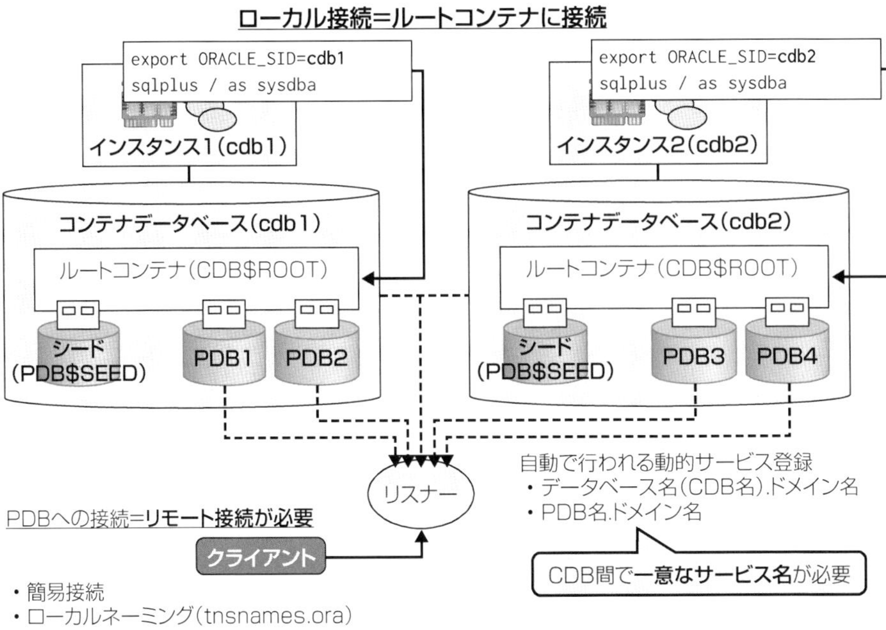

図 2-13　CDB と PDB への接続

PDBへの接続がリモート接続であることから、リスナーにサービス名を登録する必要があり、同じリスナーに登録されるすべてのCDBにわたって一意なサービス名が必要です。PDBを作成すると、PDB名とドメイン名の組み合わせがサービス名として登録されます。

PDBの名前とサービス名

PDBは、それぞれ固有の名前、データベースID（DBID）、コンテナUID（CON_UID）、グローバルUID（GUID）を持ちます。PDB作成時には、既存のPDBと競合していないか確認されるため、既存PDB名を使用することはできません。異なるCDBであれば、同じPDB名を使用することはできますが、同一マシン上の場合、同じサービス名で異なるインスタンスに接続できるというロードバランス状態になってしまうため、推奨されません。

PDB名の変更

PDB名は、後から変更することができます。RESTRICTモードにしたPDBに接続し、ALTER PLUGGABLE DATABASE文でRENAME GLOBAL_NAME句を使用します（例2-5）。

例2-5：PDB名の変更

```
-- PDBに接続
SQL> connect sys @pdb3 as sysdba

-- RESTRICTモードに変更
SQL> ALTER SYSTEM ENABLE RESTRICTED SESSION;

-- PDB名の変更
SQL> ALTER PLUGGABLE DATABASE pdb3 RENAME GLOBAL_NAME TO pdbx;
```

PDBにサービスを追加

PDB名と異なるサービス名を利用する場合、シングル環境であれば、DBMS_SERVICEパッケージを使用することで、PDB独自のサービス名を追加できます。Oracle RestartかOracle Clusterwareを使用している場合は、srvctlを使用します。クラスタ環境であれば、EM Cloud Controlを使用することもできます（例2-6）。

例 2-6：DBMS_SERVICE によるサービス追加

```
-- サービスを追加したいPDBに接続
SQL> connect sys@pdb2 as sysdba

-- サービスを追加（管理用名,リスナー登録用名）
SQL> exec DBMS_SERVICE.CREATE_SERVICE('pdb2_sales','sales')

-- サービスの開始
SQL> exec DBMS_SERVICE.START_SERVICE('pdb2_sales')

-- リスナーに追加されたことを確認
SQL> ! lsnrctl services
……
サービス"sales"には、1件のインスタンスがあります。
  インスタンス"cdb1"、状態READYには、このサービスに対する1件のハンドラがあります。
    ハンドラ:
      "DEDICATED" 確立:0 拒否:0 状態:ready
         LOCAL SERVER

-- 追加したサービスへの接続確認（簡易接続）
SQL> connect system/pass@localhost:1521/sales

-- 接続しているコンテナ確認
SQL> show con_name

CON_NAME
------------------------------
PDB2
```

リスナー上では「サービスに接続＝インスタンスに接続」ですが、実際にはPDBに接続します（図2-14）。

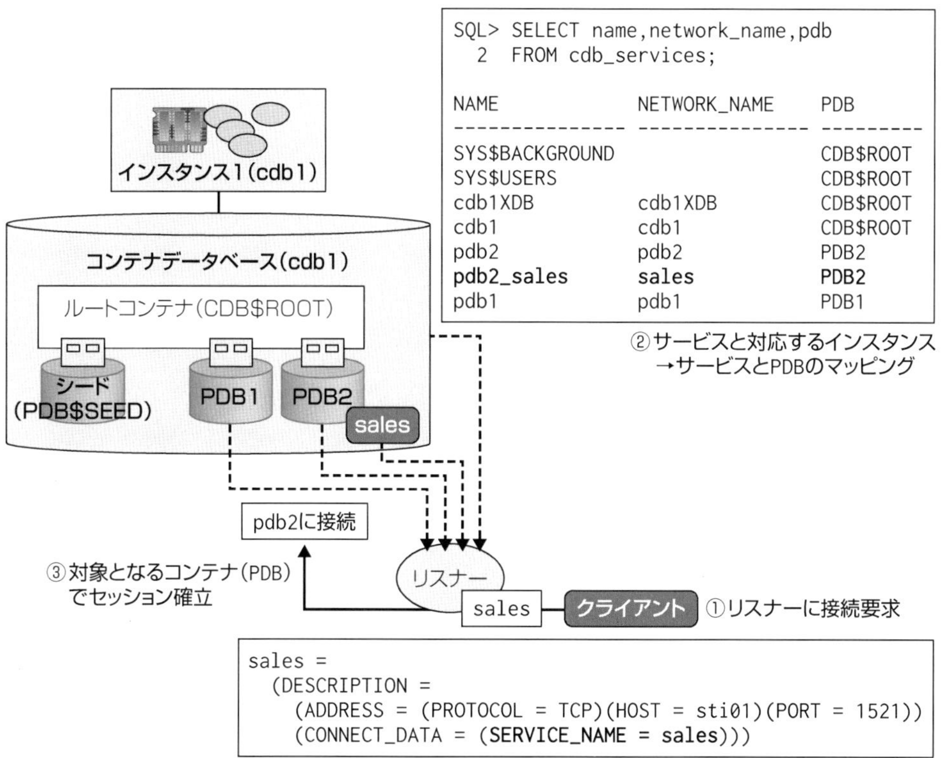
SQL> SELECT name,network_name,pdb
2 FROM cdb_services;
NAME NETWORK_NAME PDB
SYS$BACKGROUND CDB$ROOT
SYS$USERS CDB$ROOT
cdb1XDB cdb1XDB CDB$ROOT
cdb1 cdb1 CDB$ROOT
pdb2 pdb2 PDB2
pdb2_sales sales PDB2
pdb1 pdb1 PDB1
インスタンス1(cdb1)
コンテナデータベース(cdb1)
ルートコンテナ(CDB$ROOT)
シード
(PDB$SEED)
PDB1
PDB2
sales
②サービスと対応するインスタンス
→サービスとPDBのマッピング
pdb2に接続
③対象となるコンテナ(PDB)
でセッション確立
リスナー
sales
クライアント
①リスナーに接続要求
sales =
(DESCRIPTION =
(ADDRESS = (PROTOCOL = TCP)(HOST = sti01)(PORT = 1521))
(CONNECT_DATA = (SERVICE_NAME = sales)))

図2-14 サービスを経由したPDBへの接続

CDBやPDBに構成されているサービスを確認には、CDB_SERVICESビューかV$SERVICESビューを使用します。ルートコンテナからは、オープンしているコンテナのすべてのサービス名を確認できます。各PDB内では、PDB固有のサービス名のみ確認できます。

srvctlを使用する場合は、新しく追加された属性「-pdb」を使用して対象となるPDB名を指定します(例2-7)。

例2-7：srvctlによるサービス追加

```
-- PDB名指定してサービスを追加
$ srvctl add service -db cdb1 -service sales ... -pdb pdb2

-- サービスの開始
$ srvctl start service -db cdb1 -service sales
```

service_namesパラメータを直接変更することは避けてください。直接変更は、ルートコンテナに対するサービス名が追加されるだけです。PDB固有の変更にはなりません。

接続先PDBの切り替え

ルートコンテナからメンテナンス作業を行う場合は、そのつどPDBに接続することになります。ALTER SESSION SET CONTAINER文は、現在のセッションを残しつつ、一時的に操作対象コンテナを切り替えることができます。

ALTER SESSION SET CONTAINER文を実行した場合、AFTER LOGONトリガーは起動しません。元のコンテナのトランザクションはそのまま残っています。複数のコンテナにまたがったトランザクションはできませんが、元のコンテナに戻ってトランザクションを継続することができます。

注意 connect文を使用してPDBに接続する場合は、ローカルユーザーと共通ユーザーのどちらも使用することが可能です。また、新規接続として扱われますので、AFTER LOGONトリガーも起動されます。

現セッションのユーザー名をそのまま使用するため、共通ユーザーである必要があります（共通ユーザーについては後述します）。SET CONTAINER権限が付与された共通ユーザーであれば切り替えができますが、SYSDBA以外はオープンしているコンテナに接続できます（例2-8）。

例2-8：マルチテナントの接続切り替え

```
-- 共通ユーザーだがSYSDBAではないSYSTEMユーザー接続
SQL> connect system@cdb1

-- 存在するPDB一覧
SQL> show pdbs

CON_ID CON_NAME       OPEN MODE  RESTRICTED
------ -------------- ---------- ----------
     2 PDB$SEED       READ ONLY  NO
     3 PDB1_1         READ WRITE NO
     4 PDB2_1         MOUNTED
```

```
-- 現在接続しているコンテナ（ルートコンテナ）
SQL> show con_name
CON_NAME
--------------
CDB$ROOT

-- コンテナ切り替え（非SYSDBAはオープンしていないと×）
SQL> ALTER SESSION SET CONTAINER=pdb2_1;
ERROR:
ORA-01031: 権限が不足しています。

-- コンテナ切り替え
SQL> ALTER SESSION SET CONTAINER=pdb1_1;

-- 現在接続しているコンテナ
SQL> show con_name
CON_NAME
--------------
PDB1_1

-- ルートコンテナに戻る
SQL> ALTER SESSION SET CONTAINER=CDB$ROOT;
```

現在存在しているPDBを一覧で確認するには、CDB_PDBSビューやV$PDBSビュー、show pdbsコマンドを使用します。ルートも含めた一覧の確認には、V$CONTAINERSビューを使用します。現在接続しているPDB名を確認するには、show con_nameコマンドが便利です。

PDB間の通信

PDB間でデータの送受信が必要な場合は、非CDB同様、データベースリンクを使用します（図2-15）。

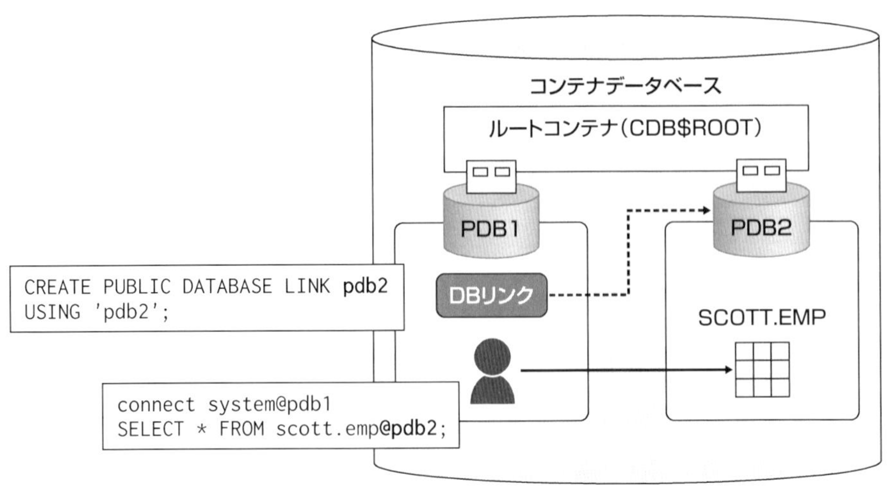

図 2-15　PDB 間のデータベースリンク

データベースリンクの作成方法は変わりませんが、非CDBと異なってデータベース内部の通信になるため、高速な送受信が可能です。

2-3-2　CDB ／ PDB の起動と停止

デフォルトでは、CDBがオープンしたとき、各PDBはクローズされた状態です。明示的にオープンするか、AFTER STARTUP トリガーを使用して自動的にオープンさせることができます（図 2-16）。

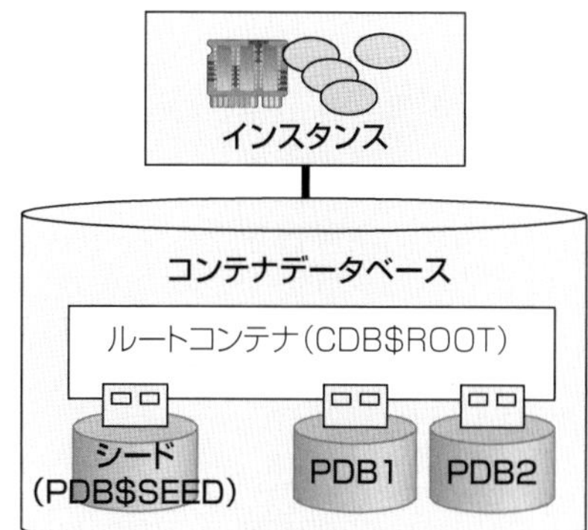

CDBのインスタンス起動

・初期化パラメータファイル読込み
・SGAの確保とバックグラウンドプロセスの起動

CDBをマウント

・CDBの制御ファイルをオープン
・**すべてのコンテナがマウント**される

CDBをオープン

・**ルートコンテナをオープン**
・**シードPDBをREAD ONLYでオープン**
・他PDBはマウントのまま

PDBをオープン

・全PDBを読書き可能でオープン

```
ALTER PLUGGABLE DATABASE ALL OPEN;
```

・AFTER STARTUPトリガーで自動オープンも可能

```
CREATE OR REPLACE TRIGGER Open_All_PDBs
AFTER STARTUP ON DATABASE
BEGIN
  EXECUTE IMMEDIATE
  'ALTER PLUGGABLE DATABASE ALL OPEN';
END;
/
```

図 2-16　CDB と PDB の起動

PDB の起動（オープン）

PDB のオープンやクローズは、個別でも一括でも行うことができます。ALTER PLUGGABLE DATABASE 文で、対象 PDB を指定すれば個別、ALL を指定すれば一括になります（例 2-9）。

例 2-9：PDB のオープン

```
-- 個々のPDBをオープン（ルートコンテナまたは対象PDBにて）
SQL> ALTER PLUGGABLE DATABASE pdb2 OPEN;

-- 全PDBのオープン（ルートコンテナにて）
SQL> ALTER PLUGGABLE DATABASE ALL OPEN;
```

ALL を使用したオープンは、すでにオープン済みの PDB が存在していても実行できます。シード PDB は、CDB がオープンするときに自動的に READ ONLY でオープンされますが、明示的にクローズすることはできず、READ WRITE でオープンすることもできません。PDB に接続して STARTUP、SHUTDOWN コマンドを実行すれば、個別にオープン、クローズできます（ほかのPDBを変更することはできません）。または、シードPDB以外のPDBは、CDBがオープンしたときにリスナーにサービス登録されるため、明示的に接続してSTARTUPコマンドを実行することもできます（図2-17）。

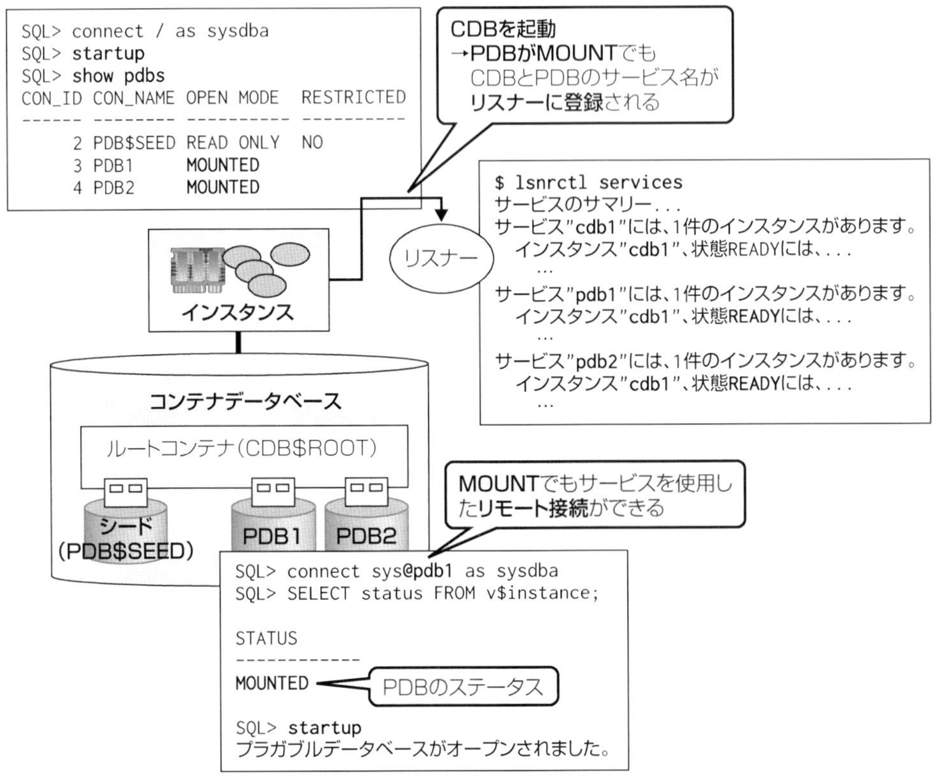

図2-17　PDBに接続してSTARTUP

CDBステータスとPDBステータス

PDBをオープンすると、デフォルトではREAD WRITEでオープンされますが、READ ONLY句やRESTRICTED句を指定してオープンすることもできます。ただし、変更できるタイミングは、CDBのステータスに依存します（表2-4）。

表 2-4：CDB ステータスと PDB ステータス

CDB ステータス		可能な PDB ステータス			
		MOUNT (CLOSE)	OPEN READ WRITE	OPEN READ ONLY	OPEN RESTRICTED
停止		×	×	×	×
NOMOUNT		×	×	×	×
MOUNT		○（ステータスのみ）	×	×	×
OPEN	READ WRITE	○	○	○	○
	READ ONLY	○	×	○	×
	RESTRICTED	○	×	×	○

RESTRICTED句を指定した場合は、RESTRICTED SESSION権限を持つユーザーだけが接続できます。メンテナンス操作時に一般ユーザーによる接続を防止したい場合に利用できます。また、ALTER SYSTEM ENABLE RESTRICTED SESSION文を使用することで、一時的にRESTRICTEDモードに変更することができます。

注意 CDB を RESTRICTED モードにすると、リスナーのサービスが RESTRICTED 状態となり、リスナー経由で接続できなくなります。PDB への接続はサービスを使用する必要があるため、CDB を RESTRICTED モードにすると PDB への接続ができなくなります（ALTER SESSION SET CONTAINER 文での切り替えは可能）。

ステータスを変更するときは、1度クローズしてから再オープンするのが基本です。「ALTER PLUGGABLE DATABASE ALL OPEN FORCE」のようにFORCE句を使用して強制的にOPENモードを変更することができますが、非CDBで後からRESTRICTEDモードを有効化した場合と同様、PDBの既存セッションはそのままです。確実にステータスを変更したい場合はPDBをクローズします。

PDBの停止（クローズ）

PDBのクローズは、ルートコンテナまたは対象PDBに接続して実行します。既存トランザクションをロールバックして、セッションを切断したい場合は、ALTER PLUGGABLE DATABASE文で、CLOSE IMMEDIATE句を使用します。IMMEDIATE句を指定しないときは、セッションが切断するのを待機します。

ルートコンテナからALLを使用したクローズは、すでにクローズ済みのPDBが存在していても実行できます。また、EXCEPT句を使用して一部を除外することもできます（例 2-10）。なお、すべての PDB をクローズしても、ルートコンテナはオープンされたままです。CDB はクローズされず、オープン状態を維持します。

例 2-10：PDB のクローズ

```
-- 個々のPDBをクローズ（ルートコンテナまたは対象PDBにて）
SQL> ALTER PLUGGABLE DATABASE pdb2 CLOSE;

-- 全PDBのクローズ（ルートコンテナにて）
SQL> ALTER PLUGGABLE DATABASE ALL CLOSE IMMEDIATE;

-- 一部のPDBを除外してクローズ（ルートコンテナにて）
SQL> ALTER PLUGGABLE DATABASE ALL EXCEPT pdb2 CLOSE IMMEDIATE;
```

PDB の停止は、対象となる PDB に接続して、SHUTDOWN コマンドを使用することでも可能です。SHUTDOWN IMMEDIATE と SHUTDOWN ABORT では、トランザクションをロールバックしてセッション切断後、PDB がクローズされます。SHUTDOWN NORMAL と SHUTDOWN TRANSACTIONAL は、PDB 上のすべてのセッションが切断されるのを待機した後、PDB をクローズします。

自動診断リポジトリ

非 CDB と同様に、アラートログやインシデント情報は自動診断リポジトリで管理されています。管理は CDB 単位で行われるため、PDB ごとのアラートログファイルはありません。各 PDB に対する操作は、CDB のアラートログに記録されます（例 2-11）。

例 2-11：CDB アラートログに PDB 操作を記録例

```
Sat Jan 04 17:25:20 2014
CREATE PLUGGABLE DATABASE pdb3                    ← PDBを追加（CREATE PLUGGABLE DATABASE）
ADMIN USER pdb3adm IDENTIFIED BY *
Sat Jan 04 17:25:48 2014
…
Completed: CREATE PLUGGABLE DATABASE pdb3
ADMIN USER pdb3adm IDENTIFIED BY *

ALTER PLUGGABLE DATABASE pdb3 OPEN                ← PDBをオープン
Sat Jan 04 17:27:02 2014
Pluggable database PDB3 dictionary check beginning
```

```
Pluggable Database PDB3 Dictionary check complete
Due to limited space in shared pool (need 6094848 bytes, have 3981120 bytes),
limiting Resource Manager entities from 2048 to 32
Opening pdb PDB3 (5) with no Resource Manager plan active
XDB installed.
XDB initialized.
Pluggable database PDB3 opened read write
Completed: ALTER PLUGGABLE DATABASE pdb3 OPEN

Sat Jan 04 17:28:15 2014
ALTER SYSTEM: Flushing buffer cache inst=0 container=5 global

ALTER PLUGGABLE DATABASE CLOSE IMMEDIATE
Sat Jan 04 17:28:26 2014
ALTER SYSTEM: Flushing buffer cache inst=0 container=5 local
Pluggable database PDB3 closed
Completed: ALTER PLUGGABLE DATABASE CLOSE IMMEDIATE

DROP PLUGGABLE DATABASE pdb3 INCLUDING DATAFILES
Sat Jan 04 17:29:24 2014
Deleted file /u01/app/oracle/oradata/cdb1/pdb3/pdbseed_temp01.dbf
Deleted file /u01/app/oracle/oradata/cdb1/pdb3/sysaux01.dbf
Deleted file /u01/app/oracle/oradata/cdb1/pdb3/system01.dbf
Completed: DROP PLUGGABLE DATABASE pdb3 INCLUDING DATAFILES
```


クリティカルエラーによるインシデント発生など、明確にPDBが判明しない情報もあります。追加のトレース（バックグラウンドプロセスのトレースファイルやサーバープロセスのユーザートレースファイル）も確認する必要があります。

2-3-3 CDB／PDBのインスタンスパラメータを変更

非CDB同様、インスタンスの起動には初期化パラメータファイルが必要です。インスタンスはCDBで管理するため、PDBごとの初期化パラメータファイルはありません。初期化パラメータファイルはCDBが持ちますが、一部の初期化パラメータはPDBごとに設定することができます（図2-18）。

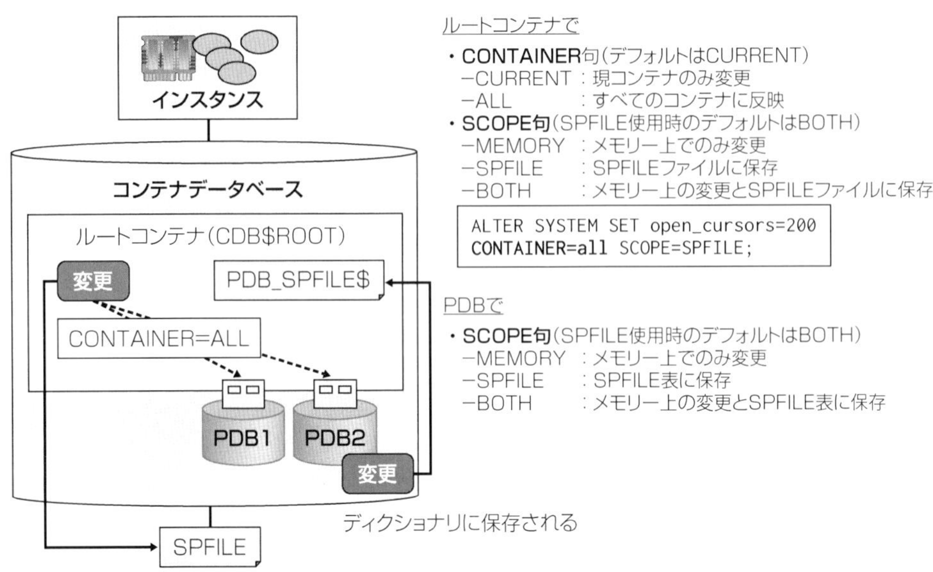

図2-18　CDBとPDBの初期化パラメータ

PDBに接続して変更したパラメータは、ディクショナリ表（PDB_SPFILE$表）に保存されますが、SPFILEファイルには保存されません。一方、ルートコンテナでの変更はSPFILEファイルに保存されます。

PDBレベルで変更できる初期化パラメータ

一部の初期化パラメータは、PDBごとに変更することができます。V$PARAMETERビューなどで、ISPDB_MODIFIABLE列がTRUEの場合、PDBごとに変更可能なパラメータです。PDBごとの設定は、ルートコンテナのV$SYSTEM_PARAMETERビュー（メモリー上）やPDB_SPFILE$表（保存されたもの）で確認できます（例2-12）。

例2-12：PDBでパラメータ変更

```
-- PDBに接続
SQL> ALTER SESSION SET CONTAINER=pdb1;

-- PDBでパラメータ変更
SQL> ALTER SYSTEM SET open_cursors=100;
```

```
-- 現PDBのパラメータ確認
SQL> SELECT con_id, name, value, ispdb_modifiable
  2  FROM v$parameter WHERE name='open_cursors';

CON_ID NAME           VALUE      ISPDB
------ -------------- ---------- -----
     3 open_cursors   100        TRUE

-- ルートコンテナから全体を確認
SQL> ALTER SESSION SET CONTAINER=cdb$root;

SQL> SELECT con_id, name, value, ispdb_modifiable
  2  FROM v$system_parameter WHERE name='open_cursors';

CON_ID NAME           VALUE      ISPDB
------ -------------- ---------- -----
     0 open_cursors   300        TRUE
     3 open_cursors   100        TRUE
```

PDBレベルで変更していない場合は、「CON_ID=0（CDBレベル）」の設定が使用されます。

PDBからの初期化パラメータ変更

PDBで変更できる初期化パラメータは、PDBに接続して変更します。SCOPEを使用して、MEMORY（メモリー上のみ）、SPFILE（保存）、BOTH（両方）を指定することができます。SCOPE=SPFILEを使用した場合は、非CDBと同じで、次回オープンするときに反映されます。

ルートコンテナからの初期化パラメータ変更

ルートコンテナで設定する初期化パラメータは、ルートコンテナのみに反映させる(CONTAINER=CURRENT)ことも、全コンテナに反映させる(CONTAINER=ALL)こともできます。

非CDBと同様に、SCOPEを使用して、MEMORY（メモリー上のみ）、SPFILE（保存）、BOTH（両方）を指定することができます。ルートコンテナからSPFILEやBOTHを使用した変更は、SPFILEに反映されます。CONTAINER=ALLで変更した場合、現在クローズしているPDBは、次回オープンするときに反映されます。

2-4 表領域とユーザー

マルチテナント環境の表領域は、いずれかのコンテナに対応付けられています。ユーザーには、すべてのコンテナに存在する共通ユーザーと、作成したPDBのみに存在するローカルユーザーがあります。権限にも、共通権限とローカル権限があります。どのレベルで構成するとどのような動作になるのか、十分に確認しておきましょう。

2-4-1 CDB ／ PDB内の表領域を管理

UNDO表領域を除き、表領域は作成したコンテナでのみ使用可能です。UNDO表領域だけは、制御ファイルやREDOログファイルと同様に、CDBレベルで管理されます（図2-19）。

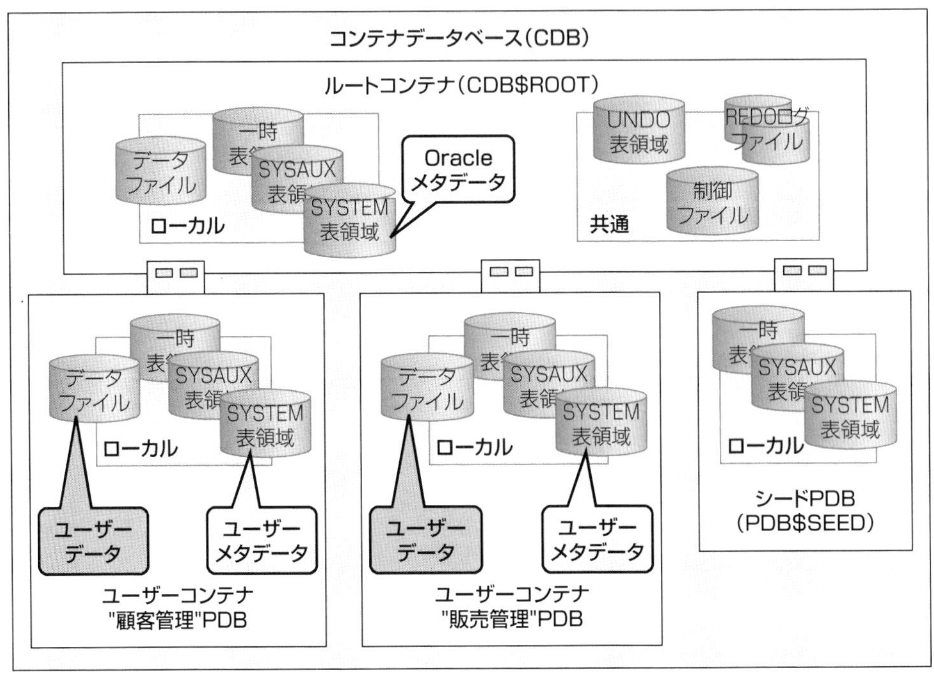

図2-19 マルチテナントの構成

UNDO表領域は、ルートコンテナで作成、管理します。PDBに接続してUNDO表領域を作成すると、エラーは出力されませんが、表領域は作成されていません。指定したデータファイルも作成されません。一部の構成は、PDBごとに変更することができます（表2-5）。

表2-5：CDBとPDBで可能な操作

CDBレベルで影響	接続先PDBのみ影響
・制御ファイルの構成 ・REDOログファイルの構成 ・UNDO表領域の構成 ・リカバリ関連の構成 －アーカイブログモード －フラッシュバックデータベース －変更追跡ファイル など	・データファイルの変更（サイズ、ONLINE、OFFLINEなど） 例）ALTER PLUGGABLE DATABASE DATAFILE '/disk1/users01.dbf' RESIZE 10M; ・デフォルト表領域の変更 例）ALTER PLUGGABLE DATABASE DEFAULT TABLE SPACE users; ・デフォルト一時表領域の変更 例）ALTER PLUGGABLE DATABASE DEFAULT TEMPORARY TABLESPACE pdb3_temp; ・記憶域の制限を変更 －すべての表領域合計に対する制限 例）ALTER PLUGGABLE DATABASE STORAGE (MAXSIZE 2G); －共有一時表領域に対する制限 例）ALTER PLUGGABLE DATABASE STORAGE (MAX_SHARED_TEMP_SIZE 1G); ・PDB名の変更 例）ALTER PLUGGABLE DATABASE RENAME GLOBAL_NAME TO pdbx;

PDBごとに変更できる操作は、PDBに接続して実行する必要があります。

永続表領域

マルチテナント環境の表領域は、いずれかのコンテナに対応付けられています。対象となるコンテナに接続して表領域を作成します。データファイルは、1つの表領域のみに対応することができます。マルチテナントでも各コンテナで表領域を作成しますので、データファイルを共有することはできません（図2-20）。

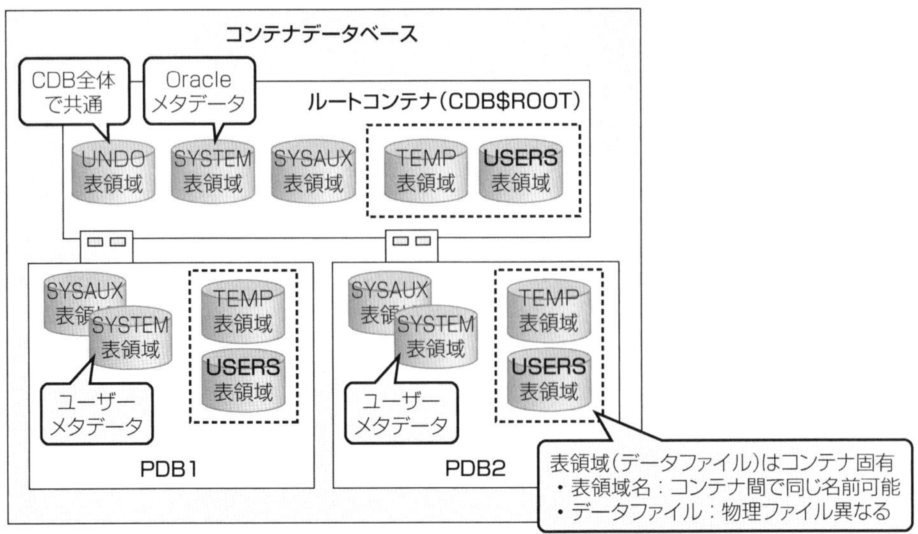

図2-20　コンテナと表領域

CDBを作成するときにシードPDBが作成されますが、ルートコンテナにデフォルト永続表領域を設定（CREATE DATABASE文のDEFAULT TABLESPACE句）があれば、シードPDBにも追加されます。または、SEED句でUSER_DATA句を指定すれば、シードPDBに表領域を追加することもできます（例2-2参照）。

デフォルト永続表領域

マルチテナント環境のデフォルト永続表領域は、コンテナごとに構成されます。そのため、ルートコンテナの構成はルートコンテナのみに影響します（図2-21）。

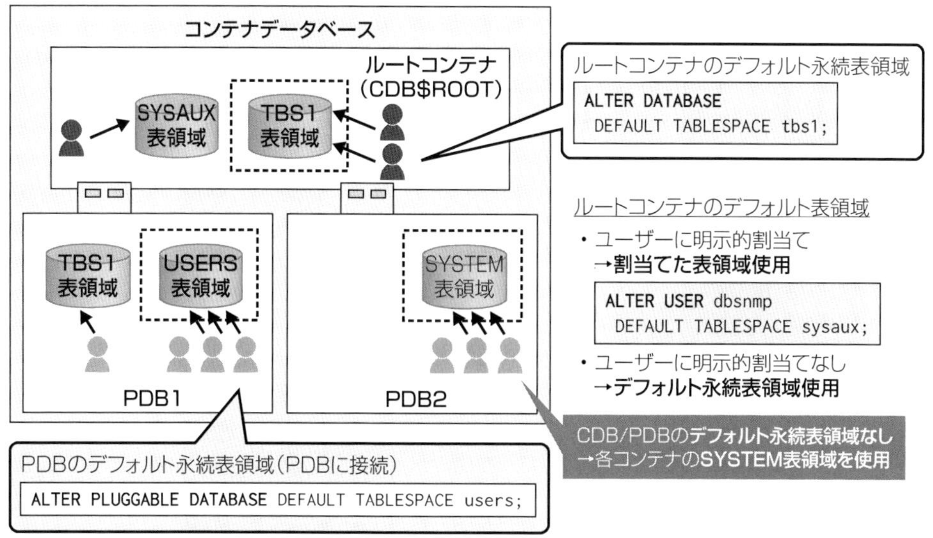

PDBのデフォルト表領域

・ユーザーに明示的割当て
→**割当てた表領域使用**
・ユーザーに明示的割当てなし
→**デフォルト永続表領域使用**

```
ALTER USER x DEFAULT TABLESPACE tbs1;
```

図 2-21　デフォルト永続表領域

デフォルト永続表領域の変更は、非CDBと同様に、既存ユーザーにも影響します。以前のデフォルト永続表領域が割当てられていたSYSとSYSTEMを除くユーザーは、新デフォルト永続表領域に変更されます。

デフォルト一時表領域

デフォルト一時表領域の割り当てでは、ルートコンテナのデフォルト一時表領域とPDBのデフォルト一時表領域がそれぞれ使用されます。PDBのデフォルト一時表領域を設定していない場合に、CDBのデフォルト一時表領域（ルートコンテナのデフォルト一時表領域）が使用されます（図 2-22）。

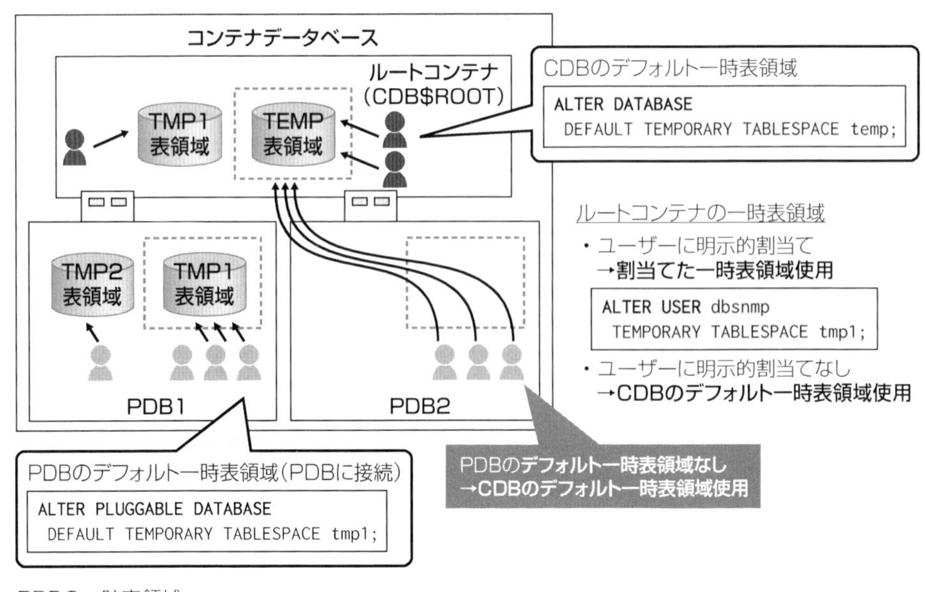

図2-22　一時表領域とデフォルト一時表領域

CDBのデフォルト一時表領域はPDB間で共有できるため、STORAGE句のMAX_SHARED_TEMP_SIZEを使用して、各PDBで使用されるサイズに制限を設けることができます（例2-13）。

例2-13：CDBのデフォルト一時表領域に対する制限

```
-- ルートコンテナに接続して各PDBのデフォルト確認
SQL> SELECT con_id, property_name, property_value
  2 FROM cdb_properties
  3 WHERE property_name LIKE 'DEFAULT_%TABLESPACE';

CON_ID PROPERTY_NAME                  PROPERTY_VALUE
------ ---------------------------- ---------------
     1 DEFAULT_TEMP_TABLESPACE       TEMP
     1 DEFAULT_PERMANENT_TABLESPACE  USERS
     3 DEFAULT_TEMP_TABLESPACE       TEMP
     3 DEFAULT_PERMANENT_TABLESPACE  SYSTEM
     4 DEFAULT_TEMP_TABLESPACE       TEMP
```

```
     4 DEFAULT_PERMANENT_TABLESPACE SYSTEM
     2 DEFAULT_TEMP_TABLESPACE      TEMP
     2 DEFAULT_PERMANENT_TABLESPACE SYSTEM

-- PDBに接続して制限設定
SQL> ALTER PLUGGABLE DATABASE STORAGE(MAX_SHARED_TEMP_SIZE 300M);
-- PDBに接続して制限解除
SQL> ALTER PLUGGABLE DATABASE STORAGE(MAX_SHARED_TEMP_SIZE UNLIMITED);
```

STORAGE句は、PDBを作成するときにも指定できます（表2-3参照）。

2-4-2 CDB／PDBのユーザーと権限を管理

マルチテナントでは「共通」と「ローカル」を意識して管理を行います。共通はすべてのPDBで共通、ローカルは個々のPDB固有です。対象となるのは、ユーザー、ロール、権限です（図2-23）。

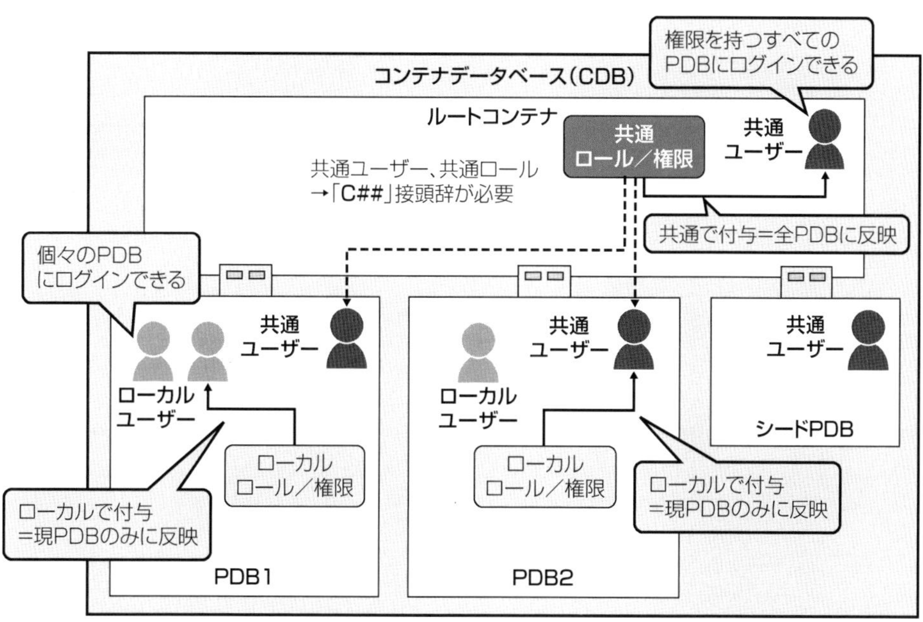

図2-23 共通とローカル

共通ユーザーとローカルユーザー

ローカルユーザーは、作成したコンテナのみで存在できます。共通ユーザーは、すべてのコンテナに作成されるユーザーで、「C## ユーザー名」というように接頭辞C##を指定して作成します（図 2-24）。

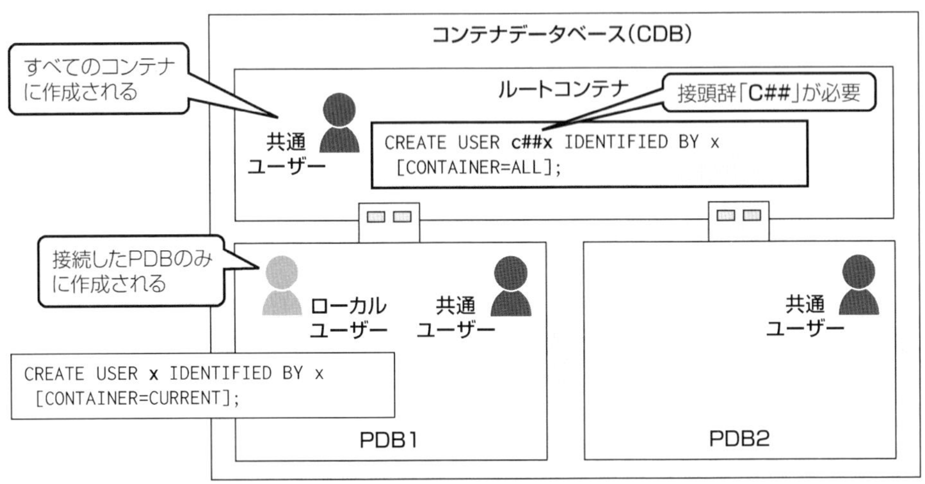

図 2-24　共通ユーザーとローカルユーザー

ローカルユーザーを作成する際に、「CONTAINER=CURRENT」を指定すると現コンテナのみに反映させることができます（デフォルトでCONTAINER=CURRENT）。ローカルユーザーを作成できるのはPDBのみです。

同様に、共通ユーザーを作成する際に「CONTAINER=ALL」で全コンテナへの反映を指定することができます（デフォルトでCONTAINER=ALL）。そして、共通ユーザーを作成できるのはルートコンテナのみです。共通ユーザーは、全コンテナに同時に作成されるため、いくつか制限があります。

- ユーザー作成権限

  共通ユーザーの作成は、CREATE USER権限とSET CONTAINER権限を持つルートコンテナの共通ユーザーで実行します。

- デフォルト表領域と一時表領域
  作成時オプションとしてデフォルト表領域や一時表領域を指定している場合は、READ WRITE でオープンしているコンテナに対象表領域が存在している必要があります。
- PDB ステータスと反映タイミング
  共通ユーザーを作成したときに CLOSE や READ ONLY 状態の PDB は、次回 READ WRITE になったときに共通ユーザーの追加が行われます。その際に、対象表領域が存在しなければ、その PDB のデフォルト永続表領域、デフォルト一時表領域が使用されます。

共通ユーザーとローカルユーザーのどちらを使用しているかは、CDB_USERS ビューや DBA_USERS ビューの COMMON 列で確認できます（例 2-14）。

例 2-14：ユーザーのタイプ

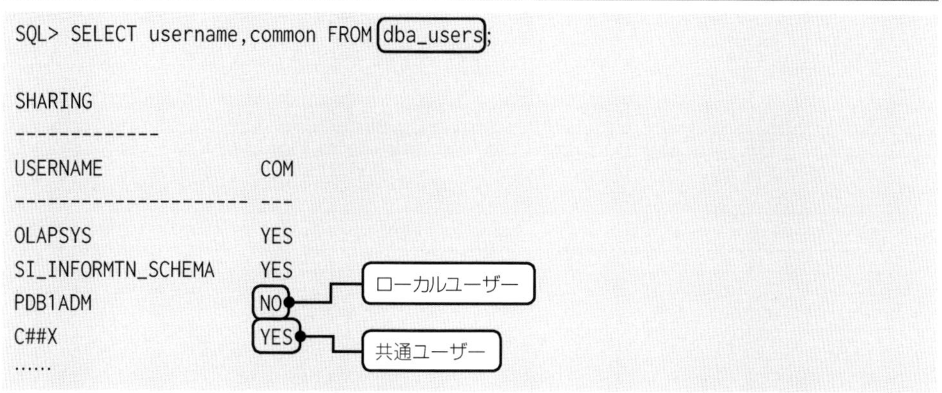
```
SQL> SELECT username,common FROM dba_users;

SHARING
------------
USERNAME             COM
-------------------- ---
OLAPSYS              YES
SI_INFORMTN_SCHEMA   YES
PDB1ADM              NO
C##X                 YES
……
```


共通ユーザーの作成、変更、削除は、いずれもルートコンテナでのみ可能です。共通ユーザーはすべてのコンテナで同じパスワードを使用して接続されるため、通常は PDB に公開しません。各 PDB は、固有の管理ユーザーを作成するようにします。

共通ロールとローカルロール

マルチテナント環境では、ユーザー同様にロールもまた「共通」と「ローカル」があります。共通ロールはルートコンテナのみで作成可能です。ローカルロールは PDB でのみ作成可能です。（図 2-25）。

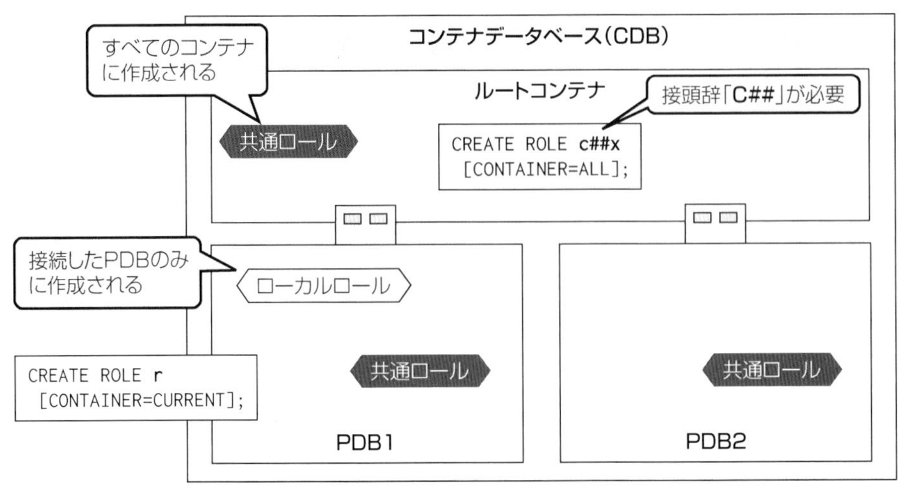

図 2-25　共通ロールとローカルロール

ロールの付与に関しては、権限の付与と同様のルールになります（表 2-6）。

表 2-6：ロールの付与／取り消しルール

ロール	実行コンテナ	説明
ローカル	ルート	×
	PDB	ローカルユーザー、共通ユーザーいずれにも付与／取消し可能
共通	ルート	共通ユーザーに付与／取消し可能 ・CONTAINER=ALL：全コンテナの共通ユーザーに反映 ・CONTAINER=CURRENT：ルートの共通ユーザーのみ反映（デフォルト）
	PDB	ローカルユーザー、共通ユーザーいずれにも付与／取消し可能

PDBではCONTAINER=ALLは使用できません。常に現コンテナのみが対象となります。ロールがローカルと共通のいずれで付与されたかは、CDB_ROLE_PRIVSやDBA_ROLE_PRIVSビューのCOMMON列で確認します。「YES」であれば、共通で付与されています（例 2-15）。

例 2-15：ロール付与の確認

```
-- PDBに接続
SQL> ALTER SESSION SET CONTAINER=pdb1;
```

```
-- ローカルロールを共通ユーザーに付与
SQL> GRANT r TO c##x;

-- 共通ロールをローカルユーザーと共通ユーザーに付与
SQL> GRANT c##r TO x, c##x;

-- ルートコンテナに接続
SQL> ALTER SESSION SET CONTAINER=cdb$root;

-- 共通ロールを共通ユーザーに共通で付与
SQL> GRANT c##r TO c##x CONTAINER=ALL;

-- ロールの付与状況確認
SQL> SELECT con_id,grantee,granted_role,common FROM cdb_role_privs
  2  WHERE grantee IN ('X','C##X');

CON_ID GRANTEE    GRANTED_ROLE COM
------ ---------- ------------ ---
     4 C##X       C##R         YES
     3 X          C##R         NO
     3 C##X       R            NO
     3 C##X       C##R         NO     ← ローカルで付与
     3 C##X       C##R         YES    ← 共通で付与
     5 C##X       C##R         YES
     1 C##X       C##R         YES

-- 共通で付与したものは共通でしか取り消せない
SQL> REVOKE c##r FROM c##x CONTAINER=CURRENT;
REVOKE c##r FROM c##x CONTAINER=CURRENT
*
ERROR at line 1:
ORA-01951: ROLE 'C##R' not granted to 'C##X'    ← 付与されていないエラー
```

マルチテナントでも、ロールを別のロールに付与することができます。この場合、そのコンテナで認識できるロールが対象となります。ルートコンテナでは、共通ロールを別の共通ロールにローカルで付与することも、共通で付与することもできます。PDBでは、共通ロールを共通ロールとローカルロールのいずれにも付与することができます。

共通権限とローカル権限

権限管理は、各コンテナで行うことができます。その権限にも「共通」と「ローカル」があります（図2-26）。

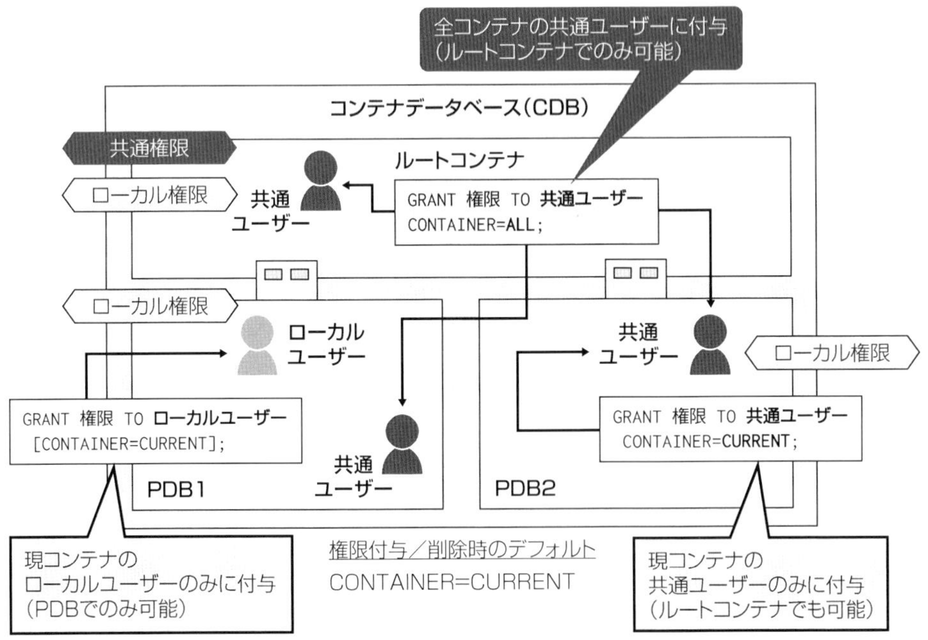

図2-26　共通権限とローカル権限

権限に対するCONTAINER句のデフォルトは「CURRENT」で、現コンテナのみに反映されます。ルートコンテナで全コンテナの共通ユーザーに反映させるには、「CONTAINER=ALL」を指定する必要があります。

権限がローカルと共通のいずれで付与されたかは、CDB_SYS_PRIVSやDBA_SYS_PRIVSビューのCOMMON列で確認します。「YES」であれば、共通で付与されています（例2-16）。

例 2-16：権限付与の確認

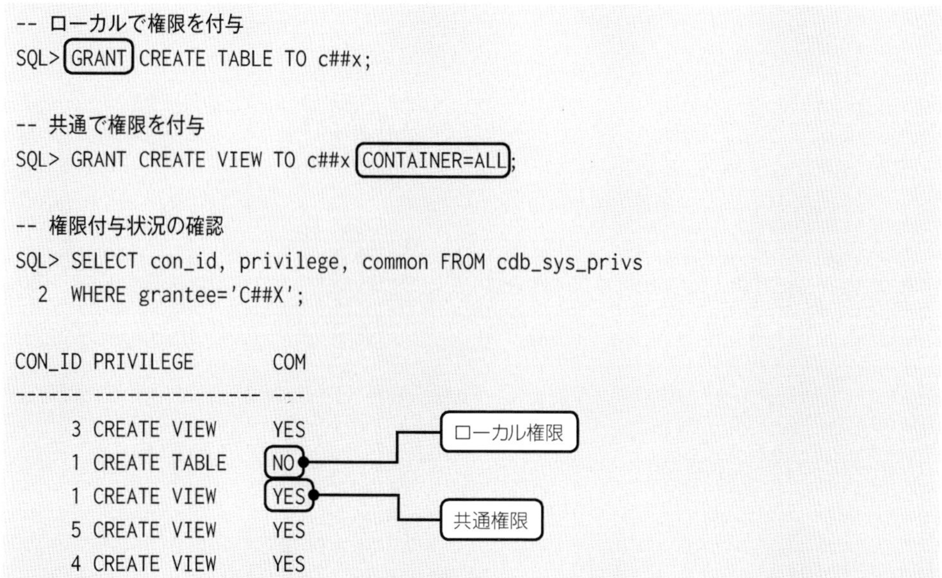

```
-- ローカルで権限を付与
SQL> GRANT CREATE TABLE TO c##x;

-- 共通で権限を付与
SQL> GRANT CREATE VIEW TO c##x CONTAINER=ALL;

-- 権限付与状況の確認
SQL> SELECT con_id, privilege, common FROM cdb_sys_privs
  2  WHERE grantee='C##X';

CON_ID PRIVILEGE       COM
------ --------------- ---
     3 CREATE VIEW     YES
     1 CREATE TABLE    NO
     1 CREATE VIEW     YES
     5 CREATE VIEW     YES
     4 CREATE VIEW     YES
```


共通ユーザーは、すべてのコンテナに作成されますが、権限は別です。CREATE SESSION権限がなければ接続できません。共通ユーザーに対しては、ルートコンテナとPDBのそれぞれで権限管理が行えます。各PDBで操作することができるのは、各PDB固有の権限管理やオブジェクト管理のみです。

2-4-3 CDB ／ PDBのスキーマを管理

ユーザーには共通ユーザーとローカルユーザーがありますが、どちらのユーザーにしても、スキーマは各コンテナで管理します。SYSTEM表領域やSYSAUX表領域は各コンテナで持ちますが、各コンテナ固有の情報のみを持つことで領域が削減されています（図 2-27）。

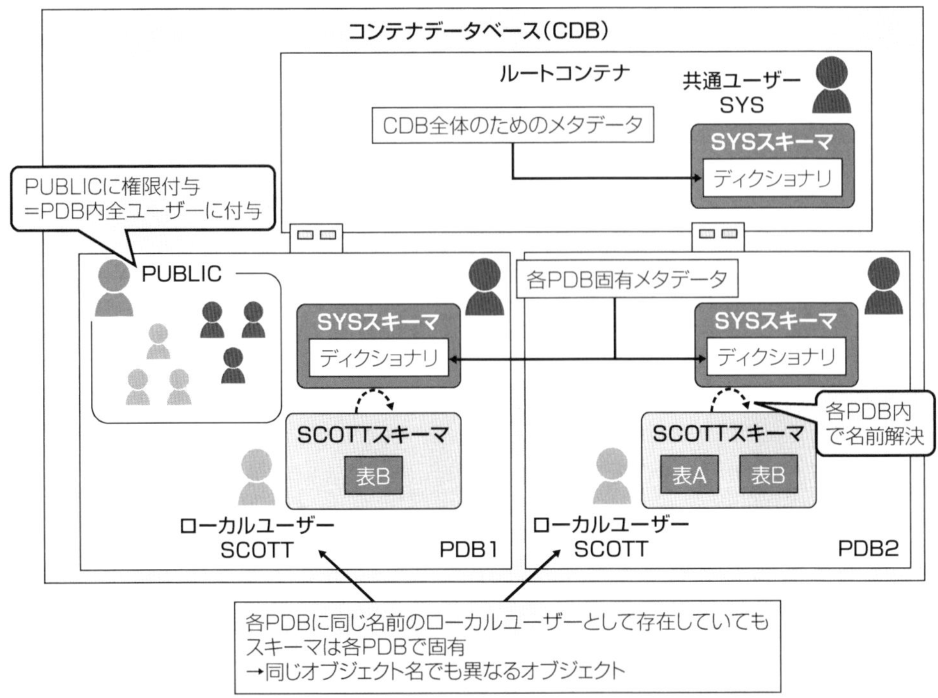

図2-27　PDBとスキーマ、オブジェクト

各オブジェクトは、PDB名、スキーマ名、オブジェクト名で管理されます。スキーマ名はPDB内で一意である必要がありますが、異なるPDBでは同じスキーマ名を使用することができます。各PDBに同じ名前のユーザーが存在しても、PDB間でスキーマオブジェクトを共有しているわけではありません。

メタデータリンクとオブジェクトリンク

マルチテナントにおけるデータディクショナリは、ルートコンテナのみ全体を確認することができます。各PDBにはPDB固有のユーザーデータのためのエントリのみ格納し、ディクショナリとしての定義やデータベース管理用PL／SQLパッケージなどはルートコンテナに格納します。各PDBからは、ルートコンテナ内のディクショナリに対するポインタが記録されます。このアーキテクチャによって、ディクショナリの重複が排除され、PDBごとのアップグレードが不要になります（図2-28）。

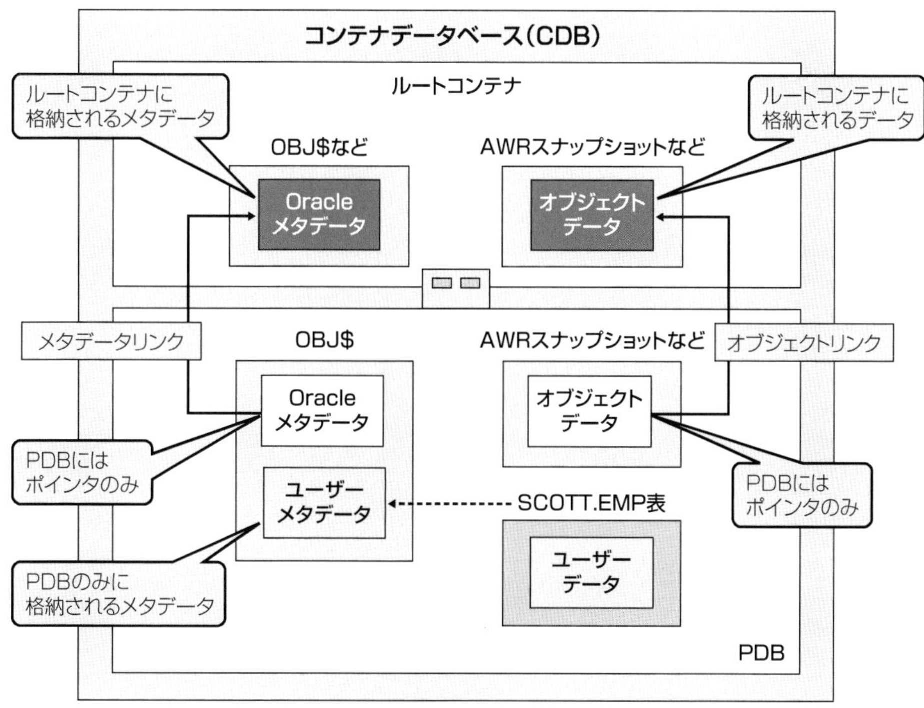

図2-28 マルチテナントのディクショナリアーキテクチャ

各PDBからルートコンテナのデータに対するアクセスは、内部的なデータベースリンクが使用されます。

- メタデータリンク
  ルートに格納されたメタデータは、「メタデータリンク」と呼ばれる内部メカニズムを使用して各PDBからアクセスが行われます。
- オブジェクトリンク
  AWRデータなどの一部のデータは、ルートコンテナのみに記録されます。このようなオブジェクトデータ(非メタデータ)へのアクセスは、「オブジェクトリンク」と呼ばれる内部メカニズムを使用して各PDBからアクセスが行われます。

メタデータリンクとオブジェクトリンクのどちらを使用しているかは、CDB_OBJECTSビューやDBA_OBJECTSビューのSHARING列で確認できます(例2-17)。

例 2-17：オブジェクトのタイプ

```
SQL> SELECT DISTINCT sharing FROM dba_objects;

SHARING
-------------
METADATA LINK  -- メタデータリンク
NONE           -- 非共有オブジェクト
OBJECT LINK    -- オブジェクトリンク
```

2-5 バックアップ／リカバリ

マルチテナント環境のバックアップ／リカバリは、CDB全体でも、PDB単位でも行うことができます。「Recovery Manager（RMAN）」を使用した基本のバックアップ／リカバリだけでなく、フラッシュバックを使用したリカバリもサポートされています。どの単位に対して、どのような効果があるのか、どのような処理方法を必要とするのかを確認しておきましょう。

▶参照
RMANを使用したバックアップリカバリに関する追加の機能は「5-1　RMANの新機能」を参照してください。

2-5-1 CDB／PDBのバックアップを実行

ルートコンテナに接続してCDB全体のバックアップを実行できます。PDBに対するバックアップは、ルートコンテナまたはPDBに接続して行うことができますが、使用するコマンドが異なります（図2-29）。

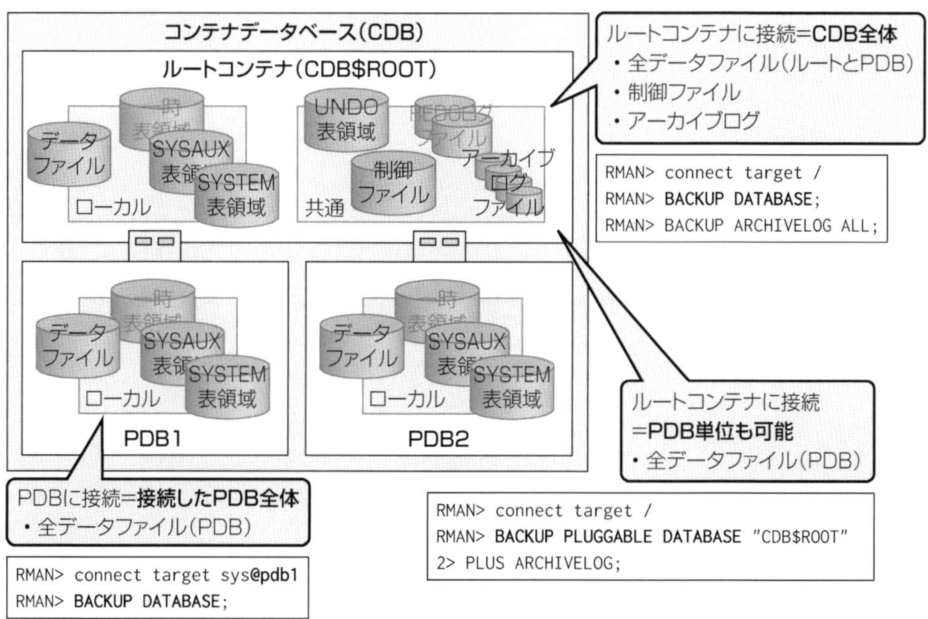

図2-29　CDB／PDBのバックアップ

ルートコンテナからのRMANを使用したバックアップ

マルチテナントのバックアップは、非CDBとほぼ同じです。RMANでは、再作成できるファイルはバックアップしません。そのため、非CDBと同様に、一時表領域とオンラインREDOログファイルをバックアップできません。ルートコンテナに接続している場合は、CDB全体、PDB全体、PDB内表領域のバックアップを取得できます。

- CDB全体のバックアップ
  CDB全体のバックアップは、ルートコンテナに接続し、BACKUP DATABASE文を使用することで実行できます。バックアップセットとして作成した場合、PDBごとのバックアップセットが作成されます。
- PDB全体のバックアップ
  BACKUP PLUGGABLE DATABASE文は、ルートコンテナに接続してPDBをバックアップするためのコマンドです。BACKUP PLUGGABLE DATABASE文で、PDB名に「"CDB$ROOT"」を指定すれば、ルートコンテナのみのバックアップになります。
- PDB内の特定の表領域のバックアップ
  BACKUP TABLESPACE文で「PDB名：表領域名」を指定すると、ルートコンテナから特定のPDBの表領域のみをバックアップすることができます（例2-18）。

例2-18：PDBの表領域単位のバックアップ[注1]

```
-- ルートコンテナからはすべてのデータファイルが認識される
RMAN> REPORT SCHEMA;

データベースdb_unique_name CDB1のデータベース・スキーマのレポート

永続データファイルのリスト
===========================
File Size(MB) Tablespace           RB segs Datafile Name
---- -------- -------------------- ------- ------------------------
1    780      SYSTEM               ***     …/cdb1/system01.dbf
3    760      SYSAUX               ***     …/cdb1/sysaux01.dbf
4    350      UNDOTBS1             ***     …/cdb1/undotbs01.dbf
5    260      PDB$SEED:SYSTEM      ***     …/cdb1/pdbseed/system01.dbf
```

シードPDB

注1　画面幅の関係で、一部修正しています。

```
6    5        USERS                ***        …/cdb1/users01.dbf
7    640      PDB$SEED:SYSAUX      ***        …/cdb1/pdbseed/sysaux01.dbf
12   260      PDB1:SYSTEM          ***        …/cdb1/pdb1/system01.dbf
13   640      PDB1:SYSAUX          ***        …/cdb1/pdb1/sysaux01.dbf
14   260      PDB2:SYSTEM          ***        …/cdb1/pdb2/system01.dbf
15   640      PDB2:SYSAUX          ***        …/cdb1/pdb2/sysaux01.dbf

一時ファイルのリスト
=======================
File Size(MB) Tablespace           Maxsize(MB) Tempfile Name
---- -------- -------------------- ----------- --------------------
1    88       TEMP                 32767       …/cdb1/temp01.dbf
2    87       PDB$SEED:TEMP        32767       …/cdb1/pdbseed/pdbseed_temp01.dbf
3    20       PDB1:TEMP            32767       …/cdb1/pdb1/pdbseed_temp01.dbf
4    20       PDB2:TEMP            32767       …/cdb1/pdb2/pdbseed_temp01.dbf

-- ルートコンテナに接続してPDB表領域のバックアップ
RMAN> BACKUP TABLESPACE pdb1:USERS;
```


PDBからRMANを使用したバックアップ

RMANを使用する場合、PDBにターゲットデータベースとして直接接続することができます。PDBに接続して全データファイルをバックアップするには、BACKUP DATABASE文を使用します。

ルートコンテナから特定PDBの表領域を指定することはできますが、データファイルのみを指定することはできません。PDBに接続している場合は、表領域単位、データファイル単位のバックアップも指定できます。PDB名修飾名は指定できません。

PDBに直接接続した場合は、そのPDBのファイルのみをバックアップすることができます。このとき、アーカイブログファイルとUNDO表領域のバックアップは実行できません。ただし、アーカイブログを同時に取得するPLUS ARCHIVELOG句を指定することはできます。

制御ファイルは、バックアップ情報を記録するRMANリポジトリでもあり、PDBからのバックアップも可能です。

注意 PDBにターゲットとして接続する場合、リカバリカタログを使用することができません（「RMAN-01005: recovery catalog is not supported when connected to pluggable database」エラー）。リカバリカタログを使用する場合は、ルートコンテナに接続して作業してください。

ユーザー管理によるバックアップ

RMANを使用している場合のオンラインバックアップは、そのままBACKUP文を開始できます。しかし、RMANを使用しないユーザー管理のオンラインバックアップでは、バックアップモードに変更してからファイルコピーが必要です。

ルートコンテナに接続した場合、CDB全体、もしくはルートコンテナの表領域をバックアップモードにすることができます。ルートコンテナからPDB単位やPDBの表領域をバックアップモードにすることはできません（例2-19）。

例2-19：ルートコンテナからバックアップモード

```
-- ルートコンテナから確認：全データファイルの状況がわかる
SQL> SELECT * FROM v$backup;

FILE# STATUS             CHANGE# TIME      CON_ID
----- ------------ ---------- -------- ------
    1 NOT ACTIVE           0                1
    3 NOT ACTIVE           0                1
    4 NOT ACTIVE           0                1
    5 NOT ACTIVE           0                2
    7 NOT ACTIVE           0                2
   12 NOT ACTIVE     2049409 14-01-11       3
   13 NOT ACTIVE     2049409 14-01-11       3

-- CDBレベルでバックアップモード
SQL> ALTER DATABASE BEGIN BACKUP;

-- CDB全体がバックアップモード（シードPDB除く）
SQL> SELECT * FROM v$backup;

FILE# STATUS             CHANGE# TIME      CON_ID
----- ------------ ---------- -------- ------
    1 ACTIVE         2054062 14-01-11       1
    3 ACTIVE         2054062 14-01-11       1
    4 ACTIVE         2054062 14-01-11       1
    5 NOT ACTIVE           0                2   ← シードPDBは対象外
    7 NOT ACTIVE           0                2
   12 ACTIVE         2054062 14-01-11       3
   13 ACTIVE         2054062 14-01-11       3
```

```
-- CDBレベルでバックアップモード終了
SQL> ALTER DATABASE END BACKUP;

-- ルートコンテナから表領域単位でバックアップモード
SQL> ALTER TABLESPACE system BEGIN BACKUP;

-- 対象は現コンテナのみ
SQL> SELECT * FROM v$backup WHERE file# IN
  2    (SELECT file_id FROM cdb_data_files
  3     WHERE tablespace_name='SYSTEM');

FILE# STATUS             CHANGE# TIME       CON_ID
----- ------------ ---------- -------- ------
    1 ACTIVE             2054767 14-01-11        1
    5 NOT ACTIVE               0                 2
   12 NOT ACTIVE         2054062 14-01-11        3

-- 表領域単位でバックアップモード終了
SQL> ALTER TABLESPACE system END BACKUP;
```

PDB単位やPDBの表領域をバックアップモードにするには、PDBに接続してバックアップモードにします。非CDBと同様に、ALTER DATABASE {BEGIN|END} BACKUP文を使用できますが、推奨されているのは、ALTER PLUGGABLE DATABASE {BEGIN|END} BACKUP文です（例2-20）。

例 2-20：PDB からバックアップモード

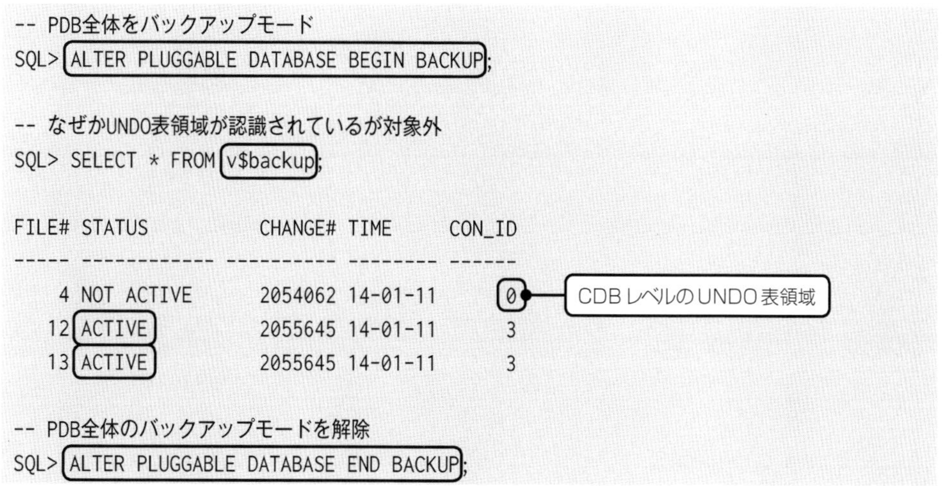

```
-- PDB全体をバックアップモード
SQL> ALTER PLUGGABLE DATABASE BEGIN BACKUP;

-- なぜかUNDO表領域が認識されているが対象外
SQL> SELECT * FROM v$backup;

FILE# STATUS             CHANGE# TIME       CON_ID
----- ------------ ---------- -------- ------
    4 NOT ACTIVE         2054062 14-01-11        0
   12 ACTIVE             2055645 14-01-11        3
   13 ACTIVE             2055645 14-01-11        3

-- PDB全体のバックアップモードを解除
SQL> ALTER PLUGGABLE DATABASE END BACKUP;
```

バックアップモードの変更は、データベースレベルか表領域レベルでのみ可能です。データファイル単位の構文はありません（図2-30）。

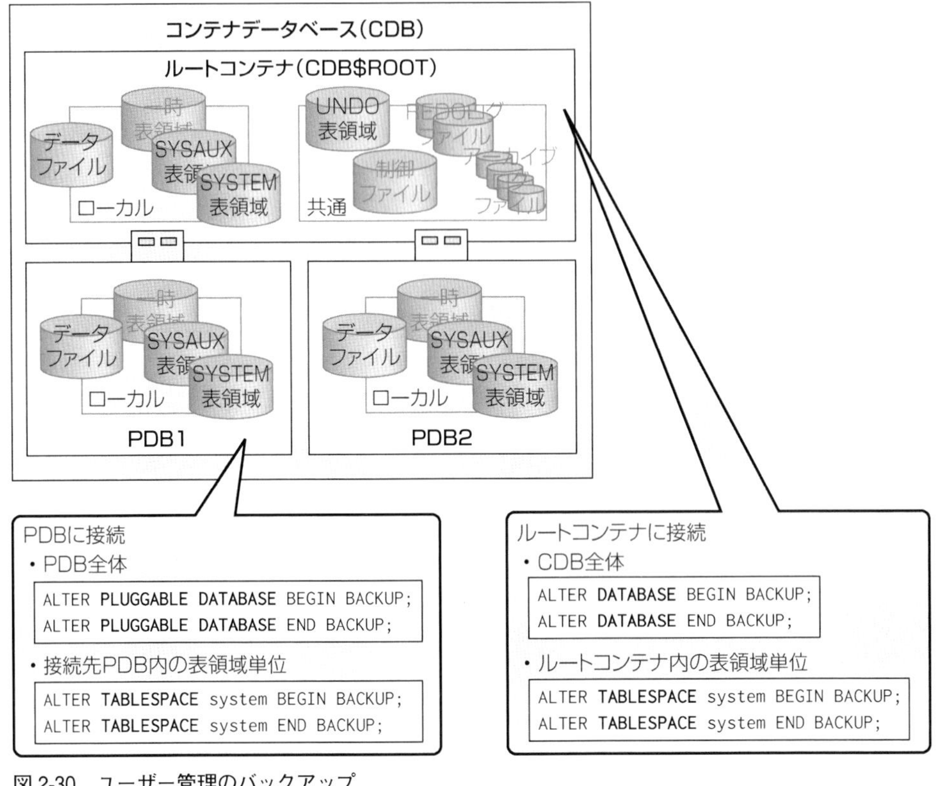

図2-30 ユーザー管理のバックアップ

バックアップモード（BEGIN BACKUP）中の表領域が存在する場合、PDB、CDBともに停止することはできません。CDBであれば、ABORTでインスタンスを停止することができます。しかし、PDBは、既存セッションを考慮するCLOSEと、既存トランザクションをロールバックし既存セッションを切断するCLOSE IMMEDIATEしかありません。バックアップモード中の表領域が存在すると、PDB単位での停止はできません。

注意 ルートコンテナからALTER DATABASE END BACKUPを実行すると、CDB全体のEND BACKUPになります。PDBレベルのバックアップモードが有効な場合でも「ORA-01260: warning: END BACKUP succeeded but some files found not to be in backup mode」エラーをともなって終了することになるので、注意しましょう。

制御ファイルの再作成は、マルチテナント環境でも可能です。ALTER DATABASE BACKUP CONTROLFILE TO TRACE文で再作成スクリプトを用意し、制御ファイルの再作成に利用することができます。スクリプト化や実際の再作成処理は、ルートコンテナに接続して実行します。

2-5-2 CDB ／ PDBのリカバリを実行

CDBに対するリカバリは、非CDBのときと同じです。制御ファイルやREDOログファイル、UNDO表領域の障害は、ルートコンテナに接続してリカバリを行います。そのため、全PDBに影響します。一方、PDBに対するリカバリでは、一部のPDBが停止していてもほかのPDBは動作することができます（表2-7）。

表2-7：CDB／PDBのメディア障害に対するリカバリ

<table>
<tr><th>レベル</th><th>障害ファイル</th><th>CDBモード</th><th>リカバリ方法</th></tr>
<tr><td rowspan="6">CDB
（ルート）</td><td>制御ファイル全滅</td><td rowspan="4">マウント</td><td>制御ファイルの再作成またはバイナリバックアップ制御ファイルを使用したリカバリ</td></tr>
<tr><td>現行REDOロググループ全滅</td><td>CDBの全データファイルをリストアしたPITR</td></tr>
<tr><td>UNDO表領域</td><td rowspan="3">対象データファイルのリストア / リカバリ</td></tr>
<tr><td>SYSTEM表領域</td></tr>
<tr><td>その他表領域</td><td rowspan="2">オープン</td></tr>
<tr><td>一時ファイル</td><td>次回CDBオープン時自動再作成</td></tr>
<tr><td rowspan="3">PDB</td><td>SYSTEM表領域</td><td>マウント</td><td rowspan="2">対象データファイルのリストア / リカバリ</td></tr>
<tr><td>その他表領域</td><td rowspan="2">オープン</td></tr>
<tr><td>一時ファイル</td><td>次回PDBオープン時自動再作成</td></tr>
</table>

メディア障害が発生した場合、データベースの停止を必要とする障害は、マルチテナントでもCDBの停止が必要です。一方、オープンしたままリカバリできるファイルは、CDB／PDBいずれもオープンしたままリカバリ可能です。

インスタンス障害からのリカバリ

マルチテナントでは、CDBに対してインスタンスが対応付けられています。そのため、CDBの異常終了などでインスタンス障害が発生した場合のインスタンス／クラッシュリカバリは、CDBレベルで行われます。CDBが正常で、PDBがクラッシュしたときは、

PDBの強制クローズになりますが、内部的にはトランザクションを強制ロールバックしたIMMEDIATE停止です。次回オープン時ではなく、PDBクラッシュした際にトランザクションがロールバックされています。

インスタンス障害に対するリカバリは、非CDBと同様に、REDOログファイルを使用してリカバリ対象ブロックを識別し、対象ブロックに対するREDO適用（ロールフォワード）と未コミットの取り消し（ロールバック）が行われます。ロールフォワードはCDB（ルートコンテナ）がマウントされた後で行われ、ロールバックは各コンテナがオープンした後で行われます。

ルートコンテナのファイル障害

ルートコンテナのファイル障害は、CDBレベルのファイル障害です。制御ファイル、REDOログファイル、UNDO表領域はルートコンテナ固有の障害です（図2-31）。

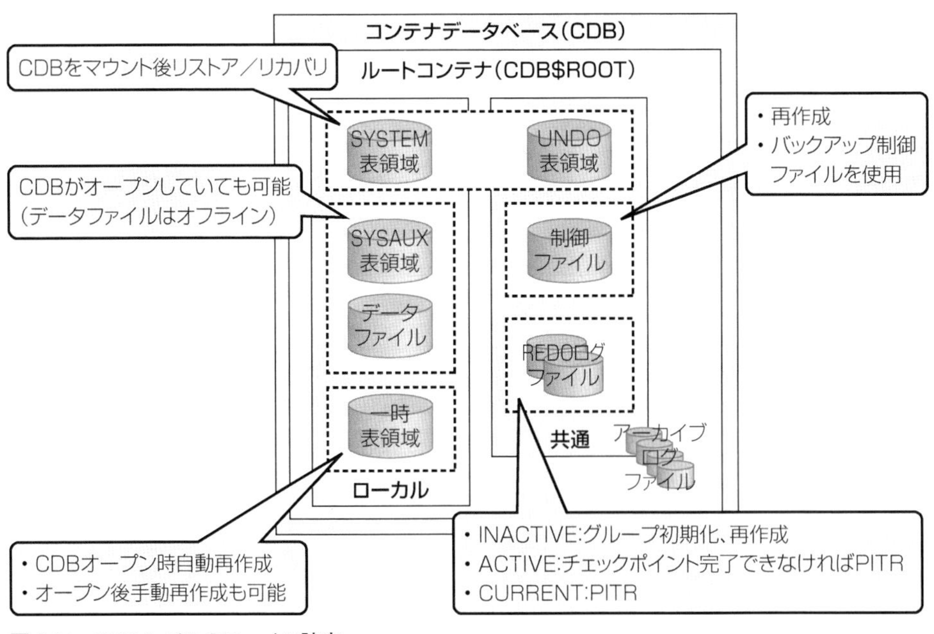

図2-31　CDBレベルのファイル障害

制御ファイル障害からのリカバリ

制御ファイル障害からのリカバリ方法は、非CDBと同じです。制御ファイルが全滅した場合は、制御ファイルを再作成するかバックアップ制御ファイルを使用します。バックアップ制御ファイルをリストアした場合は、制御ファイルのリカバリ後、RESETLOGSでオープンする必要があります。これらの作業は、CDBレベル（ルートコンテナ）で行います。RESETLOGSでオープン後、PDBを通常通りオープンすることができます。

REDOログファイル障害からのリカバリ

REDOファイル障害からのリカバリ方法は、非CDBと同じです。CURRENTステータスのREDOロググループが全滅したのであれば、全データファイルのリストア、CURRENTのログ順序番号までのPITR、RESETLOGSでオープンする必要があります。これらの作業は、CDBレベル（ルートコンテナ）で行います。RESETLOGSでオープン後、PDBを通常通りオープンすることができます。

一時ファイル障害からのリカバリ

非CDBと同様に、一時ファイルが欠落している場合は、次回オープンするときに自動再作成されます。一時表領域は、ルートコンテナとPDBで個別に保持しています。それぞれのコンテナがオープンするときに再作成されます。CDB／PDBともに、自動再作成が行われた場合は、アラートログに「Re-creating tempfile /u01/app/oracle/oradata/cdb1/pdb2/pdbseed_temp01.dbf」というようなメッセージが記録されます。

また、明示的に、手動で再作成することもできます。各コンテナに接続し、非CDB同様の構文を使用して再作成します（例2-21）。

例2-21：一時ファイルの再作成

```
-- 対象となるコンテナに接続して一時ファイルを追加
SQL> ALTER TABLESPACE temp ADD TEMPFILE
  2  '/stage1/cdb1/pdb2/temp02.dbf' SIZE 20M;

-- 対象となるコンテナに接続して一時ファイルの削除
SQL> ALTER TABLESPACE temp DROP TEMPFILE
  2  '/stage1/cdb1/pdb2/temp01.dbf';
```

ルートコンテナのデータファイル障害からのリカバリ

ルートコンテナのデータファイル障害は非CDBのデータファイル障害と同じです。

- SYSTEM 表領域
  SYSTEM 表領域に障害が発生した場合、CDB をマウントしてリカバリを実行します。したがって、全 PDB の停止が必要になります。
- UNDO 表領域
  UNDO 表領域は、CDB レベルで管理されます。非 CDB と同様に、アクティブな UNDO セグメントを含む UNDO 表領域に障害が発生した場合、データベースをオープンすることができません。CDB をマウントしてリカバリするため、PDB をオープンしておくことはできません。
- SYSAUX 表領域
  SYSAUX 表領域は、オフラインにできる表領域です。そのため、ルートコンテナをオープンしたままリカバリすることができます。ほかの PDB にも影響を与えません。

PDB のデータファイル障害からのリカバリ

PDBのデータファイル障害は、非CDBと同様に、データベース全体、データファイル単位、表領域単位で行うことができます。障害のあったファイルがSYSTEM表領域なのか非SYSTEM表領域なのかで、リカバリ方法が変わります（図2-32）。

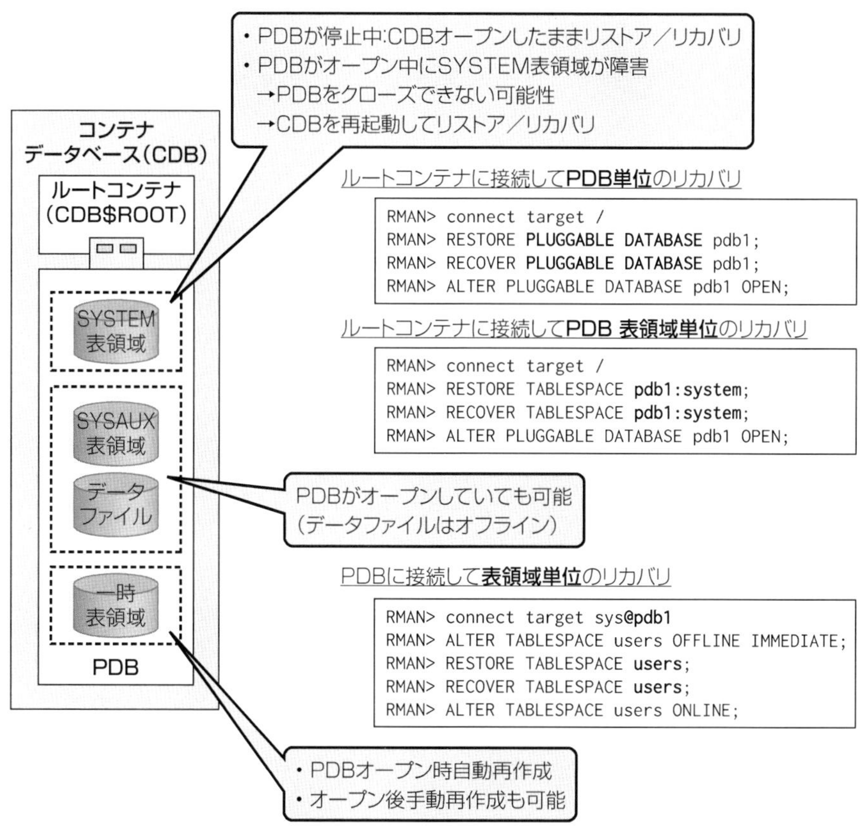

図 2-32　PDB レベルのファイル障害

- SYSTEM 表領域
  SYSTEM 表領域に障害が発生した場合、PDB がオープンしていれば CDB をマウントしてリカバリを実行します。PDB がクローズしている場合は、対象 PDB のみをクローズしたままリカバリを実行します。
- 非 SYSTEM 表領域
  CDB も PDB もオープンしたまま、対象となるファイルのみをオフラインにしてリカバリを実行することができます。

PDB の SYSTEM 表領域をリカバリする場合、PDB をクローズした状態で行う必要があります。SYSTEM 表領域に障害があると、PDB をクローズできない可能性があります。そのときは、CDB を再起動することで強制的に PDB をクローズした状態にしてからリカバリします。

ルートコンテナに接続した場合は、PDB全体（{RESTORE | RECOVER} PLUGGABLE DATABASE PDB名）か表領域単位（{RESTORE | RECOVER} TABLESPACE PDB名:表領域名）でリカバリできます。表領域をオフラインにするのはPDB接続が必要になることから、SYSTEM表領域障害やPDB全体などのPDBがクローズしているときの作業に適しています。PDBに接続してリカバリするときは、非CDB同様のコマンドで、PDB全体、表領域、データファイル単位でリカバリすることができます。

NOARCHIVELOGモードでは、非CDB同様、データベースをマウントした状態で全データファイルと制御ファイルをバックアップします。いずれのファイルに障害があった場合でも全データファイルと制御ファイルをリストアするのが基本です。したがって、PDBの一部のデータファイルに障害があった場合でも、CDB全体をリストアすることになります。

Point-in-timeリカバリ（PITR）

マルチテナント環境でも「Point-in-timeリカバリ（PITR、不完全リカバリ）」を実行することが可能です。CDB全体のDBPITR、PDB全体のPDB PITR、SYSTEM、SYSAUX、UNDO表領域を除く表領域のPITR（TSPITR）が可能です（図2-33）。

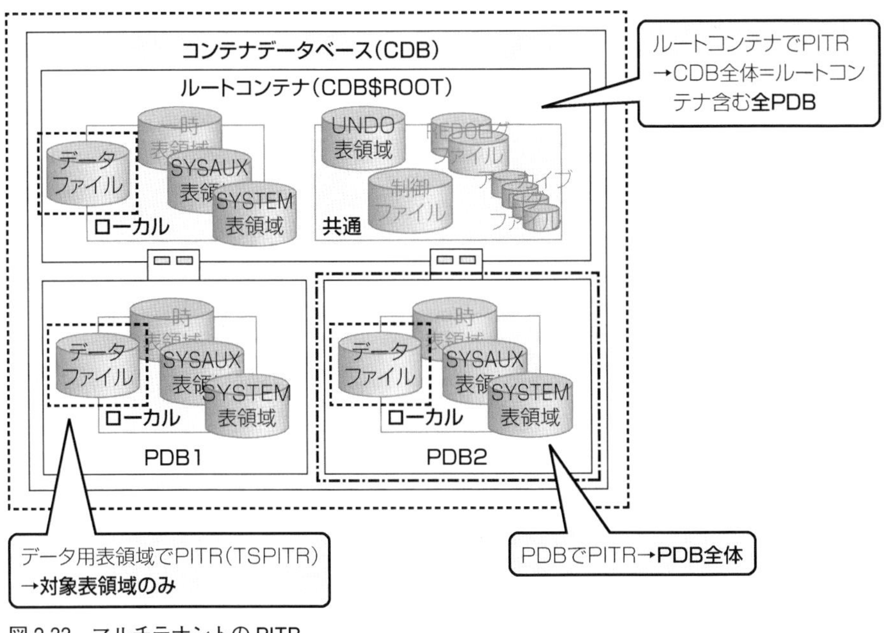

図2-33　マルチテナントのPITR

CDB全体のDBPITRは、非CDB環境と同じです。CDBに含まれるすべてのデータファイルを過去の時点にします。PDB全体のPDB PITRは、一種のTSPITRです。PDBに含まれるすべての表領域を過去時点にします。TSPITRは、非CDB同様、SYSTEM表領域、SYSAUX表領域、UNDO表領域を除く表領域が対象になります。

PDBのTSPITRの実行

PDBの特定の表領域のみをPITRする場合は、ルートコンテナに接続した状態でTSPITRを実行します。表領域の指定時に「PDB名:表領域名」構文を使用します（例2-22）。

例2-22：PID TSPITR

```
-- ルートコンテナで実行する必要
RMAN> connect target /

-- PID TSPITRの実行
RMAN> RUN{
2  SET RESTORE POINT p1;
3  RECOVER TABLESPACE pdb2:users2 AUXILIARY DESTINATION '/disk1';
4 }

-- 表領域をONLINEに戻す
SQL> ALTER SESSION SET CONTAINER=pdb2;
SQL> ALTER TABLESPACE users2 ONLINE;
```

PDBに直接接続してTSPITR構文を使用することはできません。PDBのTSPITRを実行するには、「PDB名：表領域名」の構文を使用します。PITRターゲットは、SCNベース（SCN）、時間ベース（TIME）、ログ順序番号（SEQUENCE）、リストアポイント（RESTORE POINT）を指定することができます。

処理が完了すると、非CDBのTSPITR同様、過去のバックアップファイルは使用できなくなります。バックアップを取得してから表領域をONLINEにします。

PDB PITRの実行

PDB全体のPDB PITRは、クローズしたPDBに対し、ルートコンテナに接続した状態でPDBの全データファイルのリストアとPITRターゲットまでのリカバリを実行します（例2-23）。

例 2-23：PID PITR

```
-- ルートコンテナで実行する必要
RMAN> connect target /

-- 対象PDBはクローズしておくこと
RMAN> ALTER PLUGGABLE DATABASE pdb1 CLOSE;

-- PDB PITRの実行
RMAN> RUN{
2  SET UNTIL SCN 2332059;
3  RESTORE PLUGGABLE DATABASE pdb1;
4  RECOVER PLUGGABLE DATABASE pdb1 AUXILIARY DESTINATION '/disk3';
5 }

-- PDBをRESETLOGSでオープン
RMAN> ALTER PLUGGABLE DATABASE pdb1 OPEN RESETLOGS;
```

PDBに直接接続してPDB PITR構文を使用することはできません。PITRターゲットはSCNベース（SCN）、時間ベース（TIME）、ログ順序番号（SEQUENCE）、リストアポイント（RESTORE POINT）を指定することができます。処理が完了したらPDBの整合をとるためにRESETLOGSでオープンが必要です。

PITRで変更されるインカネーション番号

PDBをRESETLOGSでオープンしてもCDBは影響を受けません。PDBのRESETLOGSでは、CDBのインカネーション番号はそのままで、PDBのインカネーション番号が変更されます（図2-34）。

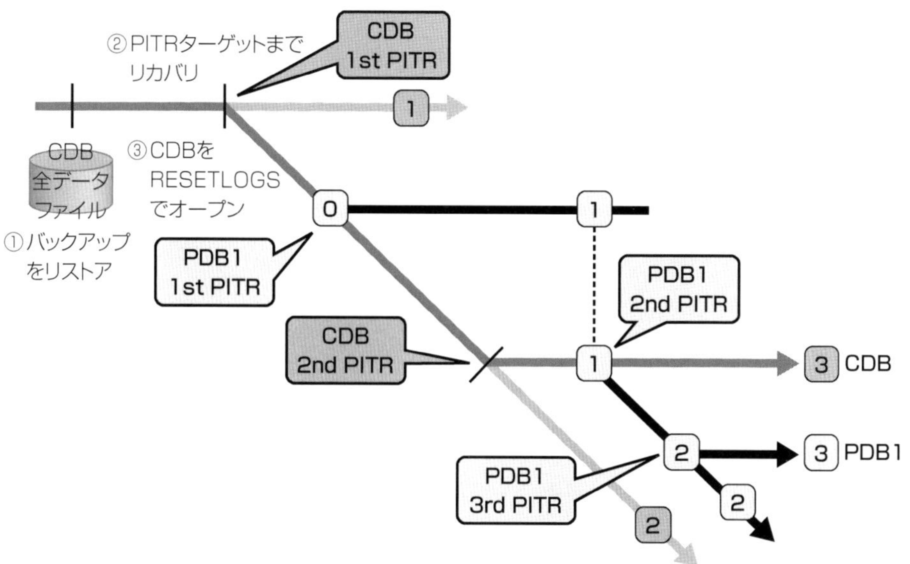

図2-34 CDBとPDBのインカネーション

PDBインカネーションは「0」から開始され、CDBインカネーションと組み合わせて一意になります。情報は、V$PDB_INCARNATIONビューで確認できます（例2-24）。

例2-24：PDBインカネーション情報

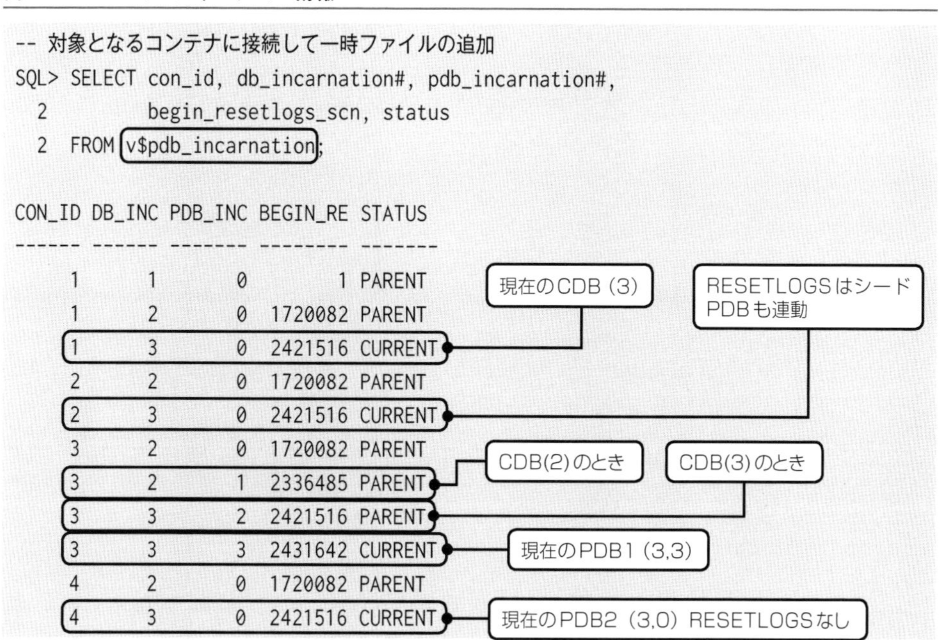

```
-- 対象となるコンテナに接続して一時ファイルの追加
SQL> SELECT con_id, db_incarnation#, pdb_incarnation#,
  2         begin_resetlogs_scn, status
  2  FROM v$pdb_incarnation;

CON_ID DB_INC PDB_INC BEGIN_RE STATUS
------ ------ ------- -------- -------
     1      1       0        1 PARENT
     1      2       0  1720082 PARENT
     1      3       0  2421516 CURRENT
     2      2       0  1720082 PARENT
     2      3       0  2421516 CURRENT
     3      2       0  1720082 PARENT
     3      2       1  2336485 PARENT
     3      3       2  2421516 PARENT
     3      3       3  2431642 CURRENT
     4      2       0  1720082 PARENT
     4      3       0  2421516 CURRENT
```

PDBのRESETLOGSでは、制御ファイル内のPDB情報が変更されますが、REDOログファイルはそのままです。PDBに関するREDOログは、各REDOログレコードのヘッダにPDB IDを含めているため、CDB全体のRESETLOGS時のように、REDOログファイルを再作成したり、REDOログ順序番号を1にリセットする必要がありません。

2-5-3 CDB／PDBのフラッシュバックを実行

フラッシュバックドロップ、フラッシュバックテーブル、フラッシュバックトランザクションバックアウトは、表やトランザクションが対象となるため、CDB／PDBいずれでも実行できます。フラッシュバックデータベースは、CDB単位でのみ実行することができます（図2-35）。

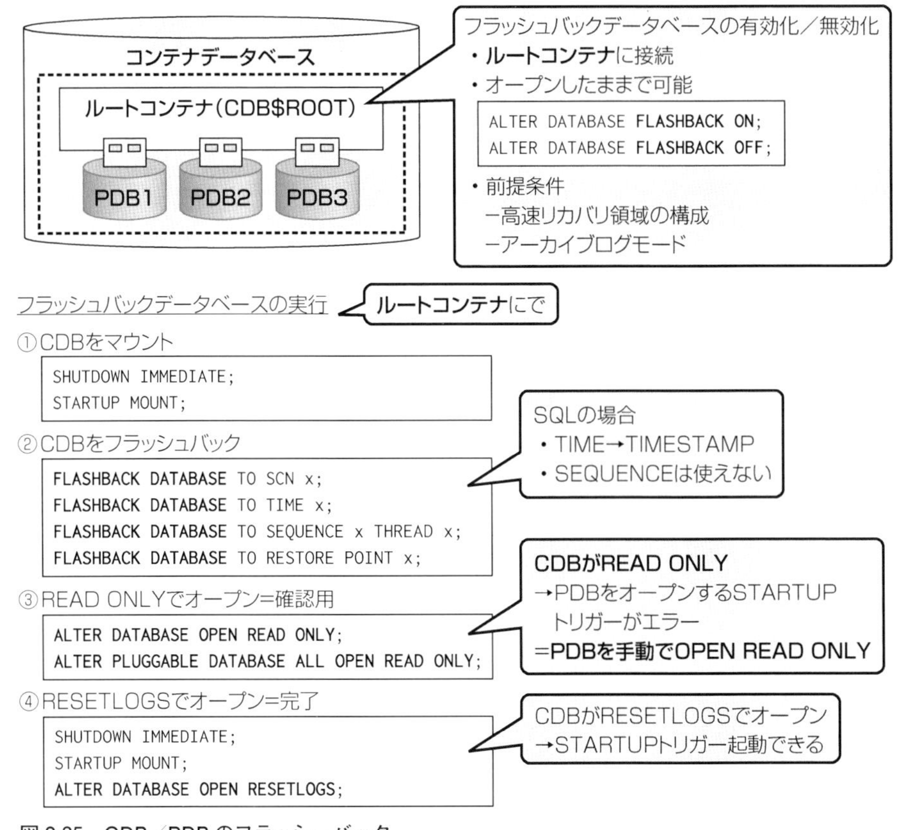

図2-35 CDB／PDBのフラッシュバック

マルチテナント環境におけるフラッシュバックデータベースは、CDBレベルで有効化します。そのため、ルートコンテナに接続して、ALTER DATABASE FLASHBACK ONを実行します。

過去に戻すためのフラッシュバックも同様にCDBレベルで実行します。特定のPDBのみやルートコンテナのみ戻すことはできません。

PDB PITR以前へのフラッシュバック

フラッシュバックで指定するターゲットは、フラッシュバックログの生存範囲である必要があります。PDB PITRを実行後、PITRターゲットよりも前に戻そうとすると**「ORA-39866: Data files for Pluggable Database PDB1 must be offline to flashback across PDB point-in-time recovery.」**のようなエラーとなります。ただし、メッセージの通り、対象PDBをオフラインにし、フラッシュバック後、対象PDBをリストア／リカバリすることは可能です（図2-36）。

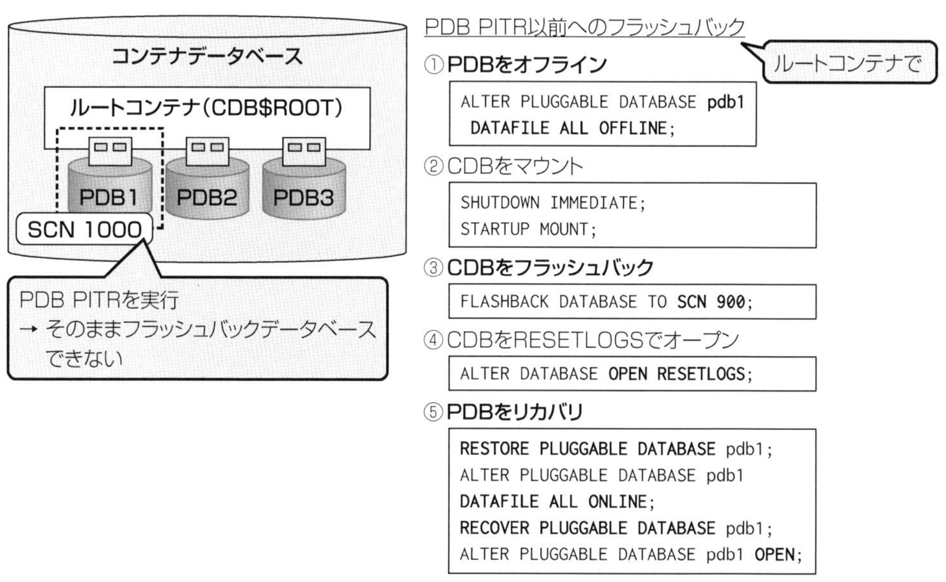

図2-36　PDB PITR以前へのフラッシュバック

フラッシュバックデータベースの完了後は、READ ONLYでオープンして検証し、RESETLOGSでオープンして完了します。CDBをREAD ONLYでオープンした後、PDBを同様にREAD ONLYでオープンすることができます。

学習チェック

この章で学んだことを正確に理解しているか、確認しましょう。

- ☑ 1 CDB レベルで管理されるリソース（全 PDB で共有）を 3 つ以上挙げてください。
- ☑ 2 CDB レベルで管理される操作は何ですか。
- ☑ 3 PDB レベルで実行可能な操作は何ですか。
- ☑ 4 マルチテナントアーキテクチャの利点を 2 つ挙げてください。
- ☑ 5 CDB の作成方法の特徴とはどんなものですか。
- ☑ 6 シード PDB のファイル配置を制御する要素を 3 つ挙げてください。
- ☑ 7 マルチテナント環境のデータディクショナリビューの特徴は何ですか。
- ☑ 8 CON_ID 列（コンテナ番号）にはどんなものがありますか。
- ☑ 9 シード PDB のみ表領域を追加するにはどうしますか。
- ☑ 10 PDB を作成するにはどんな方法がありますか。4 つ挙げてください。
- ☑ 11 シード PDB から PDB を作成するとどうなりますか。
- ☑ 12 既存 PDB をクローニングする場合の注意点は何ですか。
- ☑ 13 非 CDB からの PDB の作成はどのように行われますか。
- ☑ 14 接続（プラグ）の条件は何ですか。
- ☑ 15 PDB の切断（UNPLUG）の注意点は何ですか。

☑ 16 PDB の削除（DROP）の注意点は何ですか。

☑ 17 CDB と PDB への接続の特徴は何ですか。

☑ 18 PDB にサービスを追加するにはどうしますか。

☑ 19 PDB 名を変更するにはどうしますか。

☑ 20 PDB の起動と停止にはどんな方法がありますか。

☑ 21 PDB の起動の特徴はどんなことですか。

☑ 22 PDB の自動起動にはどんな方法がありますか。

☑ 23 PDB の停止の特徴はどんなことですか。

☑ 24 マルチテナントの初期化パラメータ変更はどこに保存されますか。

☑ 25 PDB で SCOPE=SPFILE でパラメータを変更すると、どのように反映されますか。

☑ 26 PDB に接続して UNDO 表領域を作成するとどうなりますか。

☑ 27 マルチテナントの表領域とデータファイルの特徴は何ですか。

☑ 28 マルチテナントのデフォルト表領域、デフォルト永続表領域の特徴は何ですか。

☑ 29 マルチテナントの一時表領域、デフォルト一時表領域の特徴は何ですか。

☑ 30 マルチテナントの表領域のサイズ制限はどのように行いますか。

☑ 31 マルチテナントの共通ユーザー（C##xxx）の特徴は何ですか。

☑ 32 マルチテナントのローカルユーザーの特徴は何ですか。

☑ 33 マルチテナントの CONTAINER=ALL 句の特徴は何ですか。

☑ 34 マルチテナントのローカル権限と共通権限の特徴は何ですか。

☑ 35 ALTER SESSION SET CONTAINERによるコンテナ切替えの特徴は何ですか。

☑ 36 マルチテナントのOracleメタデータの特徴は何ですか。

☑ 37 CDBのバックアップはどのように行いますか。

☑ 38 PDBのバックアップはどのように行いますか。

☑ 39 マルチテナントの表領域のバックアップはどのように行いますか。

☑ 40 マルチテナントのNOARCHIVELOGモード時のバックアップの注意点は何ですか。

☑ 41 マルチテナントのユーザー管理のバックアップはどのように行いますか。

☑ 42 マルチテナントのインスタンス障害はどのレベルに影響しますか。

☑ 43 マルチテナントの一時表領域のリカバリはどのように行いますか。

☑ 44 ルートコンテナでのリカバリはどのように行いますか。

☑ 45 PDBの表領域のリカバリはどのように行いますか。

☑ 46 CDBレベルのDBPITRはどのように行いますか。

☑ 47 PDBレベルのPDBPITRはどのように行いますか。

☑ 48 マルチテナントの表領域レベルのTSPITRはどのように行いますか。

☑ 49 CDBでフラッシュバックデータベースはどのように実行されますか。

☑ 50 フラッシュバック前にデータファイル移動がある場合はどうなりますか。

● 解 答 ●

2

1
・SGA
・制御ファイル
・REDO ログファイル
・UNDO 表領域

2 ・パッチの適用

3
・スキーマオブジェクトの管理
・バックアップ／リカバリ（完全、PITR）
・リソースマネージャによるリソース制限

4
・データベースの統合コストが軽減
・個々のデータベースの管理作業が軽減

5
・enable_pluggable_database=TRUE のインスタンス
・ENABLE PLUGGABLE DATABASE 句を指定してデータベース作成
・非 CDB を CDB に変換することはできない

6
・CREATE DATABASE 文に SEED FILE_NAME_CONVERT 句を指定する
・pdb_file_name_convert パラメータ
・db_create_file_dest パラメータ（ルートコンテナが OMF 時）

7
・CDB_xxx：CDB 全体（ルートコンテナからのみ全 PDB）
・DBA_xxx：現コンテナ全体

8
・0：CDB 全体（非 CDB 含む）
・1：ルートコンテナ（CDB$ROOT）
・2：シード PDB（PDB$SEED）
・3 以上：ユーザーPDB

9 CREATE DATABASE 文の SEED 句内で USER_DATA 句を指定します。

10
・シード PDB から空の PDB を作成（CREATE PLUGGABLE DATABASE 文で ADMIN USER 句）
・既存 PDB をクローニング（CREATE PLUGGABLE DATABASE 文で FROM 句）
・切断した PDB を接続（CREATE PLUGGABLE DATABASE 文で USING 句）
・DBMS_PDB で非 CDB を PDB として接続

11 ・PDB_DBA ロールを持つローカルユーザーが作成される(ADMIN USER 句)
・シード PDB に属するすべてのデータファイルと一時ファイルがコピーされる

12 ・同じ CDB、異なる CDB で可能(異なる CDB はデータベースリンク)
・ソース PDB は READ ONLY でオープンしておく

13 Oracle Database 12c の非 CDB の場合は、次の順で行われます。
① XML 作成(DBMS_PDB.DESCRIBE)
② PDB 作成(CREATE PLUGGABLE DATABASE 文で USING 句)
③ PDB に noncdb_to_pdb.sql 実行
11.2.0.3 の非 CDB、異なる OS の場合は、全体トランスポータブルなどを使用します。

14 ・キャラクタセットに互換性があること
・DBMS_PDB.CHECK_PLUG_COMPATIBILITY と PDB_PLUG_IN_VIOLATIONS で検証できる

15 ・対象 PDB をクローズまたは READ ONLY にしておく
・現 CDB からの削除(DROP)が必要
・切断後 CDB に接続できる(同じ CDB なら削除後に可能)

16 ・対象 PDB を切断またはクローズしておく
・シード PDB は削除できない
・物理ファイルはデフォルトで保存される(KEEP DATAFILES)

17 ・ルートコンテナへの接続はローカル接続、リモート接続可能
・PDB への接続は常にリモート接続(リスナー経由のサービス接続)

18 ・PDB に接続して DBMS_SERVICE.CREATE_SERVICE を使用
・-pdb PDB 名を指定した srvctl を使用
・service_names パラメータ調整は不可(ルートコンテナのみ可能)

19 RESTRICTED SESSION でオープンした PDB に接続して、ALTER PLUGGABLE DATABASE 文で RENAME GLOBAL_NAME TO 句を指定します。リスナーに登録されるサービス名も変更されます。

20 ・ルートコンテナに接続して
ALTER PLUGGABLE DATABASE ALL OPEN;
ALTER PLUGGABLE DATABASE ALL CLOSE IMMEDIATE;
・ルートコンテナか対象 PDB に接続して
ALTER PLUGGABLE DATABASE **PDB 名** OPEN;
ALTER PLUGGABLE DATABASE **PDB 名** CLOSE IMMEDIATE;
・対象 PDB に接続して
STARTUP
SHUTDOWN IMMEDIATE

21 ・シードPDBは、ルートコンテナのOPEN時にREAD ONLYで自動オープン
・その他PDBは、自動でOPENするならトリガー検討
・ルートコンテナがREAD ONLYの場合、PDBもREAD ONLYならOPEN可能

22 ルートコンテナでAFTER STARTUPイベントトリガーを作成します。トリガー内で動的SQLを使用してPDBをOPENします。

23 ・シードPDBは、明示的にクローズできない
・その他PDBは、CLOSEはセッション切断待ち、CLOSE IMMEDIATEは強制クローズ
・ルートコンテナの停止では、全PDBをCLOSE IMMEDIATEにて強制クローズ

24 ルートコンテナの場合は、SPFILEファイルに保存されます。PDBの場合は、ルートコンテナのディクショナリに保存されます。

25 対象PDBのみ変更され、次回PDBがオープンするとき反映されます。

26 エラーにならず、表領域もデータファイルも作成されません。

27 ・表領域名：コンテナ間で同じ名前が可能
・データファイル：各ファイルは異なるファイルであること

28 ・各コンテナで表領域を作成
・デフォルト表領域：各コンテナでユーザーに割り当て
・デフォルト永続表領域：各コンテナでALTER DATABASE文
（旧表領域を使用しているユーザーのデフォルト表領域にも影響）

29 ・一時表領域：各コンテナでユーザーに割り当て
・デフォルト一時表領域：各コンテナでALTER DATABASE文
・PDBのデフォルト一時表領域未設定時は、ルートコンテナのデフォルト一時表領域を使用（共有一時表領域）

30 ・CDBの作成時または各PDBに接続してALTER PLUGGABLE DATABASE文のSTORAGE句
・MAXSIZE：PDB内表領域の合計サイズに制限
・MAX_SHARED_TEMP_SIZE：共有一時表領域の使用可能サイズに制限

31 ・ルートコンテナでのみ作成可能
・ルートコンテナでのみ変更可能（パスワード含む）
・各コンテナでスキーマを持つ
・デフォルト表領域、一時表領域、クォータ指定の表領域は各コンテナに必要

32 対象 PDB 内のみ存在します。

33 ・ルートコンテナでのみ使用可能
・共通ユーザー、共通ロール作成時のデフォルト
・権限付与時は明示的に指定する必要（全コンテナに反映）

34 ・ルートコンテナのみ共通権限可能
・各コンテナはローカル権限可能（ルートコンテナ含む）
・共通権限で付与したものは共通権限としてのみ取り消し可能

35 ・SET CONTAINER 権限が必要
・共通ユーザーのみ可能

36 ・メタデータリンクは、各コンテナには固有となるメタデータのみ配置
・オブジェクトリンクは、ルートコンテナのみオブジェクトを配置し各コンテナから参照

37 ルートコンテナで BACKUP DATABASE コマンドを使用します。シード PDB も含む全データファイル、制御ファイル、SPFILE が保存されます。

38 ルートコンテナで BACKUP PLUGGABLE DATABASE **PDB名**コマンドを使用するか、PDB で BACKUP DATABASE コマンドを使用します。

39 ルートコンテナで BACKUP TABLESPACE **PDB名：表領域名**コマンドを使用するか、各コンテナにて BACKUP TABLESPACE コマンドを使用します。

40 ルートコンテナをマウントモードにすること（PDB クローズではない）。

41 ・ルートコンテナ：データベースレベルと表領域レベル（非 CDB と同じ）で行う
・PDB：PDB レベルと表領域レベルで行う
・ALTER PLUGGABLE DATABASE BEGIN BACKUP と ALTER PLUGGABLE DATABASE END BACKUP を使用

42 CDB レベルに影響します。

43 ・各コンテナで一時ファイルを ADD と DROP
・PDB の一時表領域自動リカバリ：PDB の再オープン
・CDB の一時表領域自動リカバリ：CDB の再起動

44 ・非 CDB と同じ方法でリカバリ（制御ファイル、REDO ログファイル）
・マウントでリカバリ：SYSTEM 表領域、UNDO 表領域
・オープンでも可能（データファイルは OFFLINE）：SYSAUX 表領域

45 SYSTEM 表領域は、PDB をクローズします（できなければ CDB 再起動）。非 SYSTEM 表領域は、データファイルを OFFLINE にすればオープンでもリカバリできます。

46 ・現データベースで PITR
・CDB で RESETLOGS 必要（REDO ログの再作成、順序番号 1 にリセット）
・ルートコンテナにて実行（全 PDB に影響）

47 ・補助インスタンスで PITR とトランスポータブル表領域
・PDB で RESETLOGS 必要（REDO ログ変更なし）
・ルートコンテナにて実行（他 PDB に影響しない）

48 ・補助インスタンスで PITR とトランスポータブル表領域
・「PDB 名：表領域名」で TSPITR
・ルートコンテナで実行（他表領域に影響しない）

49 ・CDB レベルでのみ可能
・READ ONLY でオープン：PDB を手動で READ ONLY でオープン
・RESETLOGS でオープン：PDB はトリガーでオープンも可能

50 ・データはフラッシュバック
・データファイルは移動後のまま

第3章

情報ライフサイクル管理（ILM）

本章の内容

アクセスキー g（小文字のジー）

この章で学ぶこと

ヒートマップと自動データ最適化を使用することで、時間経過にともなって変化するデータの使用状況を監視し、圧縮と表領域移動を検討することができます。また、データベース内アーカイブや時制有効性を使用して、レコードの表示制限を行い、情報ライフサイクル管理（ILM）を自動化することができます。

試験ではここが出る

- □自動データ最適化（ADO）を有効にするにはheat_mapパラメータをどう設定するか。
- □heat_mapの結果は、どこに、どんな情報が保存されるか。
- □圧縮ポリシーでは何を設定するか。
- □階層ポリシー(移動ポリシー）はどのように実行されるか。
- □カスタムポリシーの特徴は何か。
- □ADOポリシーの競合は可能か。
- □ADOポリシーの評価はどのように行われるか。
- □ORA_ARCHIVE_STATE列の特徴は何か。
- □row archival visibilityセッションパラメータはどう設定するか。
- □データベース内アーカイブの無効化はどのように設定するか。無効化により削除される列は何か。
- □時制有効性はどのように設定するか。列を指定しない場合はどうなるか。
- □時制有効性のデータを参照するにはどうするか。
- □時制有効性を無効化するにはどうするか。
- □フラッシュバックデータアーカイブの特徴は何か。
- □フラッシュバックデータアーカイブはどうやって最適化するか。
- □フラッシュバックデータアーカイブはどうやって有効化するか。

3-1 ヒートマップと自動データ最適化（ADO）

「自動データ最適化（ADO）」は、データのライフサイクルにあわせた圧縮と表領域移動を自動化します。データのアクセスパターンは、「ヒートマップ」によって自動収集されます。自動化される処理がどのようなものなのか、どこに利点があるのかなどを十分理解しておきましょう。

▶参照
ヒートマップと自動データ最適化（ADO）に関しては、『Oracle Database VLDBおよびパーティショニングガイド』マニュアルを参考にしてください。

3-1-1 ヒートマップ

ヒートマップは、アクセスパターンやアクセス頻度を記録する機能です。データベース内のすべてのセグメントに対するDMLなどのアクセス情報を追跡し、SYSAUX表領域に格納します。heat_mapパラメータで制御しますが、自動データ最適化（ADO）を使用するには、インスタンスレベルでONにしておく必要があります（図3-1）。

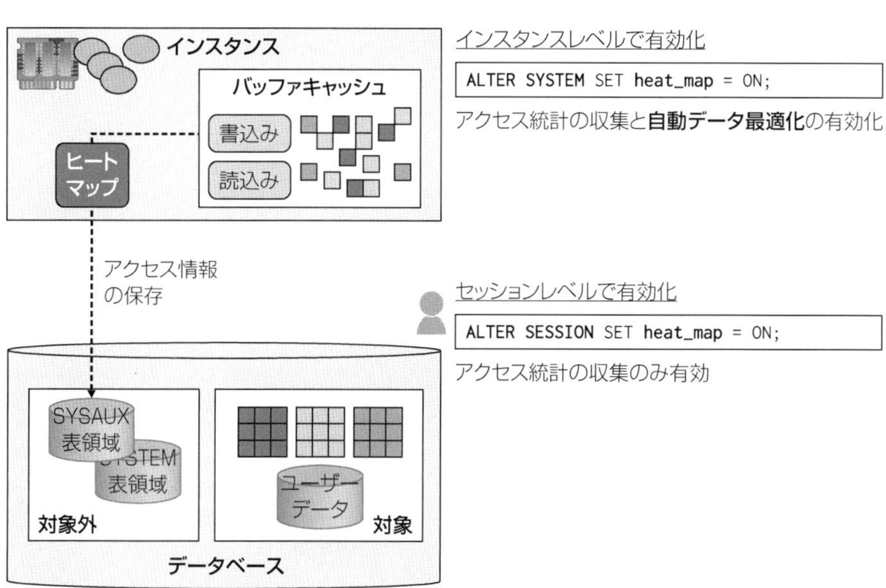

図3-1　ヒートマップの有効化

heat_mapパラメータは、動的初期化パラメータですから、インスタンスを再起動する必要はありません。

セッションレベルでもheat_mapパラメータを変更することができますが、自動データ最適化は有効になりませんから、単純なアクセス統計の収集だけとなります。

ヒートマップによる情報収集

ヒートマップが有効化されると、ブロックやセグメントに対するアクティビティが追跡され、リアルタイムでメモリに収集されます。

収集される情報は、SYSTEM表領域とSYSAUX表領域以外の表領域に格納されたセグメントが対象となります。データ変更に関する情報は、セグメントレベルとレコードが格納されるデータブロックレベルで行われます。アクセスがあったかどうかの判定は、セグメントレベルで行われます。

ヒートマップによる情報収集結果

メモリ上の収集結果は、1時間に1度、スケジューラジョブ（DBMS_SCHEDULER）によってSYSAUX表領域にフラッシュされます（図3-2）。

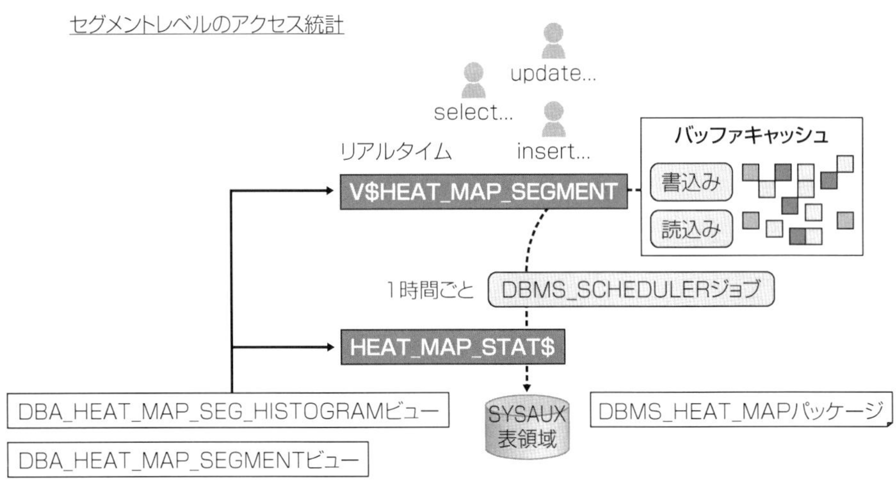

図3-2　ヒートマップ統計結果

ブロックレベルやエクステントレベルに関する情報は、DBMS_HEAT_MAPパッケージを使用して確認できます（例3-1）。

例 3-1：ヒートマップ統計結果

```
-- セグメントレベルのアクセス統計
SQL> SELECT owner, object_name, track_time, segment_write,
  2         full_scan, lookup_scan
  3  FROM dba_heat_map_seg_histogram;

OWNER OBJECT_NAME TRACK_TIME        SEG FUL LOO
----- ----------- ----------------- --- --- ---
SCOTT PK_DEPT     14-01-18 19:13:39 NO  NO  YES
SCOTT EMP         14-01-18 18:13:36 YES YES YES
SCOTT PK_EMP      14-01-18 19:13:39 YES NO  YES
SCOTT EMP2        14-01-18 19:13:39 NO  YES NO

-- 各アクセス統計が収集された時間
SQL> SELECT owner, object_name, segment_write_time,
  2         full_scan, lookup_scan
  3  FROM dba_heat_map_segment;

OWNER OBJECT_NAME SEGMENT_WRITE_TIM FULL_SCAN         LOOKUP_SCAN
----- ----------- ----------------- ----------------- -----------------
SCOTT PK_DEPT                                         14-01-18 19:13:39
SCOTT EMP         14-01-18 18:13:36 14-01-18 18:13:36 14-01-18 18:13:36
SCOTT PK_EMP      14-01-18 19:13:39                   14-01-18 19:13:39
SCOTT EMP2                          14-01-18 19:13:39

-- ブロックレベルのアクセス統計
SQL> SELECT tablespace_name, relative_fno, block_id, writetime
  2  FROM TABLE(DBMS_HEAT_MAP.BLOCK_HEAT_MAP('SCOTT','EMP'));

TABLES RELATIVE_FNO BLOCK_ID WRITETIME
------ ------------ -------- -----------------
USERS             6      195 14-01-18 19:14:05
USERS             6      196
USERS             6      197 14-01-18 19:14:05
USERS             6      198
USERS             6      199

-- エクステントレベルのアクセス統計
SQL> SELECT tablespace_name, relative_fno, block_id, blocks,bytes,
  2         min_writetime, max_writetime, avg_writetime
  3  FROM TABLE(DBMS_HEAT_MAP.EXTENT_HEAT_MAP('SCOTT','EMP'));
```

索引スキャン（PK_DEPT）
変更、フルスキャン、索引スキャン（EMP）
変更、索引スキャン（PK_EMP）
フルスキャン（EMP2）
フルスキャンのため全ブロックにアクセスあり
変更あり（ブロック195）
変更あり（ブロック197）

```
TABLES RELATIVE_FNO BLOCK_ID BLOCKS  BYTES
------ ------------ -------- ------ ------
MIN_WRITETIME     MAX_WRITETIME     AVG_WRITETIME
----------------- ----------------- -----------------
USERS                 6       195       5  40960
14-01-18 19:14:05 14-01-18 19:14:05 14-01-18 19:14:05
```

変更に関する統計

時間情報は、実際にアクセスした時間ではなく、収集が行われたときの最終時間が記録されます。

3-1-2　自動データ最適化

データのライフサイクル（情報管理ライフサイクル：ILM）を考慮すると、データが生成されてから削除されるまでのアクセスパターンは異なるはずです。アクセスパターンにあわせて最適なストレージを割当てることを検討します（図 3-3）。

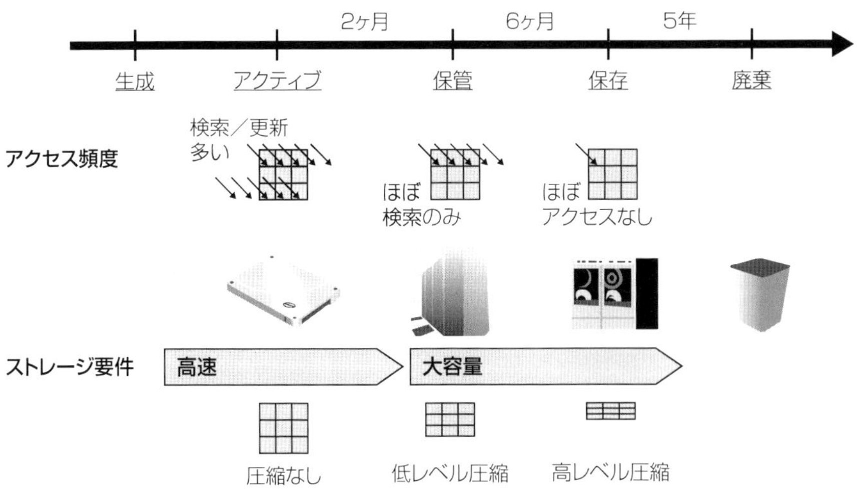

図 3-3　情報管理ライフサイクル

自動データ最適化（Automatic Data Optimization：ADO）は、事前定義したルールに基づいてデータを圧縮したり、表領域の空き領域減少に対応してデータを移動したりする機能です。アクティブな期間が終わったデータを保管するために大容量のストレージへ移動することは、データを異なる表領域に移すことです。できるだけ多くのデータを保存するために、データを圧縮することも検討されます。アクセスパターンに応じて、圧縮や表領域の移動が自動的に実行されます。

圧縮または表領域を移動する「自動データ最適化（ADO）ポリシー」を作成しておくことで、ヒートマップによってインスタンスレベルで収集されたアクセスパターンからポリシーを評価し、ポリシーで設定したアクションを実行することができます（図 3-4）。

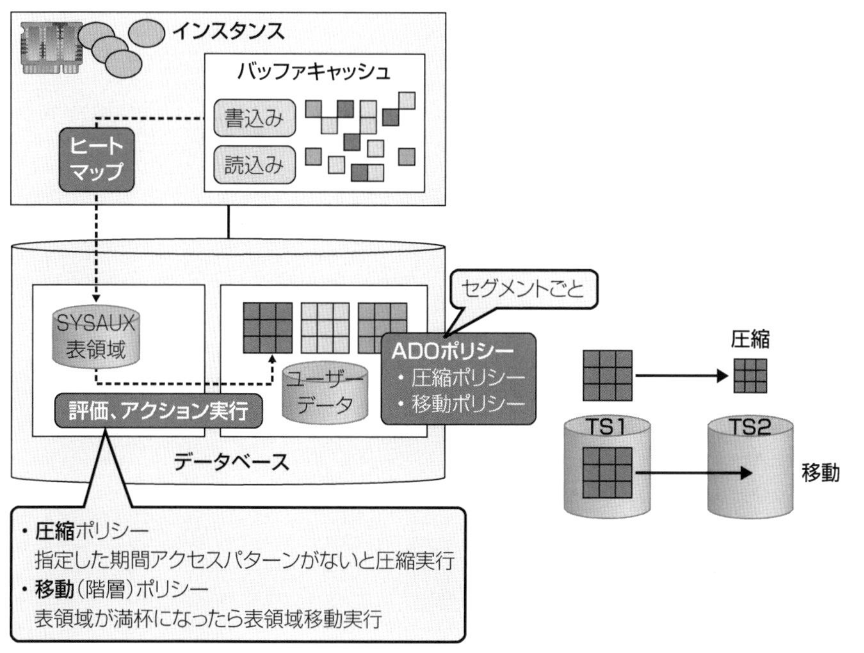

図 3-4　自動データ最適化

自動データ最適化（ADO）ポリシー：圧縮

自動データ最適化（ADO）ポリシーは、どのような条件でいつポリシーを適用するかを設定したものです。圧縮ポリシーでは、「有効範囲」（表領域、グループ、セグメント、行）に対し、「圧縮タイプ」（基本、拡張行、列圧縮）や「アクセスパターン」（変更なし、アクセスなし、アクセス減少、作成）を設定します。パターンが設定した「評価期間」（*n* 年後、*n* 月後、*n* 日後）を超過すると、設定した圧縮を行います（図 3-5）。

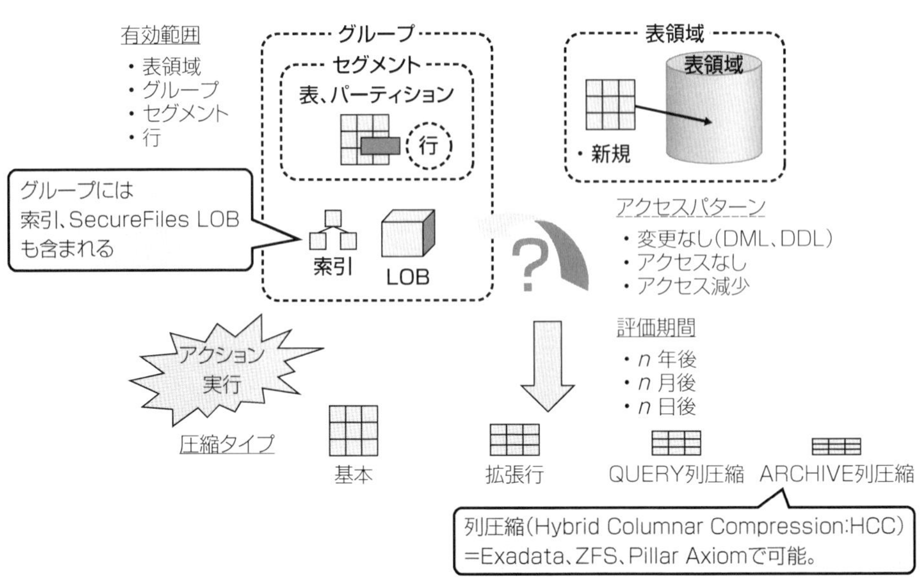

図 3-5　ADO ポリシー：圧縮

表領域の有効範囲では ALTER TABLESPACE 文を使用しますが、ほかの有効範囲は ALTER TABLE 文を使用して圧縮ポリシーを定義します（図 3-6）。

圧縮タイプ

- 基本:ROW STORE COMPRESS [BASIC]
- 拡張行:ROW STORE COMPRESS ADVANCED
- QUERY列圧縮:COLUMN STORE COMPRESS FOR QUERY {LOW¦HIGH}
- ARCHIVE列圧縮:COLUMN STORE COMPRESS FOR ARCHIVE {LOW¦HIGH}

有効範囲

- セグメント:SEGMENT
- グループ:GROUP
- 行:ROW

評価期間

- n 年後:AFTER n YEAR[S]
- n 月後:AFTER n MONTH[S]
- n 日後:AFTER n DAY[S]

アクセスパターン

- 変更なし:NO MODIFICATION
- アクセス減少:LOW ACCESS
- アクセスなし:NO ACCESS

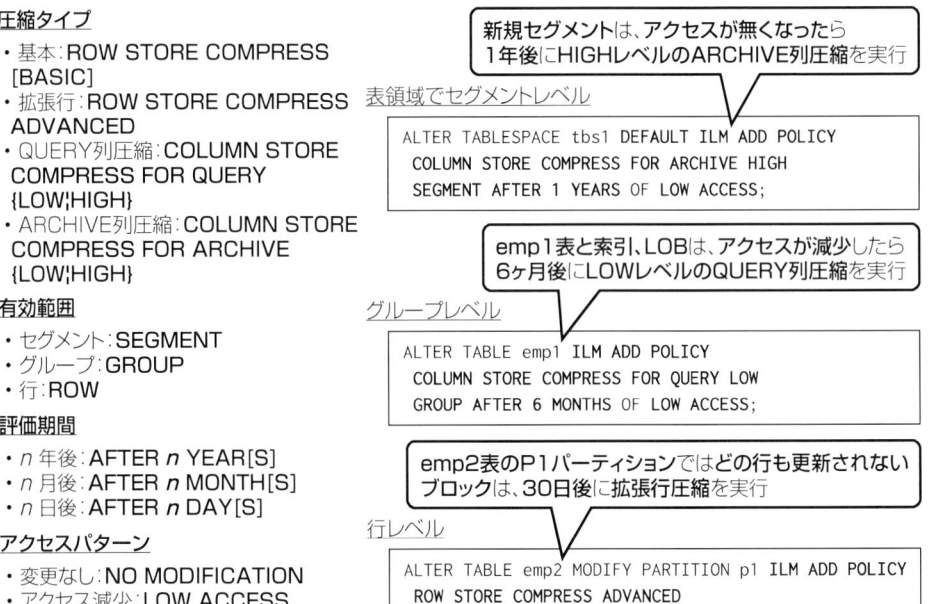

表領域でセグメントレベル

新規セグメントは、アクセスが無くなったら1年後にHIGHレベルのARCHIVE列圧縮を実行

```
ALTER TABLESPACE tbs1 DEFAULT ILM ADD POLICY
 COLUMN STORE COMPRESS FOR ARCHIVE HIGH
 SEGMENT AFTER 1 YEARS OF LOW ACCESS;
```

グループレベル

emp1表と索引、LOBは、アクセスが減少したら6ヶ月後にLOWレベルのQUERY列圧縮を実行

```
ALTER TABLE emp1 ILM ADD POLICY
 COLUMN STORE COMPRESS FOR QUERY LOW
 GROUP AFTER 6 MONTHS OF LOW ACCESS;
```

行レベル

emp2表のP1パーティションではどの行も更新されないブロックは、30日後に拡張行圧縮を実行

```
ALTER TABLE emp2 MODIFY PARTITION p1 ILM ADD POLICY
 ROW STORE COMPRESS ADVANCED
 ROW AFTER 30 DAYS OF NO MODIFICATION;
```

図 3-6　圧縮ポリシーの定義

表の圧縮は、PCTFREEに達すると圧縮する「基本圧縮」、重複した値を除外する「拡張行圧縮」（Oracle Database 11g リリース2以前はOLTP圧縮と呼ばれていたもの）、または「列圧縮」（ExadataのHybrid Columnar Compression：HCC）を使用します。

自動データ最適化（ADO）ポリシー：移動（階層）

移動ポリシーでは、元の表領域が満杯というしきい値を超えると表領域が移動されます。セグメントまたは表領域に対して、移動先表領域を設定します。

満杯となるしきい値は、データベースレベルで設定されています。デフォルトでは、表領域の使用率が85％を超えると移動が開始され、25％の空き領域が作成できると移動をやめます（図3-7）。

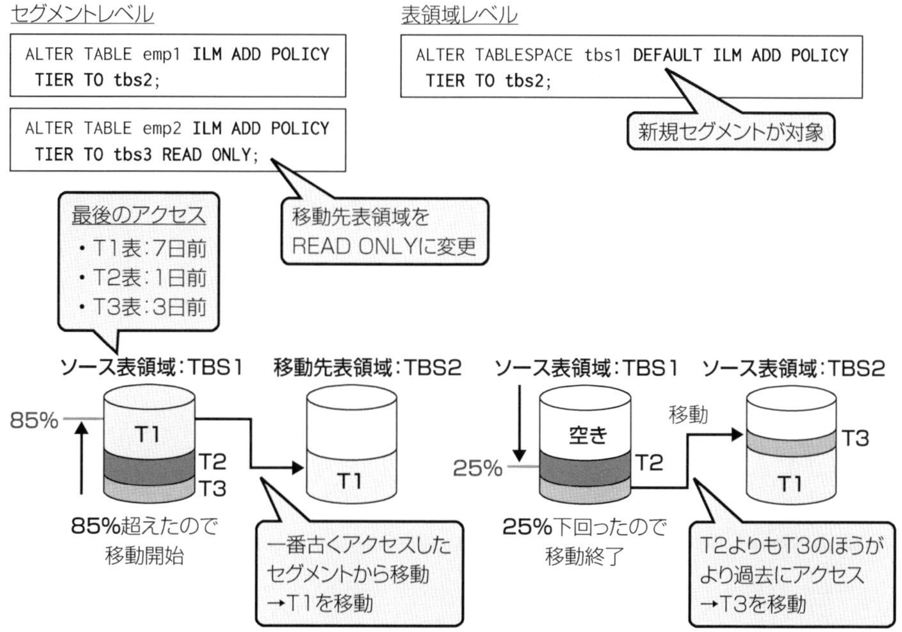

図3-7　ADOポリシー：表領域移動

移動ポリシーでREAD ONLY句を指定した場合は、移動を実行した後、移動先表領域がREAD ONLYに変更されます。バックアップリカバリ観点でメリットがある場合に検討します。

しきい値は、DBMS_ILM_ADMIN.CUSTOMIZE_ILMプロシージャにおいてデータベースレベルでのみ変更できます。足して100以上の値になるように修正します。（例3-2）。

例 3-2: 表領域移動しきい値の変更

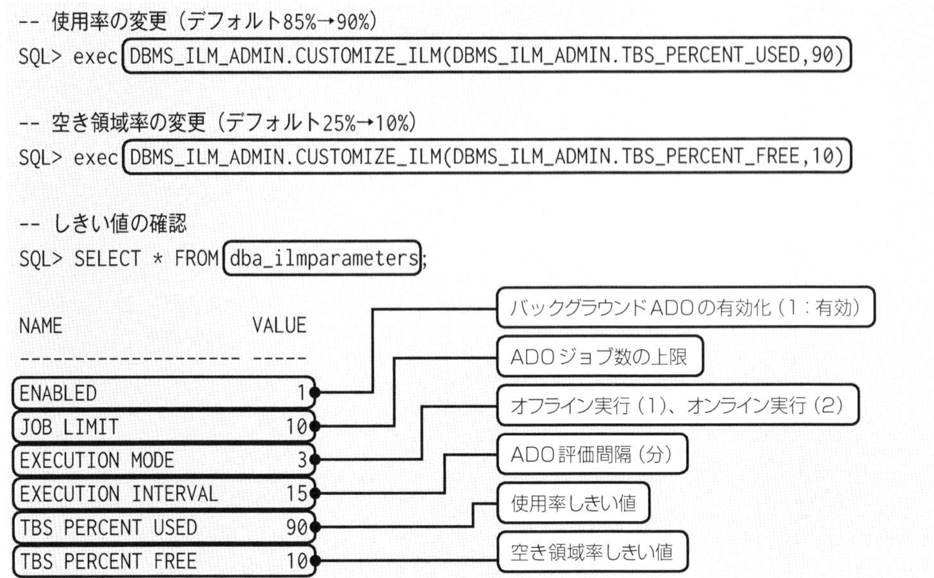
-- 使用率の変更（デフォルト85%→90%）
SQL> exec DBMS_ILM_ADMIN.CUSTOMIZE_ILM(DBMS_ILM_ADMIN.TBS_PERCENT_USED,90)
-- 空き領域率の変更（デフォルト25%→10%）
SQL> exec DBMS_ILM_ADMIN.CUSTOMIZE_ILM(DBMS_ILM_ADMIN.TBS_PERCENT_FREE,10)
-- しきい値の確認
SQL> SELECT * FROM dba_ilmparameters;
NAME VALUE
-------------------- -----
ENABLED 1
JOB LIMIT 10
EXECUTION MODE 3
EXECUTION INTERVAL 15
TBS PERCENT USED 90
TBS PERCENT FREE 10
バックグラウンドADOの有効化（1：有効）
ADOジョブ数の上限
オフライン実行（1）、オンライン実行（2）
ADO評価間隔（分）
使用率しきい値
空き領域率しきい値

オフラインモードでは「ALTER TABLE...MOVE コマンド」が使用され、オンラインモードではオンライン再定義が使用されます。しきい値と同じようにDBMS_ILM_ADMIN.CUSTOMIZE_ILM プロシージャでカスタマイズすることが可能です。

自動データ最適化（ADO）ポリシーの制限

自動データ最適化（ADO）の圧縮ポリシーは、有効範囲と圧縮の組み合わせにいくつかの制限があります（表 3-1）。

表 3-1：ADO ポリシーの定義ルール

アクション	有効範囲	アクセスパターン					
		変更なし	アクセス減少	アクセスなし	新規作成	表領域が満杯	カスタムポリシー
圧縮	行	○					
	セグメント	○	○	○			○
	グループ	○	○	○			
	表領域	○	○	○	○		
移動	セグメント					○	○
	表領域					○	

有効範囲が行の場合、拡張行圧縮（ROW STORE COMPRESS ADVANCED）で変更なし（NO MODIFICATION）以外のアクセスパターンを指定することはできません。同じセグメントに圧縮ポリシーと移動ポリシーをそれぞれ定義することは可能です。

有効範囲がセグメントの場合、カスタムポリシーを使用することができます。圧縮ポリシーのアクセスパターンと評価期間、移動ポリシーの表領域の使用量の評価の代わりに、独自にカスタマイズしたロジックを使用することができます（例 3-3）。

例 3-3：カスタムポリシー

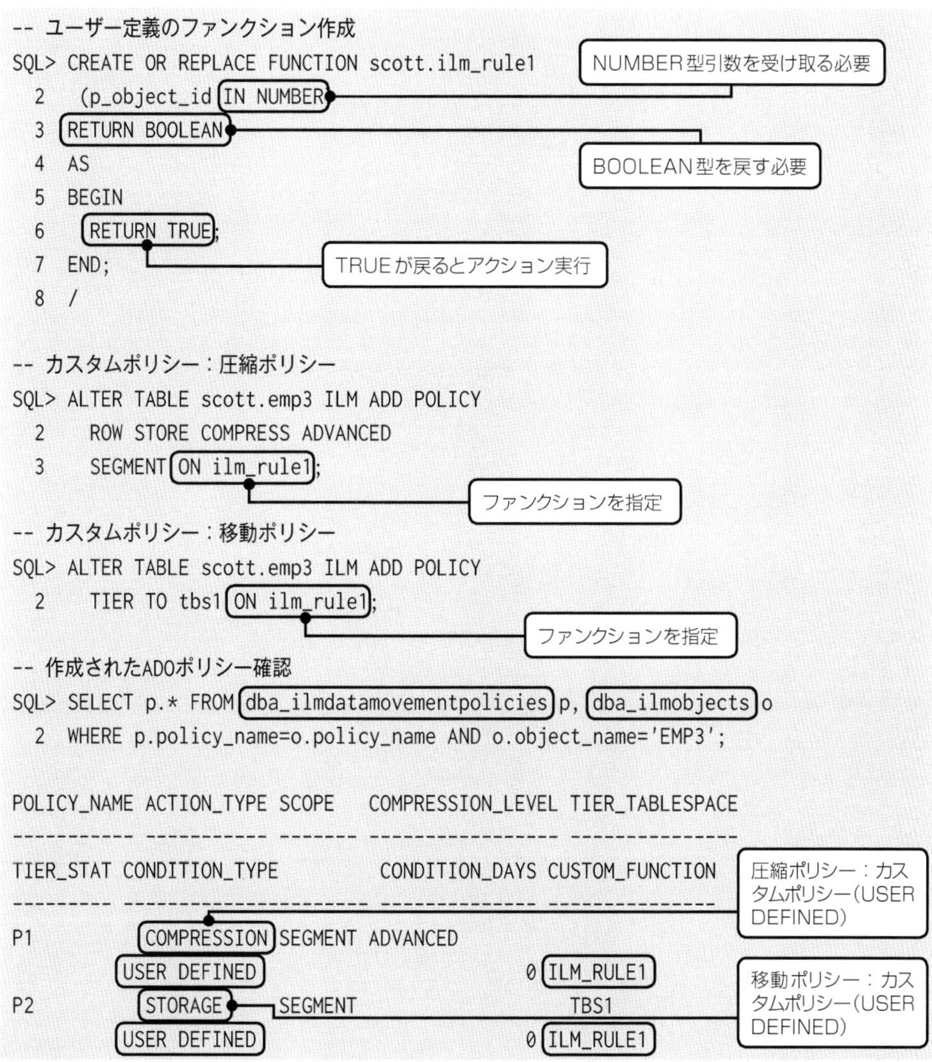

```
-- ユーザー定義のファンクション作成
SQL> CREATE OR REPLACE FUNCTION scott.ilm_rule1
  2   (p_object_id IN NUMBER)
  3 RETURN BOOLEAN
  4 AS
  5 BEGIN
  6   RETURN TRUE;
  7 END;
  8 /

-- カスタムポリシー：圧縮ポリシー
SQL> ALTER TABLE scott.emp3 ILM ADD POLICY
  2    ROW STORE COMPRESS ADVANCED
  3    SEGMENT ON ilm_rule1;

-- カスタムポリシー：移動ポリシー
SQL> ALTER TABLE scott.emp3 ILM ADD POLICY
  2    TIER TO tbs1 ON ilm_rule1;

-- 作成されたADOポリシー確認
SQL> SELECT p.* FROM dba_ilmdatamovementpolicies p, dba_ilmobjects o
  2 WHERE p.policy_name=o.policy_name AND o.object_name='EMP3';

POLICY_NAME ACTION_TYPE SCOPE   COMPRESSION_LEVEL TIER_TABLESPACE
----------- ----------- ------- ----------------- ---------------
TIER_STAT CONDITION_TYPE         CONDITION_DAYS CUSTOM_FUNCTION
--------- ---------------------- -------------- ---------------
P1          COMPRESSION SEGMENT ADVANCED
          USER DEFINED                        0 ILM_RULE1
P2          STORAGE     SEGMENT                   TBS1
          USER DEFINED                        0 ILM_RULE1
```

```
-- 現在の表領域を確認
SQL> SELECT tablespace_name FROM dba_segments WHERE segment_name='EMP3';

TABLESPACE_NAME
---------------
USERS                      移動前

-- ADOポリシーの手動評価
SQL> var v_taskid NUMBER
SQL> exec DBMS_ILM.EXECUTE_ILM(task_id=>:v_taskid, -
>      owner=>'SCOTT',object_name=>'EMP3')

-- ADOポリシーの評価結果の確認
SQL> SELECT task_id, policy_name, selected_for_execution
  2  FROM dba_ilmevaluationdetails WHERE task_id=:v_taskid;

TASK_ID POLICY_NAME SELECTED_FOR_EXECUTION
------- ----------- ------------------------
     21 P2          SELECTED FOR EXECUTION     実行された
     21 P1          SELECTED FOR EXECUTION     実行された

-- ADOポリシーのアクション結果確認
SQL> SELECT job_name,job_state,start_time,completion_time
  2  FROM dba_ilmresults WHERE task_id=:v_taskid;

JOB_NAME  JOB_STATE
--------- ----------------------
START_TIME                 COMPLETION_TIME
------------------------ ------------------------
ILMJOB482 COMPLETED SUCCESSFULLY     成功した
14-01-20 12:22:26.349917 14-01-20 12:22:42.947550

-- 現在の表領域を確認
SQL> SELECT tablespace_name FROM dba_segments WHERE segment_name='EMP3';
                                                    :
TABLESPACE_NAME
---------------
TBS1                       移動後
```

ADOポリシーの手動評価や結果の確認に関しては後述の「自動データ最適化（ADO）ポリシーの評価：手動」を参照してください。

自動データ最適化（ADO）ポリシーの継承

表領域とセグメントの有効範囲には、ポリシーの継承構造があります。また、表と表パーティションの間にも継承構造があります。子レベルのポリシーでオーバーライドすることが可能です（図3-8）。

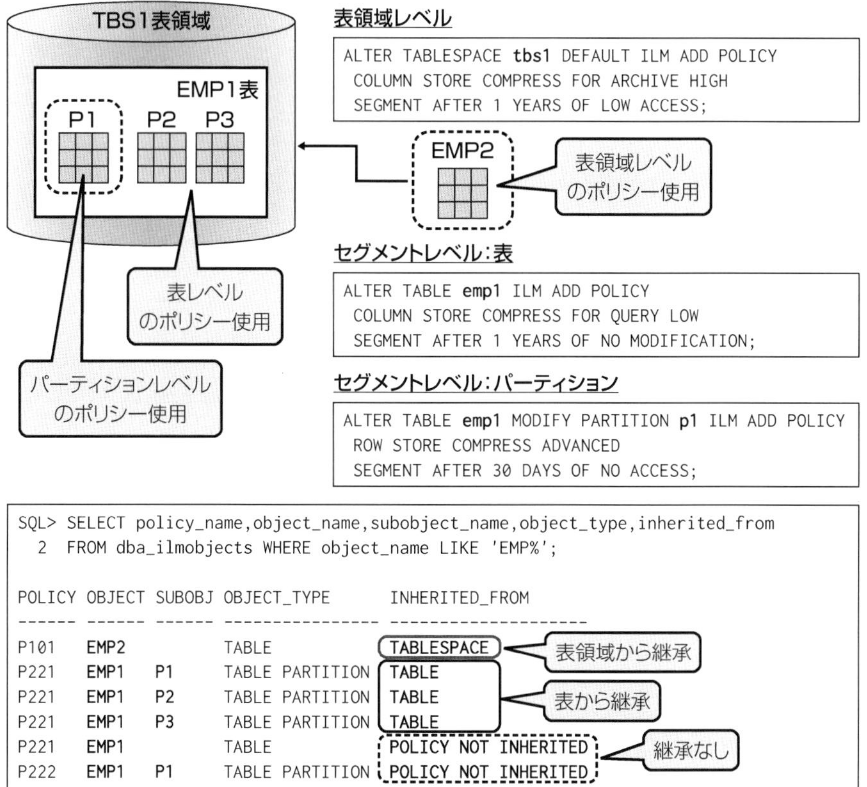

図3-8　圧縮ポリシーの継承

各セグメントに圧縮属性が設定されている場合でも、圧縮ポリシーを設定することができます。ただし、評価期間後の圧縮は、セグメント側の圧縮属性が圧縮ポリシーより低レベルの場合に実行されます。高レベルの場合はすでに圧縮されているため、実行されません（図3-9）。

セグメント側の圧縮属性

```
ALTER TABLE emp ROW STORE COMPRESS ADVANCED
```

DML時に圧縮

評価、アクション実行

ADO圧縮ポリシー

ARCHIVE 列圧縮

QUERY 列圧縮

拡張行

圧縮レベルが高い =実行可能

圧縮レベルが高い =実行可能

設定できるが実行されない（同一レベルで無意味）

図 3-9　ADO ポリシーと表属性

自動データ最適化（ADO）ポリシーの競合

1 つのセグメントに複数のポリシーを定義することは可能ですが、競合しないポリシーである必要があります。圧縮ポリシーでは同じアクセスパターン（変更なし、アクセスなし、アクセス減少）である必要があります。また、圧縮ポリシーで行レベルを複数定義することはできません。同じ評価期間を設定したり、後からより低い圧縮レベルを使用したりすることもできません（図 3-10）。

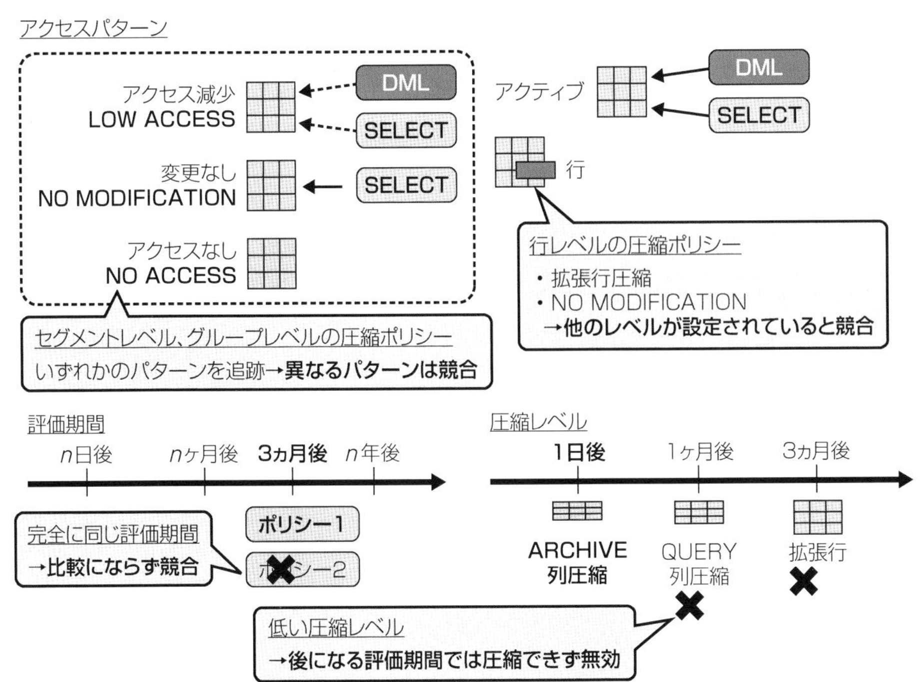

図 3-10　圧縮ポリシーの競合

自動データ最適化（ADO）ポリシーの評価：自動

圧縮ポリシーの評価は、メンテナンスウィンドウとMMON（Manageability Monitor）によって実行されます。セグメントレベルとグループレベルは、メンテナンスウィンドウがオープンされるとジョブが作成され、実行されます。行レベルは、MMONがデフォルトで15分ごとに評価します（図3-11）。

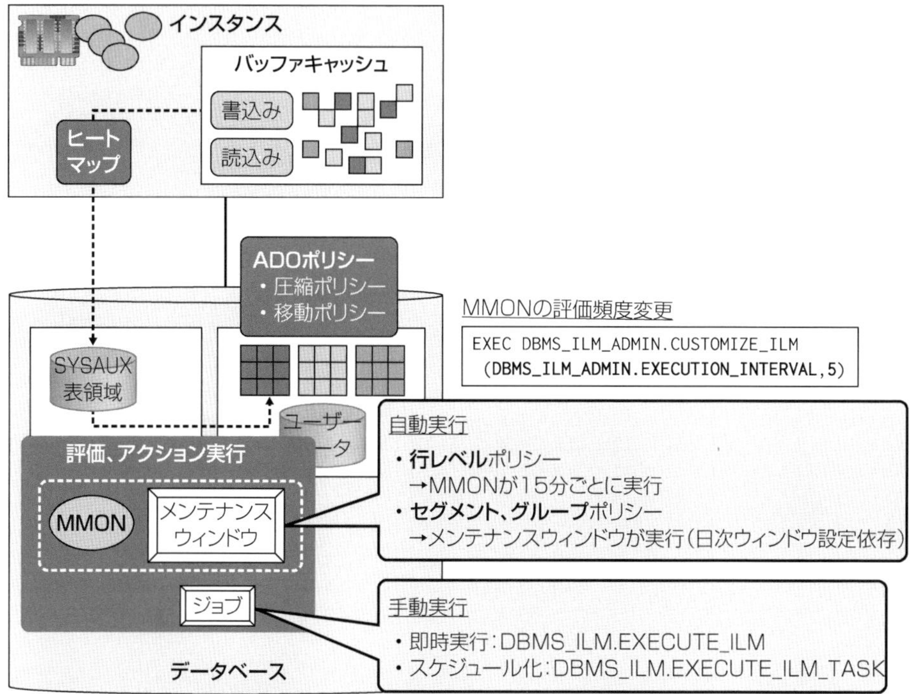

図3-11　ADOポリシーの評価、アクション実行

行レベルを評価するMMONの動作は、DBMS_ILM_ADMIN.CUSTOMIZE_ILMプロシージャでEXECUTION_INTERVALを変更できます。

自動データ最適化（ADO）ポリシーの評価：手動

DBMS_ILM.EXECUTE_ILMプロシージャを使用して、手動でADOポリシーの評価を即時実行することができます（例3-3参照）。または、DBMS_ILM.EXECUTE_ILM_TASKプロシージャを使用して、スケジュール化された評価の実行（現在は即時実行のみ）も可能です（例3-4）。

例3-4：手動による評価とアクション実行

```
-- 対象有効範囲設定（デフォルトSCOPE_SCHEMAならスキーマ全体）
SQL> var v_taskid NUMBER
SQL> exec DBMS_ILM.PREVIEW_ILM(task_id=>:v_taskid, -
> ilm_scope=>DBMS_ILM.SCOPE_DATABASE)

-- スケジュール化（デフォルトONLINE：オンライン再定義）
SQL> exec DBMS_ILM.EXECUTE_ILM_TASK(task_id=>:v_taskid, -
> execution_mode=>DBMS_ILM.ILM_EXECUTION_ONLINE, -
> execution_schedule=>DBMS_ILM.SCHEDULE_IMMEDIATE)

-- タスク実行の確認
SQL> SELECT state,creation_time FROM dba_ilmtasks
  2  WHERE task_id=:v_taskid;

STATE         CREATION_TIME
------------- -----------------------------------
COMPLETED     14-01-22 14:43:32.481238

-- タスク実行の詳細
SQL> SELECT task_id,policy_name,selected_for_execution
  2  FROM dba_ilmevaluationdetails WHERE task_id=:v_taskid;

POLICY SELECTED_FOR_EXECUTION
------ -------------------------
P41    PRECONDITION NOT SATISFIED     ← 前提条件問題
P42    PRECONDITION NOT SATISFIED
P288   SELECTED FOR EXECUTION         ← 実行対象として選択（問題なし）
P287   INHERITED POLICY OVERRULED     ← 継承ポリシー側で実行
P287   STATISTICS NOT AVAILABLE       ← 統計が無効
P295   SELECTED FOR EXECUTION

-- 実行ジョブの結果確認
SQL> SELECT job_name,job_state,start_time,completion_time
  2  FROM dba_ilmresults WHERE task_id=:v_taskid;

JOB_NAME                  JOB_STATE
------------------------- -----------------------------------
START_TIME                   COMPLETION_TIME
---------------------------- ------------------------------
ILMJOB864                 COMPLETED SUCCESSFULLY     ← 成功した
14-01-22 15:17:12.045600 14-01-22 15:17:12.290673
```

自動と手動のいずれの場合も、圧縮レベルのような前提条件を満たしていないときや統計が無効な場合はアクションを実行しません。アクションを開始した後も、タスクが失敗する可能性はあります。例えば、アクションをOFFLINEモードで実行する場合、ALTER TABLE...MOVE文が使用されます。対象表の索引の一部が使用不可になっていると、表の圧縮や移動は成功しても、索引は使用不可のままになります。

自動データ最適化（ADO）ポリシーの管理

すべてのポリシーを無効化／有効化、削除するには、ALTER TABLE文を使用します（表3-2）。

表3-2：ADOポリシーの管理

コマンド		説明
ALTER TABLE 表名 [MODIFY PARTITION...]	ILM ADD POLICY...	ポリシーの追加
	ILM DELETE POLICY ポリシー番号	個々のポリシーを削除
	ILM DELETE_ALL;	すべてのポリシーを削除
	ILM ENABLE POLICY ポリシー番号	個々のポリシーを有効化
	ILM ENABLE_ALL;	すべてのポリシーを有効化
	ILM DISABLE POLICY ポリシー番号	個々のポリシーを無効化
	ILM DISABLE_ALL;	すべてのポリシーを無効化
DBMS_ILM_ADM	ENABLE_ILM	バックグラウンドADOの有効化
	DISABLE_ILM	バックグラウンドADOの無効化

DBMS_ILM_ADMIN.DISABLE_ILMプロシージャは、ポリシーは有効なまま、バックグラウンド処理のみを無効化します。バックグラウンドADOが停止することで、MMONやメンテナンスウィンドウによるバックグラウンド処理は停止します。一方、ポリシーは有効なため、手動での管理（評価やアクション実行など）は可能です。

自動データ最適化を完全に終了するなら、インスタンスレベルでheat_mapパラメータをOFFに設定し、ヒートマップ統計の収集も終了しておきます。必要に応じて、DBMS_ILM_ADMIN.CLEAR_HEAT_MAP_ALLプロシージャなどを使用して、ヒートマップ統計を削除することもできます。

例 3-5：ADO の無効化

```
-- ヒートマップの無効化
SQL> ALTER SYSTEM SET heat_map=OFF;

-- 収集データのリセット
SQL> exec DBMS_ILM_ADMIN.CLEAR_HEAT_MAP_ALL
```

3-2 データの参照

「データベース内アーカイブ」を使用すると、不要になったデータを削除するのではなく、データベース内に保存しておき、必要になったときに表示することができます。キャンペーンが完了したら非表示にするといった時系列データの場合は、「時制有効性」を使用して表示する時間範囲を限定することが可能です。履歴データを長期保存する「フラッシュバックデータアーカイブ」では、非圧縮で保存したりユーザー環境を保存したりすることなどが可能になっています。各機能の動作を十分検証しておきましょう。

▶参照
データベース内アーカイブに関しては、『Oracle Database VLDBおよびパーティショニングガイド』マニュアルを参考にしてください。
時制有効性に関しては、『Oracle Database開発ガイド』マニュアルを参考にしてください。
フラッシュバックデータアーカイブに関しては、『Oracle Database開発ガイド』マニュアルを参考にしてください。

3-2-1 データベース内アーカイブ

データベース内アーカイブ（In-Database Archiving）を有効化した表では、各レコードをアクティブ（表示）にするか、非アクティブ（非表示）にするかを設定できます。アクティブなデータのみ表示することができます（図3-12）。

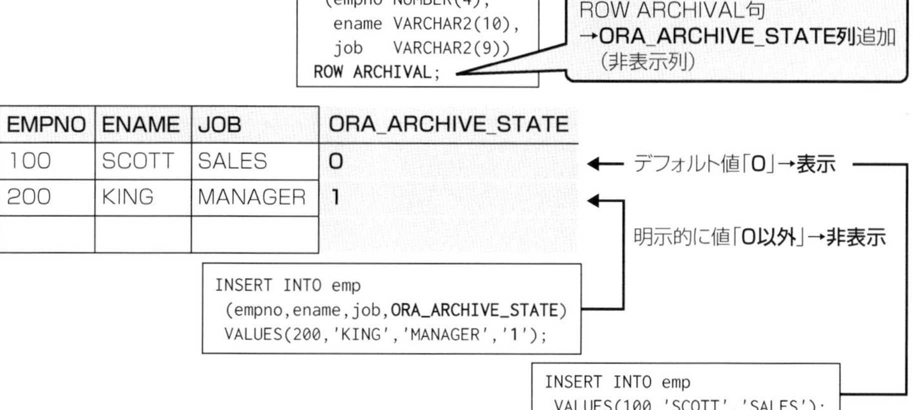

図3-12　データベース内アーカイブ

データベース内アーカイブは、表定義の一部として構成しますので、インスタンスを再起動しても存続します。

データベース内アーカイブの有効化

CREATE TABLEまたはALTER TABLE文で、ROW ARCHIVAL句を指定すると、データベース内アーカイブが有効になります。データベース内アーカイブは、対象表にORA_ARCHIVE_STATE列を追加し、この値が「0」ならアクティブとしてレコードが表示されます。「0以外」なら非アクティブとしてレコードが非表示となります。デフォルトでは、既存行も新規行も「0」で格納されます（図3-12参照）。

ORA_ARCHIVE_STATE列

データベース内アーカイブが有効化されることで追加されるORA_ARCHIVE_STATE列は、非表示属性が設定された列です。そのため、SELECT * や、DESCコマンドで表示されません。明示的に列を指定すると表示することができます（例3-6）。

例3-6：ORA_ARCHIVE_STATE列の確認

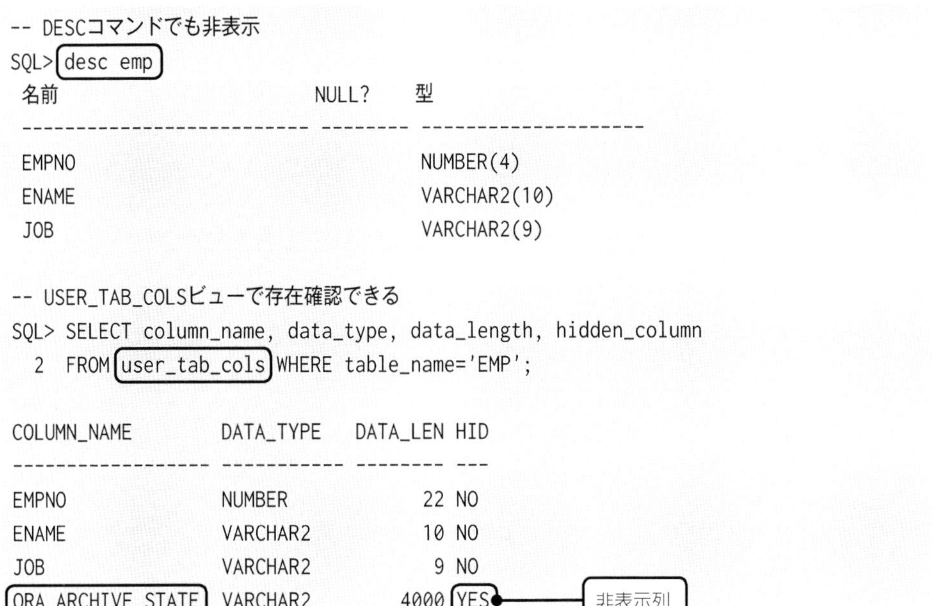

```
-- DESCコマンドでも非表示
SQL> desc emp
 名前                                      NULL?    型
 ----------------------------------------- -------- ----------------------------
 EMPNO                                              NUMBER(4)
 ENAME                                              VARCHAR2(10)
 JOB                                                VARCHAR2(9)

-- USER_TAB_COLSビューで存在確認できる
SQL> SELECT column_name, data_type, data_length, hidden_column
  2  FROM user_tab_cols WHERE table_name='EMP';

COLUMN_NAME          DATA_TYPE     DATA_LEN HID
-------------------- ------------- -------- ---
EMPNO                NUMBER              22 NO
ENAME                VARCHAR2            10 NO
JOB                  VARCHAR2             9 NO
ORA_ARCHIVE_STATE    VARCHAR2          4000 YES
```



```
-- 明示的に列指定すると表示できる
```

```
SQL> SELECT emp.*, ORA_ARCHIVE_STATE FROM emp;

EMPNO ENAME JOB     ORA_ARCHIVE_STATE
----- ----- ------- -----------------
  100 SCOTT SALES   0
```

デフォルトの新規行には「0」が設定されます。INSERT時から明示的にORA_ARCHIVE_STATE列を「0以外」に設定し、非アクティブレコードにすることもできます。「0以外」(「1」など)に設定されたレコードは、即時に非アクティブになります。

3

ROW ARCHIVAL VISIBILITY セッションパラメータ

デフォルトでは、アクティブレコードのみ表示されます。これは、ROW ARCHIVAL VISIBILITYセッションパラメータが「ACTIVE」に設定されているためです。ROW ARCHIVAL VISIBILITYセッションパラメータを「ALL」にすると、非アクティブレコードも表示することができます。表示が変更されるだけで、新規レコードはデフォルト「0」のアクティブレコードとして格納されます(例3-7)。

例3-7：非アクティブレコードも表示させる

```
-- ROW ARCHIVAL VISIBILITYセッションパラメータをALLに変更
SQL> ALTER SESSION SET ROW ARCHIVAL VISIBILITY=ALL;

-- 非アクティブレコードも表示される
SQL> SELECT emp.*, ORA_ARCHIVE_STATE FROM emp;

EMPNO ENAME JOB     ORA_ARCHIVE_STATE
----- ----- ------- -----------------
  100 SCOTT SALES   0
  200 KING  MANAGER 1                     非アクティブレコード

-- 元に戻しておく（アクティブのみ表示）
SQL> ALTER SESSION SET ROW ARCHIVAL VISIBILITY=ACTIVE;
```

DBMS_ILM.ARCHIVESTATENAME ファンクション

ORA_ARCHIVE_STATE列は、VARCHAR2(4000)型で定義されていますので、「0」か「0以外」の値を格納できます。0か1で表示させるのであれば、DBMS_ILM.ARCHIVESTATENAMEファンクションを使用します。列値が「0」ならばそのまま「0 (ARCHIVE_STATE_ACTIVE定数)」が戻りますが、「0以外」の場合は「1

（ARCHIVE_STATE_ARCHIVED 定数）」が戻されます（例 3-8）。

例 3-8：DBMS_ILM.ARCHIVESTATENAME ファンクション

```
-- 0以外の値をORA_ARCHIVE_STATE列に格納
INSERT INTO emp
 (empno,ename,job,ORA_ARCHIVE_STATE)
 VALUES(300,'ALLEN','CLERK',TO_CHAR(SYSDATE));

-- 非アクティブレコードも表示に変更
SQL> ALTER SESSION SET ROW ARCHIVAL VISIBILITY=ALL;

SQL> SELECT emp.*,ORA_ARCHIVE_STATE FROM emp;

     EMPNO ENAME      JOB             ORA_ARCHIVE_STATE
---------- ---------- --------------- -----------------
       100 SCOTT      SALES           0
       200 KING       MANAGER         1
       300 ALLEN      CLERK           14-01-24    ← 0 以外

SQL> SELECT empno,DBMS_ILM.ARCHIVESTATENAME(ORA_ARCHIVE_STATE)
  2  FROM emp;

     EMPNO DBMS_ILM.ARCHIVES
---------- -----------------
       100 0
       200 1
       300 1    ← 「0 以外」は「1」で表示
```

データベース内アーカイブを無効化するまでは、明示的にORA_ARCHIVE_STATE列を指定することで格納した値を使用することができます。

データベース内アーカイブの無効化

データベース内アーカイブを無効化するには、ALTER TABLE文でNO ROW ARCHIVAL句を指定します。無効化されると、アクティブ／非アクティブを区別する必要がなくなるため、ORA_ARCHIVE_STATE列も削除されます（例 3-9）。

例 3-9：データベース内アーカイブの無効化

```
SQL> ALTER TABLE emp NO ROW ARCHIVAL;
```

3-2-2 時制有効性

データベース内に保持されたまま、一時的にデータを表示させる必要があるときは、「時制有効性（Temporal Validity）」または「フラッシュバックデータアーカイブ」を使用することができます。いずれの機能も指定した時点で有効なデータが戻ります（図3-13）。

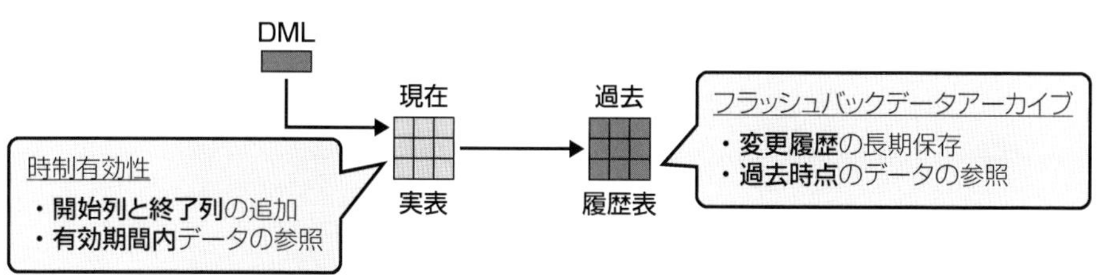

図3-13　一時的データの有効性

時制有効性を有効化した表では、レコードに有効期限を設定できますので、有効期限内のデータのみを表示することができます（図3-14）。

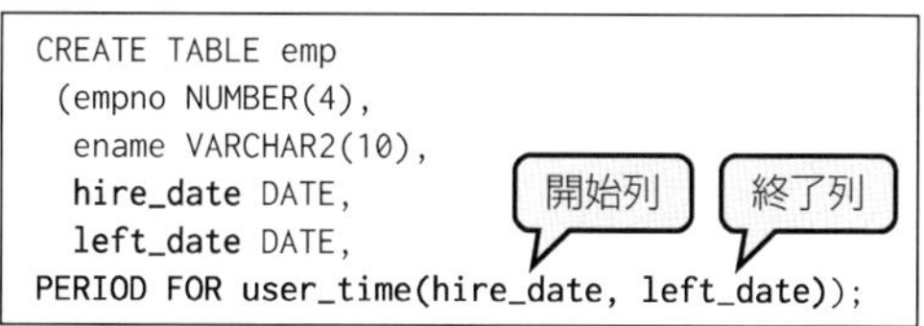

```
CREATE TABLE emp
 (empno NUMBER(4),
  ename VARCHAR2(10),
  hire_date DATE,
  left_date DATE,
PERIOD FOR user_time(hire_date, left_date));
```


EMPNO	ENAME	HIRE_DATE	LEFT_DATE
100	SCOTT	2000-10-01	
200	KING	2002-04-01	2010-03-30
300	ADAMS	2001-04-01	2012-12-31

有効なデータ
=開始〜終了の期限内のデータ

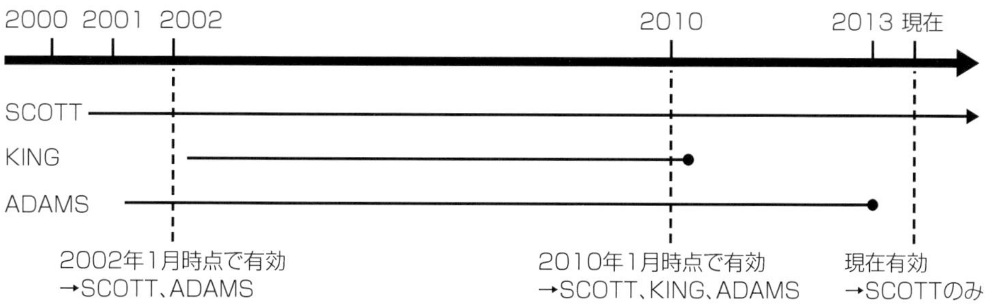

図3-14　時制有効性

時制有効性の有効化

CREATE TABLE文またはALTER TABLE文でPERIOD FOR句を指定すると、時制有効性が有効化されます。PERIOD FOR句では、有効期間ディメンションとなる列を指定します。有効期間ディメンション列は、有効期間のための開始列と終了列を使用した仮想非表示列（NUMBER型）です。

有効期間の開始列と終了列は、既存列を使用することもできます。既存列を使用しない場合は、有効期間ディメンションが「user_time」であれば、「user_time_start」「user_time_end」のような命名規則で非表示列の2列が追加されます。暗黙的に作成された有効期間の開始列と終了列は非表示列なので、明示的に列指定をしたデータ追加が必要です（例3-10）。

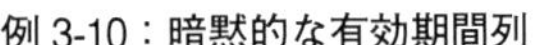
例3-10：暗黙的な有効期間列

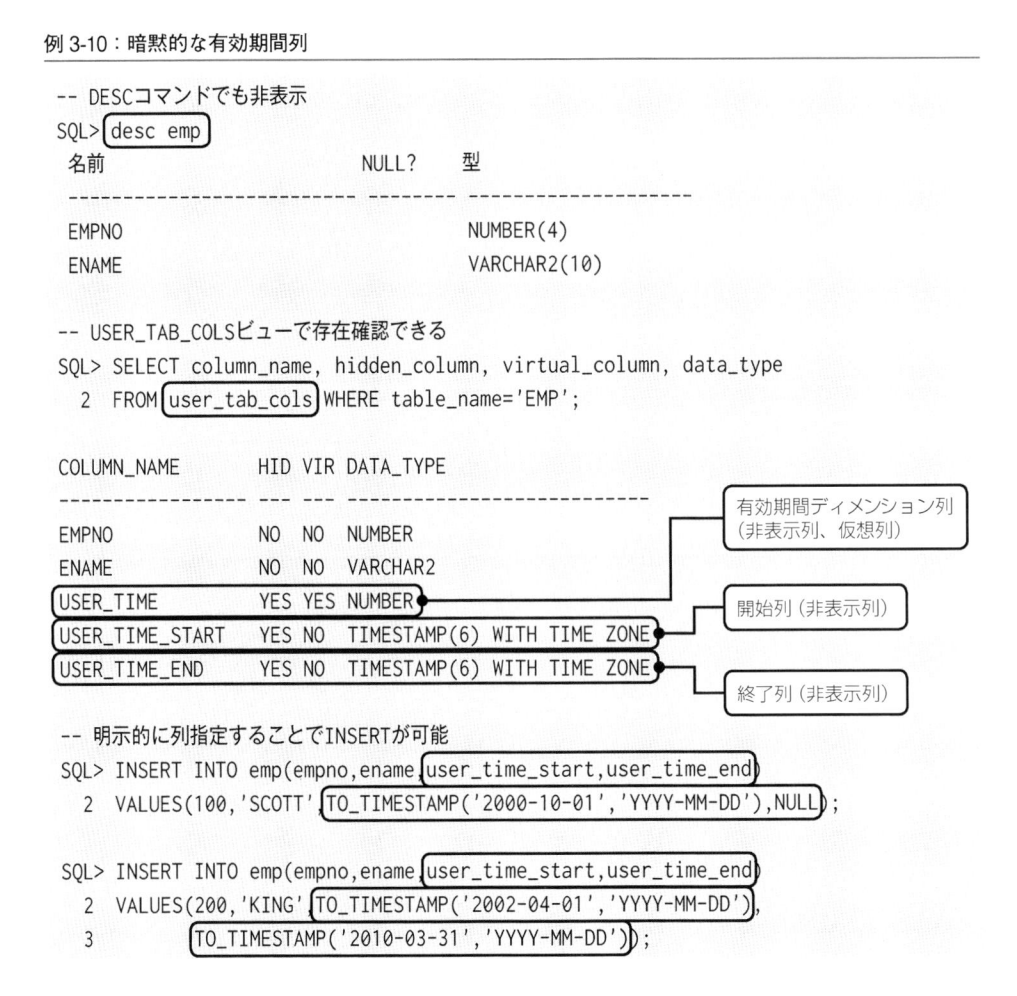

```
-- DESCコマンドでも非表示
SQL> desc emp
 名前                                       NULL?    型
 ----------------------------------------- -------- --------------------
 EMPNO                                              NUMBER(4)
 ENAME                                              VARCHAR2(10)

-- USER_TAB_COLSビューで存在確認できる
SQL> SELECT column_name, hidden_column, virtual_column, data_type
  2  FROM user_tab_cols WHERE table_name='EMP';

COLUMN_NAME          HID VIR DATA_TYPE
-------------------- --- --- ---------------------------
EMPNO                NO  NO  NUMBER
ENAME                NO  NO  VARCHAR2
USER_TIME            YES YES NUMBER
USER_TIME_START      YES NO  TIMESTAMP(6) WITH TIME ZONE
USER_TIME_END        YES NO  TIMESTAMP(6) WITH TIME ZONE

-- 明示的に列指定することでINSERTが可能
SQL> INSERT INTO emp(empno,ename,user_time_start,user_time_end)
  2  VALUES(100,'SCOTT',TO_TIMESTAMP('2000-10-01','YYYY-MM-DD'),NULL);

SQL> INSERT INTO emp(empno,ename,user_time_start,user_time_end)
  2  VALUES(200,'KING',TO_TIMESTAMP('2002-04-01','YYYY-MM-DD'),
  3          TO_TIMESTAMP('2010-03-31','YYYY-MM-DD'));
```

有効期間ディメンション列（非表示列、仮想列）

開始列（非表示列）

終了列（非表示列）

有効期間ディメンションの追加

1つの表は、複数の有効期間ディメンションを持つことができます。CREATE TABLE文では1つの有効期間ディメンションのみ指定できますが、ALTER TABLE文で異なるディメンションを追加することができます（例3-11）。

例3-11：有効期間ディメンションの追加

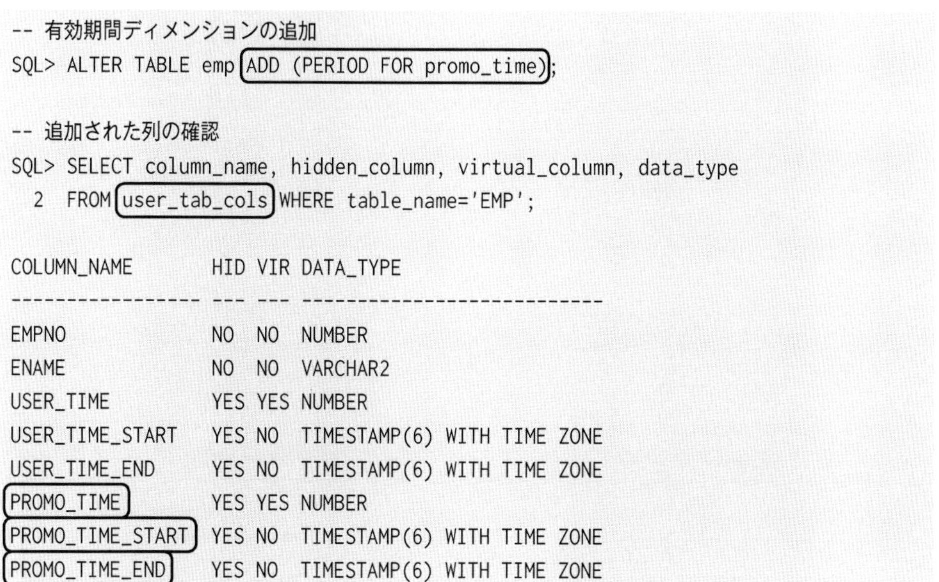

```
-- 有効期間ディメンションの追加
SQL> ALTER TABLE emp ADD (PERIOD FOR promo_time);

-- 追加された列の確認
SQL> SELECT column_name, hidden_column, virtual_column, data_type
  2  FROM user_tab_cols WHERE table_name='EMP';

COLUMN_NAME       HID VIR DATA_TYPE
----------------- --- --- ---------------------------
EMPNO             NO  NO  NUMBER
ENAME             NO  NO  VARCHAR2
USER_TIME         YES YES NUMBER
USER_TIME_START   YES NO  TIMESTAMP(6) WITH TIME ZONE
USER_TIME_END     YES NO  TIMESTAMP(6) WITH TIME ZONE
PROMO_TIME        YES YES NUMBER
PROMO_TIME_START  YES NO  TIMESTAMP(6) WITH TIME ZONE
PROMO_TIME_END    YES NO  TIMESTAMP(6) WITH TIME ZONE
```

時制有効性のデータ参照：PERIOD FOR句

時制有効性のデータは、フラッシュバック問合せまたはフラッシュバックバージョン問合せの構文で、PERIOD FOR句を使用して参照します。AS OF句では、指定した時点が有効期間に含まれているデータが戻ります。VERSIONS句では指定した範囲が有効期間内に含まれているレコードが戻ります（図3-15）。

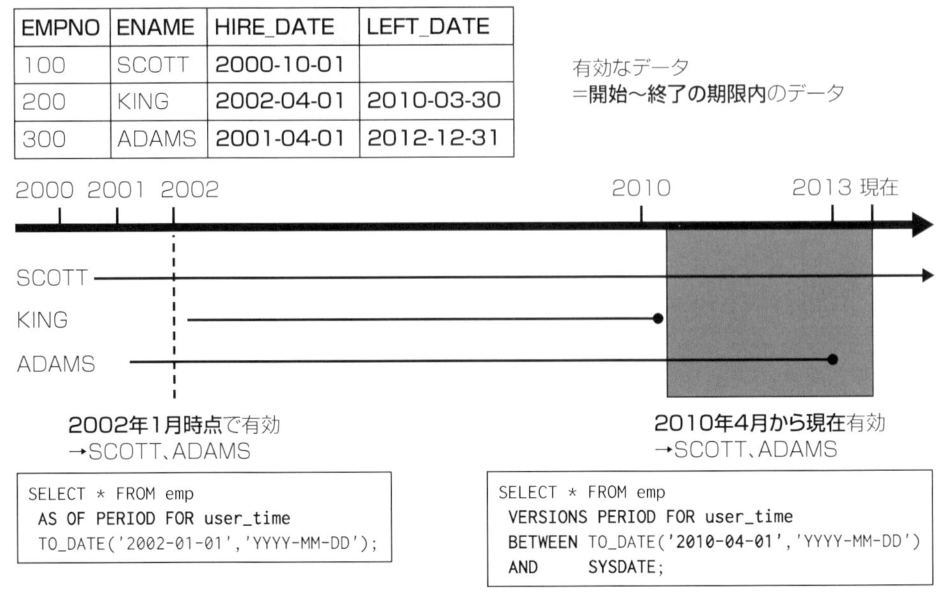

図 3-15　時制有効性のデータ参照

終了列に値が格納されていない場合は、現在も有効なデータとして判定されます。部分的な範囲外（ADAMS のデータは、2012-12-31 まで）があっても、バージョン問合せでは対象になれます。

時制有効性のデータ参照：PERIOD FOR 句と AS OF 句

時制有効性とフラッシュバックデータアーカイブ（Oracle Database 12c では一時履歴とも呼ばれる）は、同じ表に同時に設定することが可能です。また、データを参照する際に、「有効期間ディメンション」と「トランザクション時間ディメンション（AS OF TIMESTAMP や AS OF SCN 句）」を同時に使用することもできます（例 3-12）。

例 3-12：有効期間とトランザクション時間

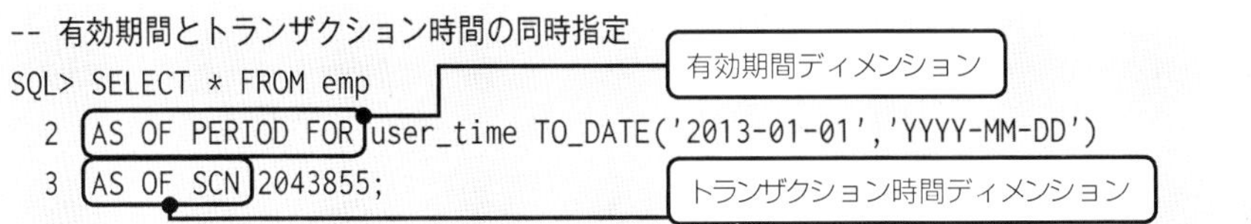


```
-- 有効期間とトランザクション時間の同時指定
SQL> SELECT * FROM emp
  2  AS OF PERIOD FOR user_time TO_DATE('2013-01-01','YYYY-MM-DD')
  3  AS OF SCN 2043855;
```

トランザクション時間ディメンションを使用する場合、有効期間を満たし、トランザクション時間に有効なデータが含まれていれば、レコードを戻します。

時制有効性のデータ参照：DBMS_FLASHBACK_ARCHIVE パッケージ

DBMS_FLASHBACK_ARCHIVE.ENABLE_AT_VALID_TIMEプロシージャで、現在のセッションにおける時制有効性のデフォルト動作を変更することができます。デフォルトでは、すべてのレコードを表示する「ALL」が設定されています。「CURRENT」を指定することで、有効期間ディメンションを指定しなくても、現在有効なデータを表示することができます（図3-16）。

EMPNO	ENAME	HIRE_DATE	LEFT_DATE
100	SCOTT	2000-10-01	
200	KING	2002-04-01	2010-03-30
300	ADAMS	2001-04-01	2012-12-31

```
SELECT * FROM emp;
```

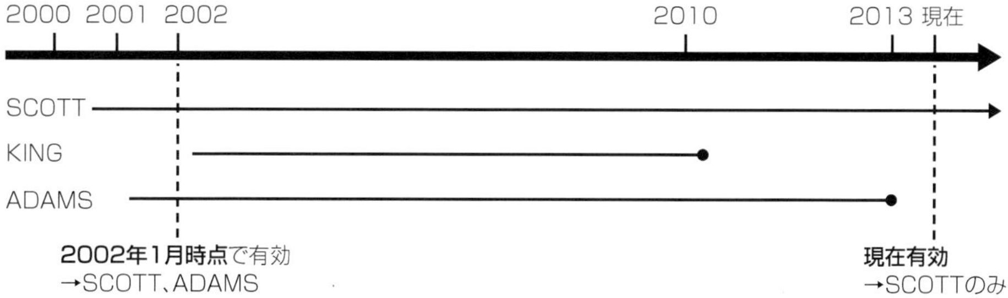

すべて表示
```
exec DBMS_FLASHBACK_ARCHIVE.ENABLE_AT_VALID_TIME('ALL')
```

現在有効
```
exec DBMS_FLASHBACK_ARCHIVE.ENABLE_AT_VALID_TIME('CURRENT')
```

指定時有効
```
exec DBMS_FLASHBACK_ARCHIVE.ENABLE_AT_VALID_TIME
 ('ASOF',TO_DATE('2002-01-01','YYYY-MM-DD'))
```

リセット
```
exec DBMS_FLASHBACK_ARCHIVE.DISABLE_ASOF_VALID_TIME
```

図3-16　セッションレベルでの表示制御

セッションレベルの表示制御は、デフォルトを変更しているだけですから、有効期間ディメンションを明示的に指定すれば、指定した有効期間が適用されます。

時制有効性の無効化

時制有効性は、ALTER TABLE文で有効期間ディメンションを削除することができます。作成時に暗黙的に追加された開始列と終了列の場合は、削除も暗黙的に行われます。明示的に作成した開始列と終了列は、そのまま保存されます（例3-13）。

例 3-13：有効期間ディメンションの削除

```
SQL> ALTER TABLE emp DROP (PERIOD FOR promo_time);
```

3-2-3 フラッシュバックデータアーカイブの拡張

Oracle Database 11g リリース1でサポートされたフラッシュバックデータアーカイブ（FDA）を使用すると、拡張されたフラッシュバック問合せによって、より長期保存された履歴データにアクセスできます。Oracle Database 12c からは、ユーザーコンテキスト（USERENV）の保存や履歴表の最適化（圧縮や重複除外）の選択が可能です（図 3-17）。

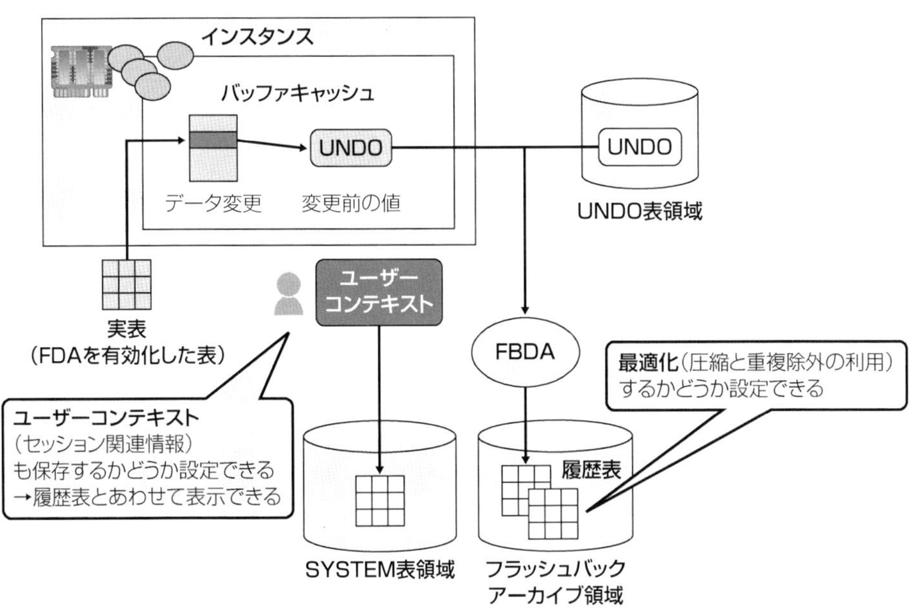

図 3-17 フラッシュバックデータアーカイブの新機能

フラッシュバックデータアーカイブの最適化

フラッシュバックデータアーカイブ（FDA）を使用するには、アーカイブ領域を作成し、対象セグメントでFDAを有効化します。FDAが有効化されると、アーカイブ領域に履歴表を格納します。

Oracle Database 11g では、履歴表はパーティション化され、履歴表の圧縮や

SecureFiles LOBの圧縮と重複除外が行われていました。Oracle Database 12cでは、パーティション化は行いますが、履歴表の圧縮やSecureFiles LOBの圧縮と重複除外は行われていません。OPTIMZE DATA句を使用してアーカイブ領域を作成することで、圧縮と重複除外が有効化されます（図3-18）。

NO OPTIMIZE DATA（デフォルト）

```
CREATE FLASHBACK ARCHIVE fla1
 TABLESPACE tbs1 RETENTION 1 YEAR;
```

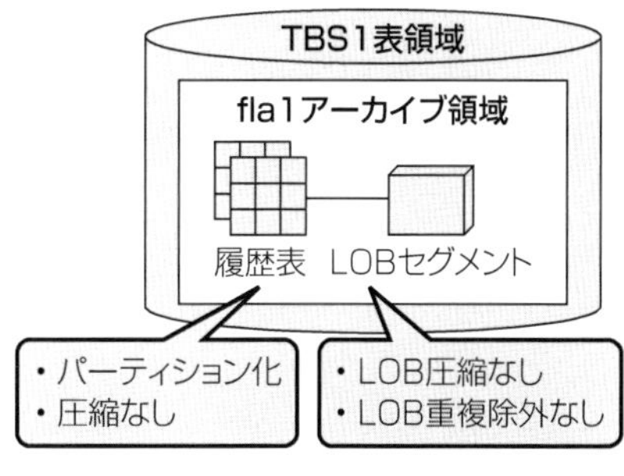

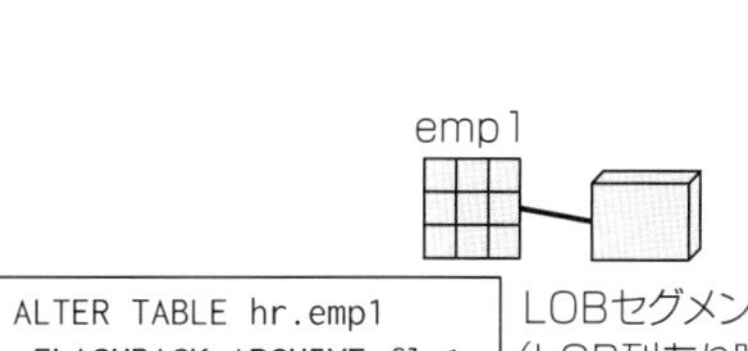


```
ALTER TABLE hr.emp1
 FLASHBACK ARCHIVE fla1;
```

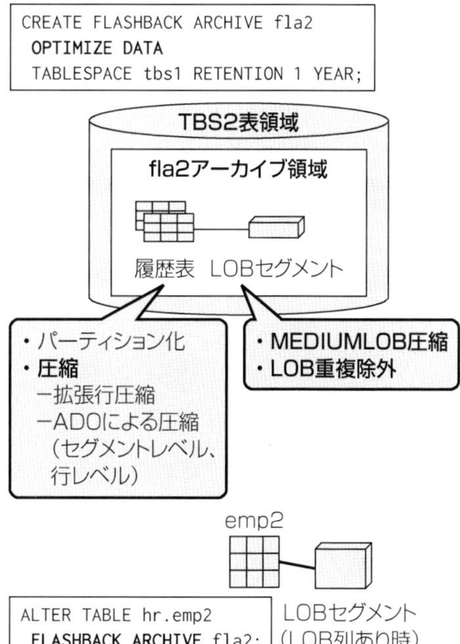

図3-18　アーカイブ領域の最適化

ユーザーコンテキストの保存

FDAが有効化されている表に対する変更が履歴表に保存されますが、これまでは誰がその操作を行ったかといった情報は取得できませんでした。Oracle Database 12cからは、操作を行ったユーザーコンテキストを保存しておき、フラッシュバッククエリーで参照するときに同時に操作時のユーザーコンテキストを確認することが可能になりました。実表に対するトランザクションに関するユーザーコンテキスト情報を保存し、履歴データを参照する際の情報として活用することができます。

ユーザーコンテキストを保存するには、データベースレベルで設定します。DBMS_FLASHBACK_ARCHIVE.SET_CONTEXT_LEVELプロシージャでユーザーコンテキストの保存レベルを指定します（例3-14）。

例 3-14：ユーザーコンテキストの保存

```
SQL> exec DBMS_FLASHBACK_ARCHIVE.SET_CONTEXT_LEVEL('TYPICAL')
```

保存レベルが「ALL」であれば、SYS_CONTEXT で取得できるすべてのコンテキストを対象とします。「TYPICAL」の場合は、ユーザー ID（SESSION_USERID）、グローバルユーザー ID（GLOBAL_UID）、ホスト名（HOST）、サービス名（SERVICE_NAME）などを保存できます。デフォルトは「NONE」が設定されており、保存は行われません。

取得された結果は、DBMS_FLASHBACK_ARCHIVE.GET_SYS_CONTEXT ファンクションを使用してアクセスします（例 3-15）。

例 3-15：ユーザーコンテキストの結果

```
SQL> SELECT VERSIONS_XID, VERSIONS_STARTSCN, sal
  2  DBMS_FLASHBACK_ARCHIVE.GET_SYS_CONTEXT(
  3    VERSIONS_XID,'USERENV','SESSION_USER') tx_user
  4  FROM hr.emp1 VERSIONS BETWEEN SCN MINVALUE AND MAXVALUE
  5  WHERE empno=7934 AND VERSIONS_XID IS NOT NULL;
```

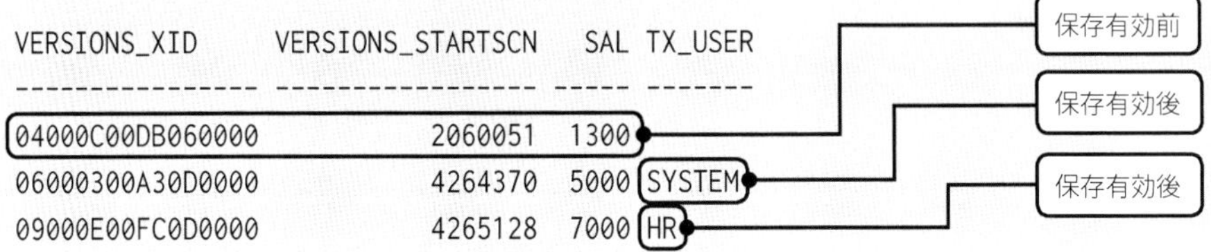

VERSIONS_XID   VERSIONS_STARTSCN   SAL TX_USER
---------------- ----------------- ----- -------
04000C00DB060000   2060051 1300
06000300A30D0000   4264370 5000 SYSTEM
09000E00FC0D0000   4265128 7000 HR
保存有効前
保存有効後
保存有効後

SYS_FBA_CONTEXT_AUD 表にユーザーコンテキストデータが保存されます。なお、アーカイブ領域の保存期間を超えたものは自動消去されます。

学習チェック

この章で学んだことを正確に理解しているか、確認しましょう。

☑ **1** 自動データ最適化（ADO）を有効にするにはheat_mapパラメータをどう設定しますか。

☑ **2** heat_mapの結果はどこに保存されますか。また保存されるのはどんな情報ですか。

☑ **3** 圧縮ポリシーで設定する要素を３つ挙げてください。

☑ **4** 階層ポリシー（移動ポリシー）はどのように実行されますか。

☑ **5** カスタムポリシーの特徴を２つ挙げてください。

☑ **6** ADOポリシーの競合は可能ですか。

☑ **7** ADOポリシーの評価はどのように行われますか。

☑ **8** ORA_ARCHIVE_STATE列の特徴は何ですか。

☑ **9** row archival visibilityセッションパラメータの値を２つ挙げてください。

☑ **10** データベース内アーカイブの無効化はどのように設定しますか。

☑ **11** 時制有効性はどのように設定しますか。

☑ **12** 時制有効性のデータを参照するにはどうしますか。

☑ **13** 時制有効性を無効化するにはどうしますか。

☑ **14** フラッシュバックデータアーカイブの特徴は何ですか。

☑ **15** フラッシュバックデータアーカイブはどうやって有効化しますか。

☑ 16 フラッシュバックデータアーカイブはどうやって最適化しますか。

● 解 答 ●

1 インスタンスレベルでONにします。

2 SYSAUX表領域に、ユーザー定義表領域内のセグメントへのアクセスや変更（ブロックレベル）情報が保存されます。

3 ・有効範囲：表領域、グループ、セグメント、行
・タイプ：基本、拡張行、列圧縮
・パターン：変更なし、アクセスなし、アクセス減少、作成
「パターン」の状態が評価期間経過後「タイプ」で圧縮する

4 ソース表領域でUSEDを超えるとアクセスしていないセグメントから移動し、ターゲット表領域でFREEを超えると移動が終了します。

5 ・セグメントレベルで使用可能
・BOOLEAN型を戻すファンクションを使用

6 できません。圧縮ポリシーでは次のことも不可です。
・異なるパターン（行レベルはNO MODIFICATIONのみ可能）
・同じ評価期間を設定する
・後から低い圧縮レベルを使用する

7 ・行：MMONが15分ごとに行う
・セグメント、グループ：自動化メンテナンスタスク（日次ウィンドウ）で行う
・手動：DBMS_ILM.EXECUTE_ILMプロシージャを使って行う

8 ・表の定義にROW ARCHIVAL句を指定することで自動生成
・明示的に指定することで列表示可能
・明示的に列値を更新する（デフォルトは「0」）

9 ・ACTIVE：0のレコードのみ表示（デフォルト）
・ALL：すべてのレコード表示

10 ALTER TABLE文にNO ROW ARCHIVAL句を指定することで無効化します。ORA_ARCHIVE_STATE列が自動的に削除されます。

11 PERIOD FOR句で有効化します。開始列と終了列を指定しなかった場合は、有効期間名_START列と有効期間名_END列が非表示列として自動作成されます。

12
・SELECT文でAS OF句やVERSIONS句を指定
・AS OF句とPERIOD FOR句を同時に使用するとトランザクションからディメンション有効データのみ表示
・DBMS_FLASHBACK_ARCHIVE.ENABLE_AT_VALID_TIMEを使用するとセッション内の全処理に影響

13 ALTER TABLE文で有効期間ディメンションを削除します。これにより暗黙作成された開始列と終了列は削除されます。

14
・履歴データの長期保存が可能（UNDO保存期間より長く保存可能）
・サプリメンタルロギングが不要
・ユーザーコンテキストの収集が可能

15 アーカイブ領域を作成して対象セグメントでフラッシュバックデータアーカイブを有効化します。

16 OPTIMIZE DATA句を使用して圧縮と重複除外を有効化します。

第4章

セキュリティ

本章の内容

アクセスキー S (大文字のエス)

この章で学ぶこと

各種監査機能を統合して一元管理できる統合監査や、新しい管理グループ（SYSBACKUP、SYSDG、SYSKM）による職務の分離、使用されていない権限を特定する権限分析、データに一時的なマスキングを行うことで機密データの表示を禁止するデータリダクションなど、多層防御向けセキュリティ機能が提供されます。

試験ではここが出る

- □統合監査の利点とは何か。
- □統合監査の有効化方法や確認方法は何か。
- □統合監査の管理権限は何か。
- □監査レコードの書き込みモードの特徴は何か。
- □監査キューの特徴は何か。
- □混在監査の特徴は何か。
- □統合監査証跡の特徴は何か。
- □監査ポリシーはどのように作成するか。
- □監査ポリシーはどのように有効化するか。
- □事前定義監査ポリシーにはどのようなものがあるか。
- □デフォルトで有効な監査の対象は何か。
- □追加された特権ユーザー権限は何か。
- □特権ユーザー権限でアクセスする方法は何か。
- □パスワードファイルへ特権ユーザー権限を登録するために必要なことは何か。
- □権限分析ではどんなことが行われるか。
- □権限分析はどのような手順で行われるか。
- □xxx_PATH 権限分析結果ビューの GRANT_PATH 値はどんな意味があるか。
- □INHERIT PRIVILEGES 権限の特徴は何か。
- □Oracle Data Redaction の特徴は何か。
- □FULL リダクションで使用する値の変更はどのように行うか。
- □DBMS_REDACT.ADD_POLICY によるポリシー追加の特徴は何か。
- □リダクションから除外する方法は何か。

4-1 監査の拡張

標準監査やファイングレイン監査、特権ユーザー監査といった各種監査機能は、統合監査を使用することでまとめて管理できるようになりました。部分的に制御したいものには、監査ポリシーを定義することもできます。統合監査の対象となる監査、構成方法を確認しておきましょう。

▶**参照**
監査の拡張に関しては、『Oracle Database セキュリティガイド』マニュアルを参考にしてください。

4-1-1 統合監査

Oracle Database 11g以前で個別に構成、管理していた監査設定は、Oracle Database 12cでは統合監査を有効化することで単純な構成で行うことが可能になります。監査証跡も1つにまとめられるため、追跡も行いやすくなります（図4-1）。

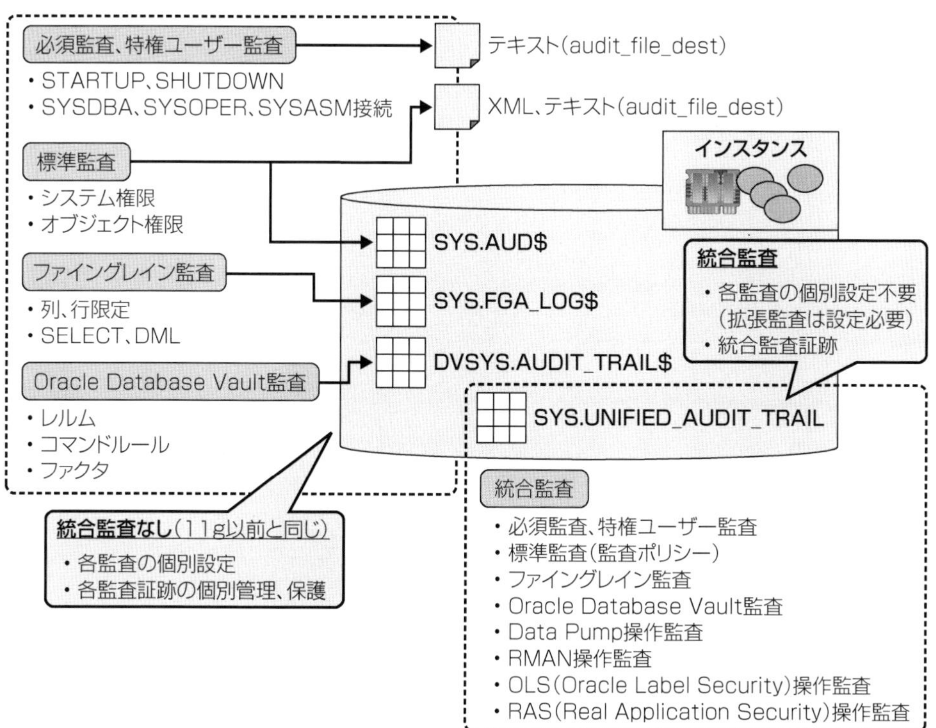

図4-1　統合監査

統合監査は、従来個別に監査設定を行ってきた必須監査、特権ユーザー監査、標準監査、ファイングレイン監査、Oracle Database Vault監査に加え、Data PumpやRMAN、Oracle Label Security、Real Application Securityの監査も行います。

統合監査の有効化

統合監査は、デフォルトでは無効です。有効化するには、インスタンスを停止した状態でOracleモジュールを変更します（例4-1）。

例4-1：統合監査の有効化／無効化

```
-- Unix環境における有効化
$ cd $ORACLE_HOME/rdbms/lib
$ make -f ins_rdbms.mk uniaud_on ioracle

-- Unix環境における無効化
$ cd $ORACLE_HOME/rdbms/lib
$ make -f ins_rdbms.mk uniaud_off ioracle

-- Windows環境における有効化
> move %ORACLE_HOME%\bin\orauniaud12.dll.dbl %ORACLE_HOME%\bin\orauniaud12.dll

-- Windows環境における無効化
> move %ORACLE_HOME%\bin\orauniaud12.dll %ORACLE_HOME%/bin/orauniaud12.dll.dbl
```

変更後、インスタンスを再起動すると、統合監査が有効になります。V$OPTIONビューの「Unified Auditing」パラメータがTRUEの場合、統合監査が有効です。

統合監査が有効化されている場合、監査証跡を構成するためのAUDITではじまるパラメータ（audit_trail、audit_file_dest、audit_sys_operations、audit_syslog_level）を設定しても無視されます。

統合監査の管理

統合監査の管理には、監査ポリシーの構成や監査証跡の管理、監査結果の確認が含まれます。DBAロールやSYSDBAを使用しなくても済むように、専用の権限とロールが準備されています（図4-2）。

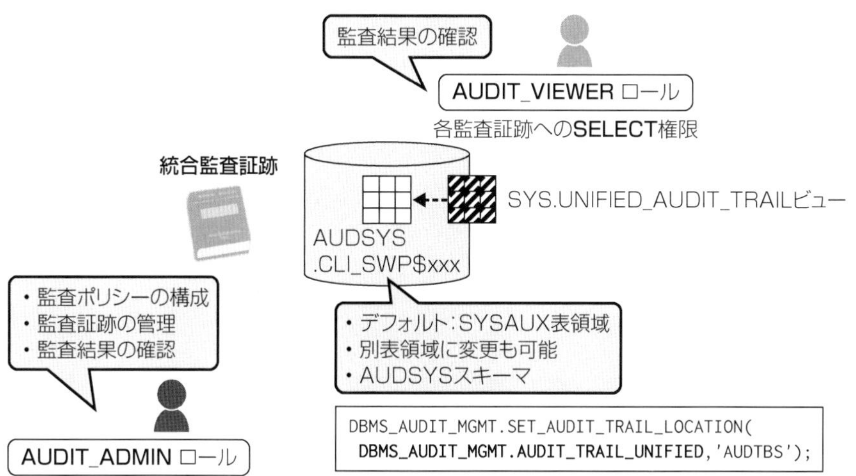
監査結果の確認
AUDIT_VIEWER ロール
各監査証跡へのSELECT権限
統合監査証跡
SYS.UNIFIED_AUDIT_TRAILビュー
AUDSYS
.CLI_SWP$xxx
・監査ポリシーの構成
・監査証跡の管理
・監査結果の確認
・デフォルト:SYSAUX表領域
・別表領域に変更も可能
・AUDSYSスキーマ
DBMS_AUDIT_MGMT.SET_AUDIT_TRAIL_LOCATION(
DBMS_AUDIT_MGMT.AUDIT_TRAIL_UNIFIED,'AUDTBS');
AUDIT_ADMIN ロール
・AUDIT SYSTEM権限:監査ポリシーの作成、削除、変更
・AUDIT ANY権限:他スキーマにおける監査ポリシーの有効化(AUDITコマンド)
・各監査証跡へのSELECT権限
・DBMS_AUDIT_MGMT、DBMS_FGAのEXECUTE権限

図 4-2 統合監査の管理権限

統合監査証跡は、AUDSYSスキーマが所有する表です。通常は表を直接参照せずに、UNIFIED_AUDIT_TRAILビューで結果を確認します。デフォルトでは、SYSAUX表領域に格納されています。パーティション表なので、別の表領域に移動することも可能です。

- AUDIT_ADMIN ロール
  AUDIT_ADMINロールを付与することで、AUDIT SYSTEM権限とAUDIT ANYシステム権限が付与されます。AUDIT SYSTEM権限で監査証跡の管理が行えます。AUDIT ANY権限は、ほかのスキーマに対する監査ポリシーの有効化／無効化の管理を行えます。監査ポリシーの作成には、AUDIT SYSTEM権限かAUDIT_ADMINロールが必要です。
- AUDIT_VIEWER ロール
  AUDIT_VIEWERロールを付与することで、UNIFIED_AUDIT_TRAILビューやDBA_AUDIT_TRAILビューなどの監査証跡を確認することが可能になります。

監査レコードの書き込みモード

監査レコードは、従来どおりディスクに即時保存することもできますが、SGAキューに保存し、後からディスクに書き出すことも可能です。SGAキューを使用すると、パフォーマンスが向上しますが、インスタンスクラッシュ時に監査レコードを損失する可能性があるため、損失の許容度を意識して構成する必要があります（図4-3）。

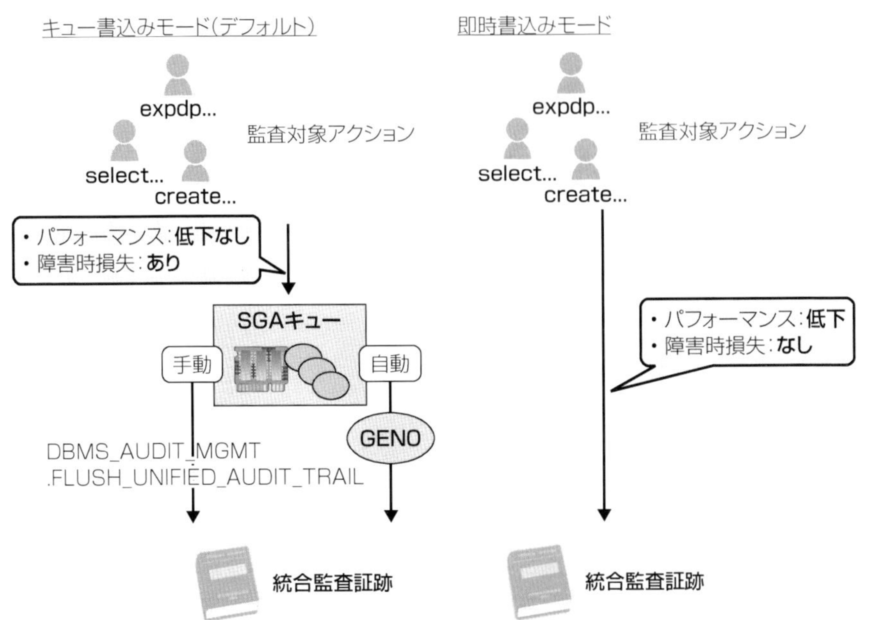

図4-3 監査レコードの書き込みモード

SGAキューのサイズは、UNIFIED_AUDIT_SGA_QUEUE_SIZEパラメータで設定できます。デフォルトは1MBですが、最大30MBまで設定することができます。SGAキューからのフラッシュは「GEN0（一般タスク実行プロセス）」バックグラウンドプロセスが3秒に1度、SGAキューの85%を超えて監査レコードが存在しているとディスクへのフラッシュが行われます。また、DBMS_AUDIT_MGMT.FLUSH_UNIFIED_AUDIT_TRAILプロシージャを使用して手動でフラッシュすることも可能です。

設定は、DBMS_AUDIT_MGMT.SET_AUDIT_TRAIL_PROPERTYプロシージャで変更することができます（例4-2）。

例 4-2：監査レコードの書き込みモード

```
SQL> -- 即時書き込みモード
SQL> BEGIN
  2    DBMS_AUDIT_MGMT.SET_AUDIT_TRAIL_PROPERTY(
  3      DBMS_AUDIT_MGMT.AUDIT_TRAIL_UNIFIED,
  4      DBMS_AUDIT_MGMT.AUDIT_TRAIL_WRITE_MODE,
  5      DBMS_AUDIT_MGMT.AUDIT_TRAIL_IMMEDIATE_WRITE);
  6  END;
  7  /

SQL> SELECT parameter_value FROM dba_audit_mgmt_config_params
  2  WHERE parameter_name='AUDIT WRITE MODE';

PARAMETER_VALUE
--------------------
IMMEDIATE WRITE MODE

-- キュー書き込みモード（デフォルト）
SQL> BEGIN
  2    DBMS_AUDIT_MGMT.SET_AUDIT_TRAIL_PROPERTY(
  3      DBMS_AUDIT_MGMT.AUDIT_TRAIL_UNIFIED,
  4      DBMS_AUDIT_MGMT.AUDIT_TRAIL_WRITE_MODE,
  5      DBMS_AUDIT_MGMT.AUDIT_TRAIL_QUEUED_WRITE);
  6  END;
  7  /

SQL> SELECT parameter_value FROM dba_audit_mgmt_config_params
  2  WHERE parameter_name='AUDIT WRITE MODE';

PARAMETER_VALUE
--------------------
QUEUED WRITE MODE
```

監査レコードの書き込みモードの設定は、統合監査を使用していない場合（混在監査）でも有効です。

混在監査と統合監査

統合監査モードが無効であれば、AUDITではじまるパラメータ（audit_trail、audit_file_dest、audit_sys_operations、audit_syslog_level）を使用して監査を有効化する

ことで、「混在監査モード」として動作します。混在監査モードでも、SGAキューや監査ポリシーの使用はできますが、従来の監査証跡と統合監査証跡（AUDSYSスキーマの表を参照しているUNIFIED_AUDIT_TRAILビュー）の両方に記録するためにオーバーヘッドが発生します。

統合監査モードが有効であれば、AUDITではじまるパラメータによる監査証跡設定は不要です。統合監査証跡のみに記録されるため、無駄なオーバーヘッドも発生しません。

4-1-2　監査ポリシー

ほとんどの監査は、統合監査によって自動監査されるようになりますが、監査ポリシーを使用することで、部分的な制御が可能になります。監査ポリシーは、従来のAUDIT文の拡張なので、簡単な構文で詳細な制御が可能になります。

監査ポリシーの作成

監査ポリシーは、CREATE AUDIT POLICY文で作成します。少なくとも1つのPRIVILEGES、ACTIONS、ROLESのいずれかのオプションを指定します（表4-1）。

表4-1：監査ポリシーの監査オプション

監査オプション	説明
PRIVILEGES	システム権限の監査 有効な値：SYSTEM_PRIVILEGE_MAPビューのNAME列値
ACTIONS	オブジェクトやシステムに対するアクションの監査。 有効な値：AUDITABLE_SYSTEM_ACTIONSビューのNAME列値
ROLES	ロールに直接付与されたシステム権限の監査 有効な値：DBA_ROLESのROLE列値

CREATE AUDIT POLICY文で作成する監査ポリシーは、複数の監査オプションを同時に指定することができ、ACTIONSを使用したシステム全体に対するシステムアクションと、オブジェクトに対するオブジェクトアクションも同時に指定できます（例4-3）。

例 4-3：監査ポリシーの監査オプション

```
-- 権限監査
SQL> CREATE AUDIT POLICY pol1_sys
  2 PRIVILEGES select any dictionary,select any table;

-- アクション監査：
SQL> CREATE AUDIT POLICY pol1_act
  2 ACTIONS grant,revoke;

-- ロール監査
SQL> CREATE AUDIT POLICY pol1_role
  2 ROLES audit_admin,audit_viewer;

-- 監査オプションは組み合わせ可能
SQL> CREATE AUDIT POLICY pol1
  2 PRIVILEGES select any dictionary,select any table
  3 ACTIONS grant,revoke
  4 ROLES audit_admin,audit_viewer;

-- オブジェクト監査
SQL> CREATE AUDIT POLICY pol2_obj
  2 ACTIONS execute ON dbms_audit_mgmt;
```

オブジェクトに対する監査ポリシーは、ACTIONSオプションで指定します。オブジェクトアクションは、ON句の直前に記述したアクションのみが対象となり、ON句の直後に指定したオブジェクトのみに影響します（図 4-4）。

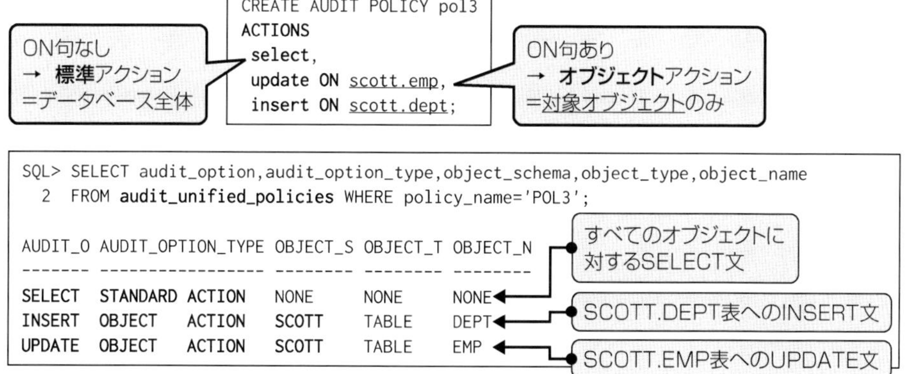

図 4-4 監査アクションの指定

監査ポリシーの作成：WHEN句とEVALUATE句

監査ポリシーにWHEN句とEVALUATE句を使用すると、監査取得の条件を設定することができます。WHEN句で指定した条件は、EVALUATE句で指定したタイミングで評価されます（図4-5）。

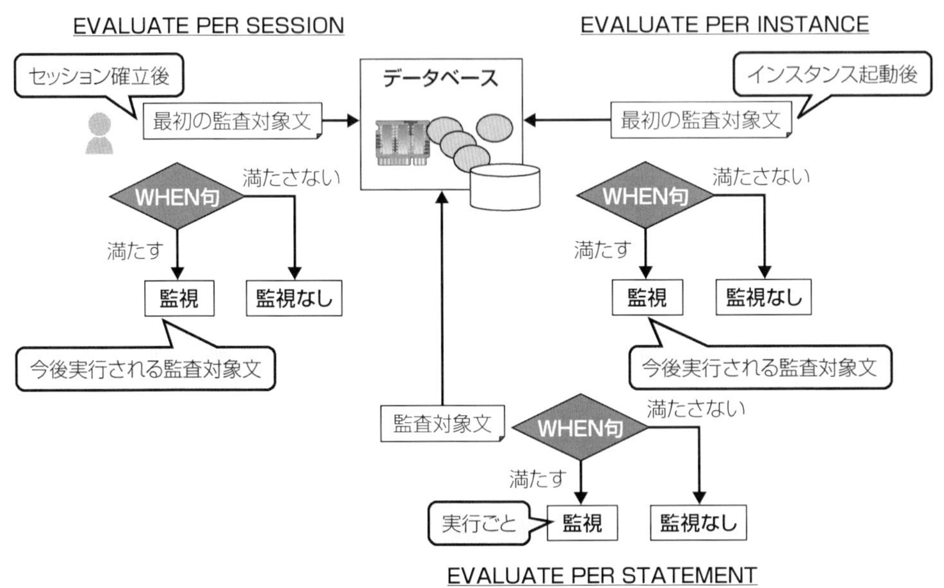

図4-5　EVALUATE句による評価タイミング

「EVALUATE PER STATEMENT」を使用すると、監査対象文を実行するたびにWHEN句による評価条件が評価されます。セッションで1度評価するのであれば「EVALUATE PER SESSION」を使用し、インスタンス起動後に1度評価するのであれば「EVALUATE PER INSTANCE」を使用します（例4-4）。

例 4-4：WHEN 句と EVALUATE 句

```
-- 監査文を実行するたびに評価
SQL> CREATE AUDIT POLICY pol1
  2  ACTIONS select
  3  WHEN 'SYS_CONTEXT(''USERENV'',''MODULE'')=''APP1'''
  4  EVALUATE PER STATEMENT;

-- セッションの最初の監査文実行時に評価
SQL> CREATE AUDIT POLICY pol2
  2  PRIVILEGES create table
  3  WHEN 'SYS_CONTEXT(''USERENV'',''SESSION_USER'')=''HR'''
  4  EVALUATE PER SESSION;

-- インスタンスの最初の監査文実行時に評価
SQL> CREATE AUDIT POLICY pol3
  2  ROLES dba
  3  WHEN 'SYS_CONTEXT(''USERENV'',''INSTANCE_NAME'')=''rac1'''
  4  EVALUATE PER INSTANCE;
```

監査ポリシーの有効化

監査ポリシーは、CREATE AUDIT POLICY 文で作成し、AUDIT 文で有効化します。統合監査モードが無効でも、監査ポリシーを作成し有効化することは可能です（図 4-6）。

Data Pump操作監査例

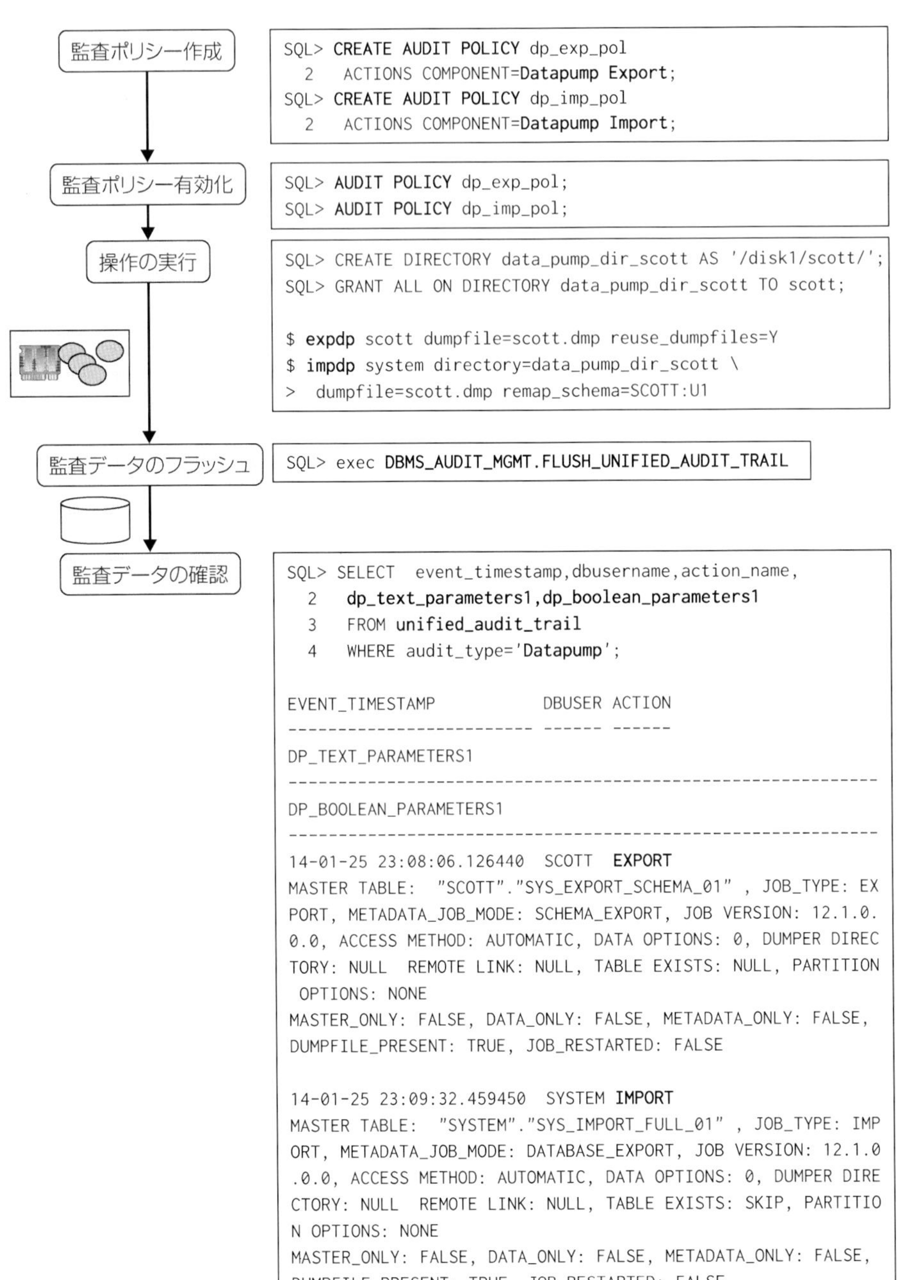

図 4-6　監査ポリシー

監査ポリシーは、必ず作成しなくてはならないものではありません。RMANによるバックアップ/リストア/リカバリに関しては、監査ポリシーを作成しません。RMANイベントは自動的に監査が記録されるからです。

注意 特権ユーザーによる接続、データベースの起動や停止は、混在監査モード時と同様に自動で監査されます。

アプリケーションコンテキストの監査など、監査ポリシーを作成せず、AUDIT文による監査の有効化のみ行う構成もあります(例4-5)。

例4-5:アプリケーションコンテキストの監査

```
-- USERENVコンテキストからIP_ADDRESS属性参照時に監査
SQL> AUDIT CONTEXT NAMESPACE userenv ATTRIBUTES ip_address;

-- 監査結果 (SYS_CONTEXT('USERENV','IP_ADDRESS')参照後)
SQL> SELECT dbusername,event_timestamp,application_contexts
  2  FROM unified_audit_trail WHERE application_contexts IS NOT NULL;

DBUSER EVENT_TIMESTAMP            APPLICATION_CONTEXTS
------ ------------------------- ------------------------------------
DBSNMP 14-03-11 06:44:37.174672  (USERENV,IP_ADDRESS=127.0.0.1)
…
SCOTT  14-03-11 06:46:52.789181  (USERENV,IP_ADDRESS=172.16.10.15)
```

監査ポリシーの有効化時オプション

CREATE AUDIT POLICY文で作成されたポリシーは、AUDIT POLICY文を使用して有効化を行います。デフォルトでは、すべてのユーザーを対象とし、成功時と失敗時のいずれも監査対象となります。

成功時のみで有効化するなら「WHENEVER SUCCESSFUL」句、失敗時のみで有効化するのなら「WHENEVER NOT SUCCESSFUL」句を使用します。

一部のユーザーのみを対象にするなら「BY句」、一部のユーザーを除外するなら「EXCEPT句」を使用します。1つの監査ポリシーを複数のAUDIT POLICY文で有効化することは可能ですが、BY句とEXCEPT句で異なります(図4-7)。

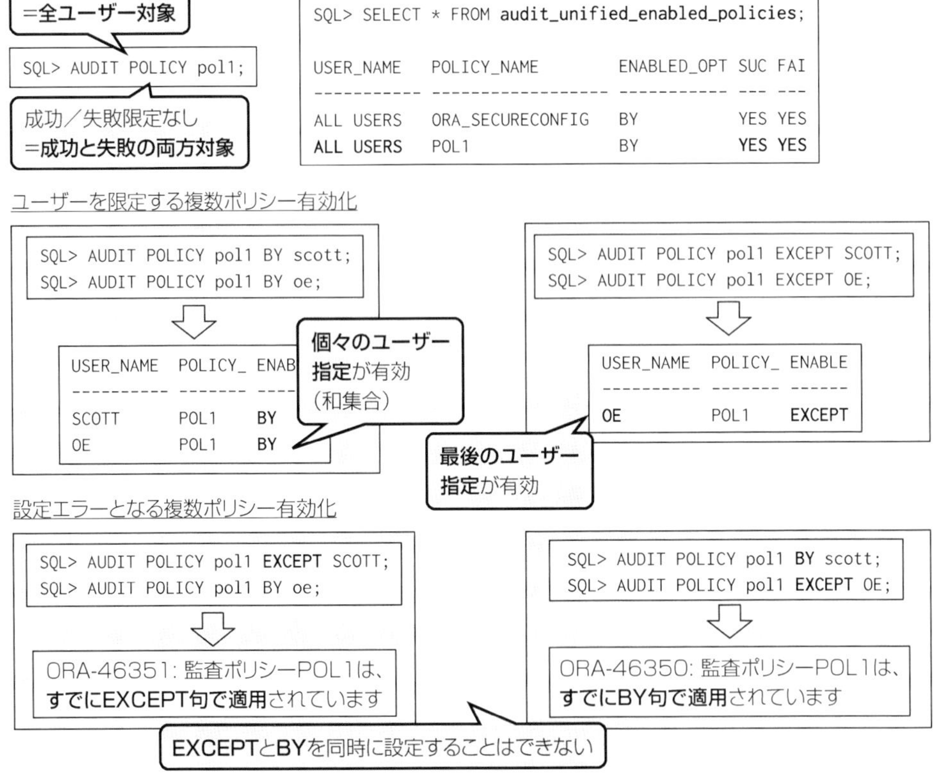

図 4-7　ポリシーの有効化

1 つのポリシーの有効化で、BY 句と EXCEPT 句を同時に指定することはできません。EXCEPT 句が有効なポリシーに、異なるユーザーを指定した EXCEPT 句で AUDIT POLICY 文を実行すると、最後の文だけが保存されます。複数のユーザーを除外するには、1 度の EXCEPT 句で区切ったユーザー指定を行います。

一方、BY 句が有効なポリシーに BY 句を追加した場合は、和集合となり、記述したユーザーすべてが対象となります。

事前定義された監査ポリシー

監査ポリシーのベストプラクティスとして、ORA_ACCOUNT_MGMT、ORA_DATABASE_PARAMETER、ORA_SECURECONFIG の 3 つと、Real Application Security 向けの監査ポリシーが 2 つ用意されています（表 4-2）。

表 4-2：事前定義された監査ポリシー

監査ポリシー	説明
ORA_ACCOUNT_MGMT	ユーザーと権限管理アクション ・CREATE USER、ALTER USER、DROP USER ・CREATE ROLE、ALTER ROLE、DROP ROLE、SET ROLE ・GRANT、REVOKE
ORA_DATABASE_PARAMETER	データベースとインスタンス管理アクション ・ALTER DATABASE ・ALTER SYSTEM ・CREATE SPFILE
ORA_SECURECONFIG	セキュリティ関連の権限と管理アクション ・LOGON、LOGOFF ・{CREATE¦ALTER¦DROP} USER ・{CREATE¦ALTER¦DROP} ROLE、SET ROLE ・{CREATE¦ALTER¦DROP} PROFILE ・GRANT ANY {PRIVILEGE¦OBJECT PRIVILEGE¦ROLE} ・AUDIT SYSTEM ・ALTER DATABASE、ALTER SYSTEM ・{CREATE¦DROP} PUBLIC SYNONYM ・{CREATE¦ALTER¦DROP} TABLE ・{CREATE¦ALTER¦DROP} ANY PROCEDURE ・{CREATE¦ALTER¦DROP} DATABASE LINK ・{CREATE¦DROP} DIRECTORY、CREATE ANY LIBRARY ・{CREATE¦ALTER¦DROP} PLUGGABLE DATABASE ・LOGMINING ・EXEMPT REDACTION POLICY ・PURGE DBA_RECYCLEBIN ・ADMINISTER KEY MANAGEMENT ・EXEMPT ACCESS POLICY ・CREATE ANY JOB、CREATE EXTERNAL JOB ・{CREATE¦ALTER¦DROP} ANY SQL TRANSLATION PROFILE、CREATE SQL TRANSLATION PROFILE、TRANSLATE ANY SQL
ORA_RAS_POLICY_MGMT	Real Application Security のすべての管理アクション
ORA_RAS_SESSION_MGMT	Real Application Security のランタイムとコンテキストへのアクション

デフォルトでは、ORA_SECURECONFIGのみが有効化されており、Oracle Database 10g／11gのDBCAでデータベースを作成したときと同様の代表的なCREATE／ALTER／DROPが監査されます。

ORA_ACCOUNT_MGMTに含まれるUSERとROLEに対するアクションは、ORA_SECURECONFIGでも監査されます。ただし、権限に対する監査は多少異なります。ORA_ACCOUNT_MGMTではすべてのGRANTとREVOKEを監査しますが、

ORA_SECURECONFIGはGRANT ANY関連権限を使用した場合のみ監査します。

ORA_DATABASE_PARAMETERは、SPFILEで作成したパラメータ変更を含むALTER SYSTEM文が監査されます。

監査ポリシーの無効化と削除

監査ポリシーを削除するには、NOAUDIT POLICY文で対象ポリシーを無効化してから、DROP AUDIT POLICY文で監査ポリシーを削除します。

システム関連の監査ポリシー(PRIVILEGES)がセッションで有効化されている場合は(EVALUATE PER INSTANCEかEVALUATE PER SESSIONによる評価)、ポリシーを削除しても既存セッションに影響しません。セッションが切断されるまで有効化されたままとなります。一方、オブジェクト関連の監査ポリシー(ACTIONS..ON)の場合は、既存セッションにも即時に反映されます。

統合監査証跡のクリーンアップ

統合監査証跡の監査レコードは読み取り専用のため、DELETE文などで直接変更することはできません。ただし、Oracle Database 11gリリース2でサポートしたDBMS_AUDIT_MGMTパッケージを使用してメンテナンスすることが可能です(図4-8)。

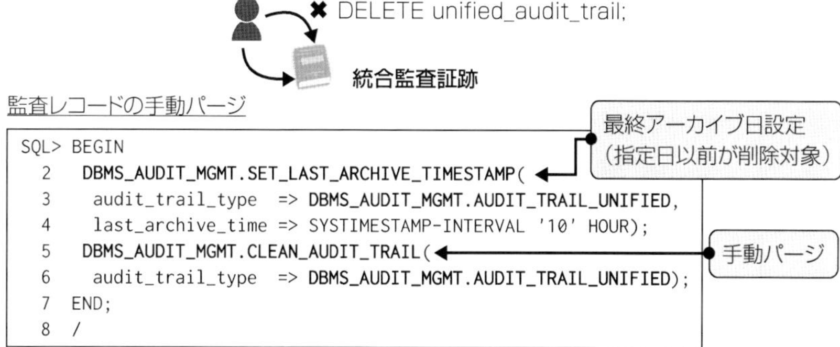

監査レコードの自動パージジョブ

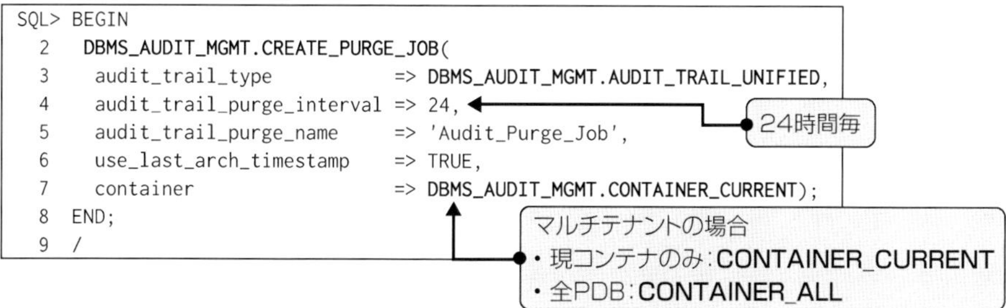

SQL> BEGIN
DBMS_AUDIT_MGMT.CREATE_PURGE_JOB(
audit_trail_type => DBMS_AUDIT_MGMT.AUDIT_TRAIL_UNIFIED,
last_archive_time => SYSTIMESTAMP-INTERVAL '10' HOUR);
最終アーカイブ日設定
(指定日以前が削除対象)
audit_trail_purge_interval => 24,
audit_trail_purge_name => 'Audit_Purge_Job',
use_last_arch_timestamp => TRUE,
container => DBMS_AUDIT_MGMT.CONTAINER_CURRENT);
END;
/
24時間毎
マルチテナントの場合
・現コンテナのみ:CONTAINER_CURRENT
・全PDB:CONTAINER_ALL

図 4-8 監査レコードの手動パージと自動パージ

CLEAN_AUDIT_TRAIL プロシージャによる手動パージや、CREATE_PURGE_JOB プロシージャで設定した自動パージスケジュールで、監査レコードを削除することができます。

4-2 権限の拡張

データベース管理者の管理ロールが追加されたことで、バックアップ／リカバリや Data Guard 管理、暗号化鍵管理などで「権限最小化原則」が構成しやすくなります。また、付与した権限が使用されているかどうか確認できるようになりましたので、不要な権限の取り消しなどに活用することができます。

▶参照
SYSBACKUP権限に関しては、『Oracle Databaseバックアップおよびリカバリユーザーズガイド』マニュアルを参考にしてください。
権限分析に関しては、『Oracle Database Vault管理者ガイド』マニュアルを参考にしてください。
INHERIT PRIVILEGES権限やBEQUEATH CURRENT_USERビューに関しては、『Oracle Databaseセキュリティガイド』マニュアルを参考にしてください。

4-2-1 管理権限（SYSBACKUP、SYSDG、SYSKM）

一人のユーザーに多くの権限を与えると、パスワードが漏えいしたときに悪意のある操作が行われる可能性などがあり、問題となります。Oracle Database 12c では、SYSBACKUP、SYSDG、SYSKMが追加され、権限の集中化を防止することができます（図4-9）。

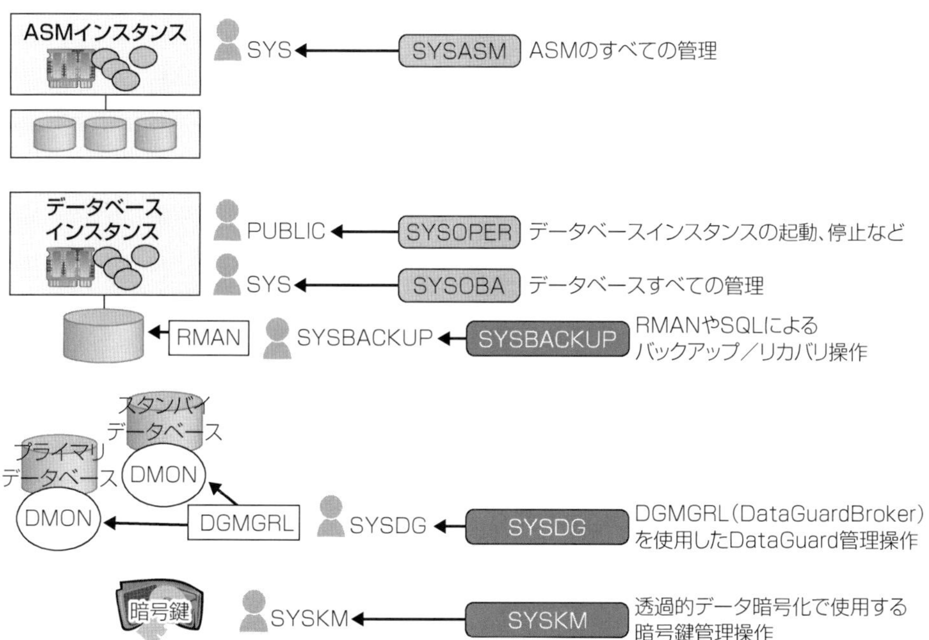

図 4-9　SYSBACKUP、SYSDG、SYSKM

SYSBACKUP 権限

SYSBACKUP権限が付与されているユーザーは、RMANまたはSQLを使用したバックアップ／リカバリ操作を実行することができます。RMANを使用している場合は、RMANコマンドによるBACKUP／RESTORE／RECOVERコマンドが実行できます。SQLを使用する場合は、ALTER DATABASEまたはALTER TABLESPACEによるBEGIN BACKUP、END BACKUPコマンドを実行できます。また、ALTER DATABASE RECOVERコマンド（SQL PlusからのRECOVERコマンドを含む）が実行できます（図 4-10）。

SYSBACKUP=バックアップ／リカバリ

データベース
インスタンス
・STARTUP、SHUTDOWN
・RMANやSQLによるバックアップ、リストア、リカバリ
・データベースのフラッシュバック、リストア・ポイントの作成、削除
・データベースの作成、削除、制御ファイルの作成
・SPFILEとPFILEの作成
・モードの変更（ARCHIVELOG、NOARCHIVELOG）
・SYSAUX表領域の変更、削除(UPGRADEモードで起動された場合のみ)
・すべての操作の監査
・DBA_xxx、GV$、V$ビューの表示
SYSBACKUPユーザーとしてログイン
connect / as SYSBACKUP
rman target '"/ as SYSBACKUP"'

システム権限
SYSBACKUP
ALTER DATABASE
ALTER SYSTEM
ALTER SESSION
ALTER TABLESPACE
DROP TABLESPACE
RESUMABLE
AUDIT ANY
CREATE ANY DIRECTORY
CREATE ANY CLUSTER
CREATE ANY TABLE
UNLIMITED TABLESPACE
SELECT ANY DICTIONARY
SELECT ANY TRANSACTION

オブジェクト権限（EXECUTE権限）
DBMS_PIPE
DBMS_SYS_ERROR
DBMS_PLUGTS
DBMS_PLUGTSP
DBMS_TTS
DBMS_TDB
DBMS_IR
DBMS_RCVMAN
DBMS_BACKUP_RESTORE

ロール
SELECT_CATALOG_ROLE
HS_ADMIN_SELECT_ROLE

図4-10　SYSBACKUPによる接続

AS SYSBACKUPを使用すると、SYSスキーマを割り当てられたSYSBACKUPユーザーによる接続となります。SYSBACKUP権限を含むシステム権限や、バックアップ／リカバリに関連するパッケージの実行権限、ディクショナリ参照のためのSELECT_CATALOG_ROLEなどが付与されます。ディクショナリの参照はできますが、ユーザーデータであるアプリケーションデータの参照はできません。

RMANを使用したターゲットデータベースへの接続のデフォルトはSYSDBA接続です。SYSBACKUPで接続するには、「connect target '"/ as SYSBACKUP"'」のように明示的に指定する必要があります。

SYSDG 権限

SYSDG権限が付与されたユーザーは、DGMGRLやSQLを使用したOracle Data Guard操作を実行することができます。DGMGRLを使用してプライマリデータベースまたはスタンバイデータベースに接続する場合、OS認証またはパスワードファイル認証を使用します。

DGMGRLを使用して接続するとき、SQL Plusのように「AS SYSDG」は使用できません。対象ユーザーで最初にSYSDG接続が試行され、接続できなければSYSDBA接続が試行されます（図4-11）。

SYSDG=Oracle DataGuard操作

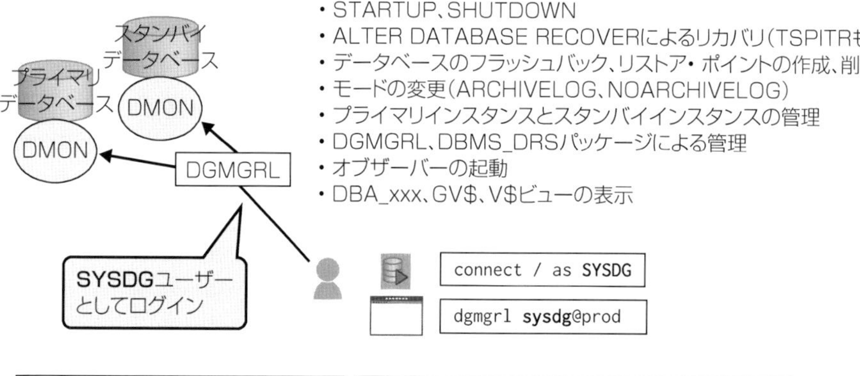

・STARTUP、SHUTDOWN
・ALTER DATABASE RECOVERによるリカバリ(TSPITRも可能)
・データベースのフラッシュバック、リストア・ポイントの作成、削除
・モードの変更(ARCHIVELOG、NOARCHIVELOG)
・プライマリインスタンスとスタンバイインスタンスの管理
・DGMGRL、DBMS_DRSパッケージによる管理
・オブザーバーの起動
・DBA_xxx、GV$、V$ビューの表示
スタンバイ
データベース
プライマリ
データベース
DMON
DMON
DGMGRL
SYSDGユーザーとしてログイン
connect / as SYSDG
dgmgrl sysdg@prod

システム権限
SYSDG
ALTER DATABASE
ALTER SYSTEM
ALTER SESSION
SELECT ANY DICTIONARY

オブジェクト権限(EXECUTE権限)
DBMS_DRS

```
$ dgmgrl
DGMGRLへようこそ。詳細は"help"と入力してください。
DGMGRL> connect sysdg@orcl
Password:
SYSDGとして接続しました。
DGMGRL> connect sys@orcl
Password:
SYSDBAとして接続しました。
```

AS SYSDG接続を試みる
(ダメならSYSDBA試みる)

図4-11　SYSDGによる接続

SYSKM 権限

SYSKM管理権限は、透過的暗号化の暗号鍵の管理やキーストア管理を目的として用意された権限グループです。ALTER SYSTEMコマンドではなくADMINISTER KEY MANAGEMENTによるキーストア管理が可能です（図4-12）。

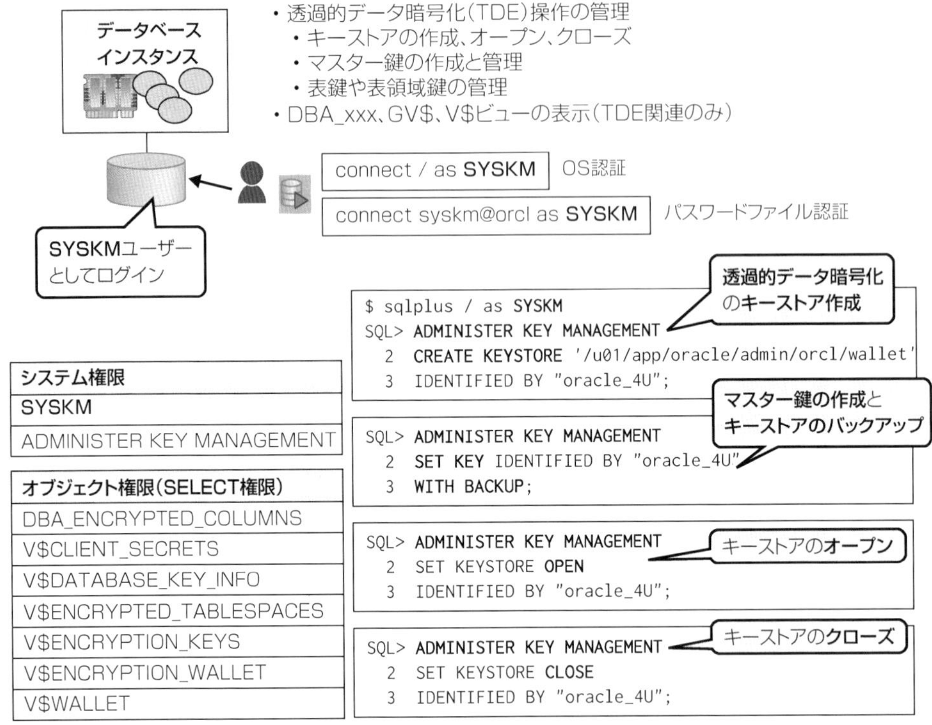
SYSKM=透過的データ暗号化のウォレット操作
データベース
インスタンス
・透過的データ暗号化(TDE)操作の管理
・キーストアの作成、オープン、クローズ
・マスター鍵の作成と管理
・表鍵や表領域鍵の管理
・DBA_xxx、GV$、V$ビューの表示(TDE関連のみ)
connect / as SYSKM
OS認証
connect syskm@orcl as SYSKM
パスワードファイル認証
SYSKMユーザー
としてログイン
透過的データ暗号化
のキーストア作成
$ sqlplus / as SYSKM
SQL> ADMINISTER KEY MANAGEMENT
2 CREATE KEYSTORE '/u01/app/oracle/admin/orcl/wallet'
3 IDENTIFIED BY "oracle_4U";
システム権限
SYSKM
ADMINISTER KEY MANAGEMENT
マスター鍵の作成と
キーストアのバックアップ
SQL> ADMINISTER KEY MANAGEMENT
2 SET KEY IDENTIFIED BY "oracle_4U"
3 WITH BACKUP;
オブジェクト権限(SELECT権限)
DBA_ENCRYPTED_COLUMNS
V$CLIENT_SECRETS
V$DATABASE_KEY_INFO
V$ENCRYPTED_TABLESPACES
V$ENCRYPTION_KEYS
V$ENCRYPTION_WALLET
V$WALLET
SQL> ADMINISTER KEY MANAGEMENT
2 SET KEYSTORE OPEN
3 IDENTIFIED BY "oracle_4U";
キーストアのオープン
SQL> ADMINISTER KEY MANAGEMENT
2 SET KEYSTORE CLOSE
3 IDENTIFIED BY "oracle_4U";
キーストアのクローズ

図 4-12　SYSKM による接続

パスワードファイル認証

Oracle Database 12cで追加されたSYSBACKUP、SYSDG、SYSKM管理権限は、従来のSYSDBAやSYSOPER同様、OS認証またはパスワードファイル認証が使用できます。OS認証は、インストール時または後から再リンクすることで対応付けられます。

パスワードファイル認証では、Oracle Database 12cのフォーマットで作成されたパスワードファイルが必要です。デフォルトでフォーマットは「12」ですが、「LEGACY」で作成されたパスワードファイルでは新しい管理権限が登録できません（図 4-13）。

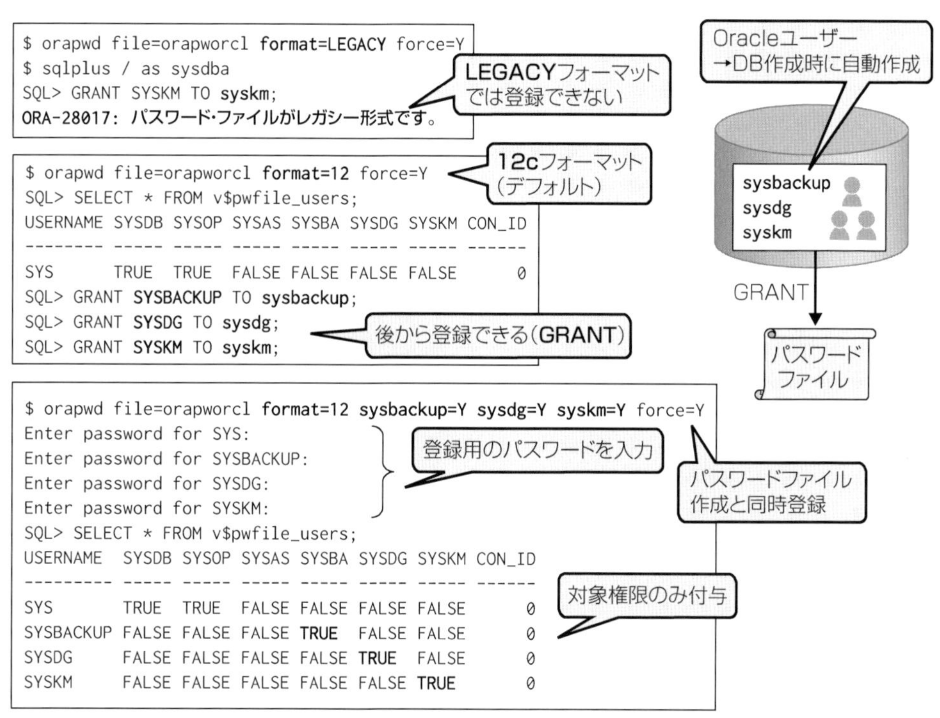

図 4-13 管理権限とパスワードファイル認証

パスワードファイルを作成すると同時にユーザーを登録するには、sysbackukp、sysdg、syskmに「Y」を指定してパスワードファイルを作成します。SYSユーザーに付与することもできますが、管理権限の目的はSYSDBAの使用をやめることにあります。SYSDBAも付与されてしまっているSYSを使うのではなく、別のユーザーを使用するべきです。

4-2-2 権限分析

システム権限、オブジェクト権限は、必要な権限だけを付与していると思いますが、実際に必要でしょうか。実際の操作を監視し、使用しているかどうかを分析することで、不必要な権限を取り除くことが検討できます（図 4-14）。

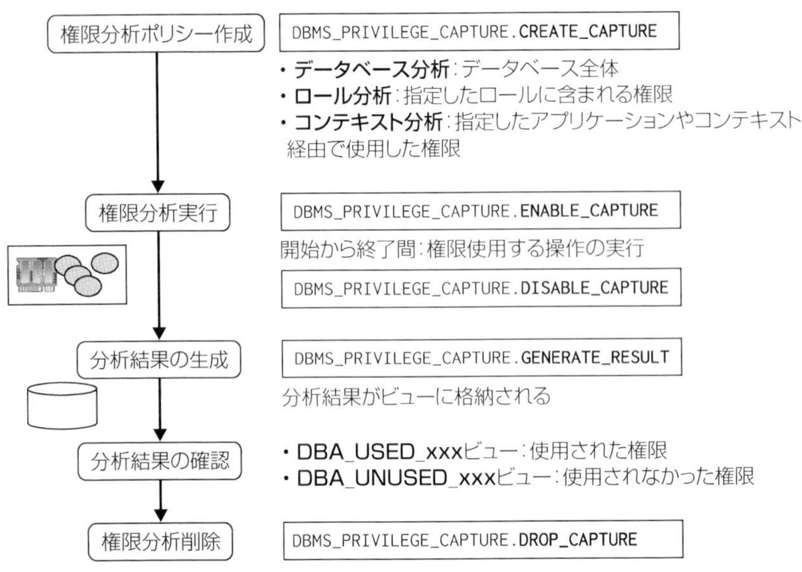

図4-14　権限分析

権限分析は、付与した権限（システム権限、オブジェクト権限、ロール）が使用されているかどうかを分析します。分析した結果、使用されていない権限は取り消し（REVOKE）を検討することができます。権限分析の構成にはCAPTURE_ADMINロールが必要です。

権限分析ポリシーの作成

権限分析は、DBMS_PRIVILEGE_CAPTUREパッケージで、分析のための権限分析ポリシーを作成（CREATE_CAPTURE）します。このときに、コンテキストを使用した条件設定を行うこともできます（図4-15）。

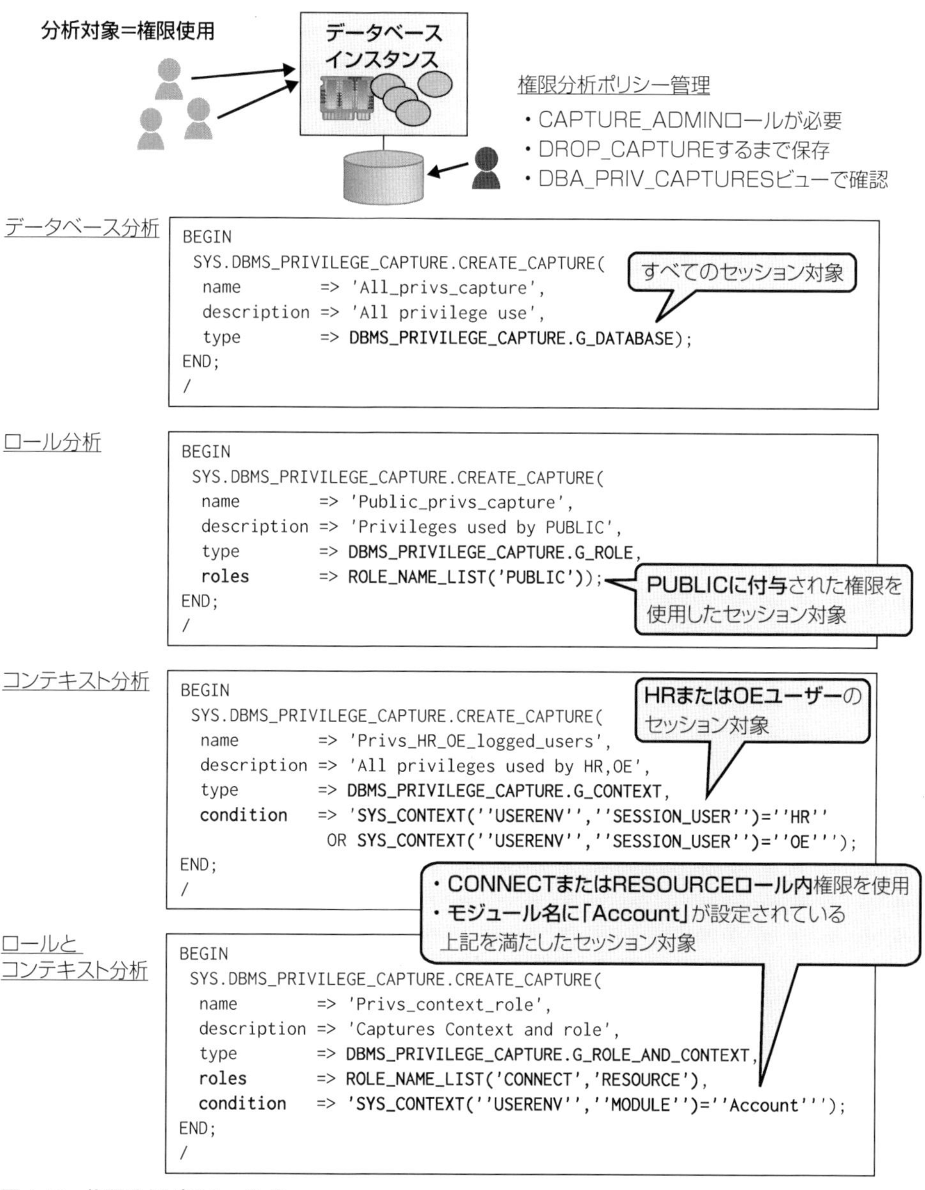

図 4-15 権限分析ポリシー作成

G_ROLE_AND_CONTEXTタイプは、指定したロールとコンテキストを満たすセッションを対象とした権限分析ポリシーの作成です。ロール名はROLE_NAME_LISTファンクションで複数のロール名をリスト形式で渡すことができます。

権限分析ポリシーによる情報収集

作成した権限分析ポリシーで情報を収集するには、開始と終了（ENABLE_CAPTURE と DISABLE_CAPTURE）間に通常のSQL操作を行ってもらいます。終了後は、GENERATE_RESULTによってビューへの結果レコードの挿入が行われます。

権限分析の結果レポート

権限分析の結果レポートは、DBMS_PRIVILEGE_CAPTUREパッケージのGENERATE_RESULTプロシージャの実行によってビューに格納されます。GENERATE_RESULTプロシージャを実行するには、事前に権限分析ポリシーが無効化されている必要があります。

権限分析を実行し、DBMS_PRIVILEGE_CAPTURE.GENERATE_RESULTプロシージャを実行することで、結果が各ビューに格納されます。DBA_USED_xxxビューは使用した権限、DBA_UNUSED_xxxビューは付与されているが使用されなかった権限です（表4-3）。

表4-3：権限分析結果ビュー

	ビュー名	説明
使用権限	DBA_USED_PRIVS	システム権限とオブジェクト権限
	DBA_USED_SYSPRIVS	システム権限
	DBA_USED_OBJPRIVS	オブジェクト権限
	DBA_USED_PUBPRIVS	PUBLICとして使用したシステム権限とオブジェクト
	DBA_USED_SYSPRIVS_PATH	システム権限の付与パス
	DBA_USED_OBJPRIVS_PATH	オブジェクト権限の付与パス
未使用権限	DBA_UNUSED_PRIVS	システム権限とオブジェクト権限
	DBA_UNUSED_SYSPRIVS	システム権限
	DBA_UNUSED_OBJPRIVS	オブジェクト権限
	DBA_UNUSED_SYSPRIVS_PATH	システム権限の付与パス
	DBA_UNUSED_OBJPRIVS_PATH	オブジェクト権限の付与パス

一部のビューに存在するPATH列（GRANT_PATH）を確認することで、直接付与された権限なのか、ロールを経由した権限なのかを確認することができます（図4-16）。

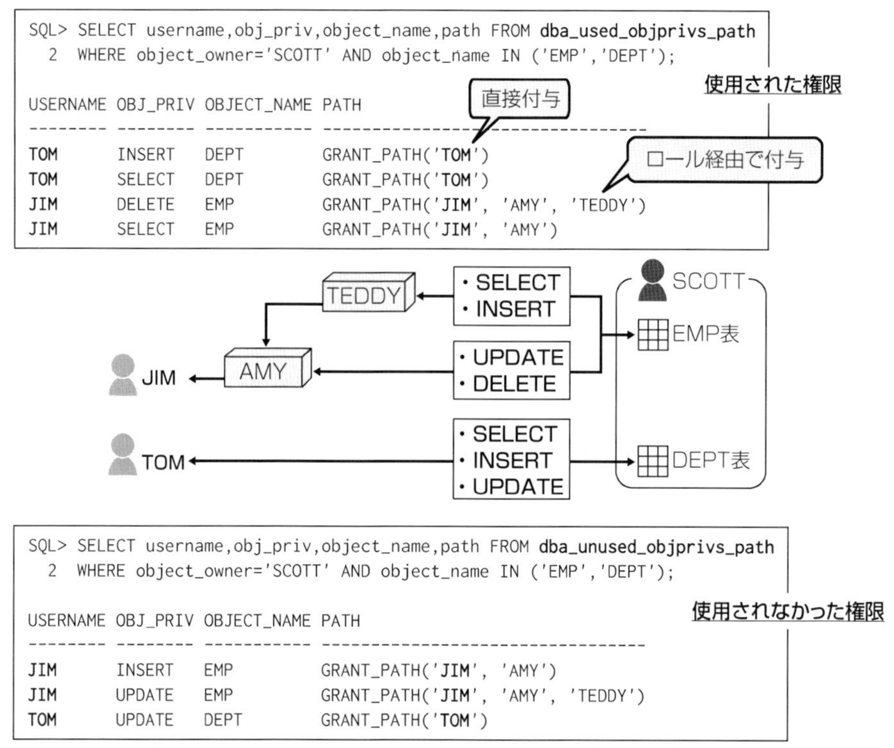
SQL> SELECT username,obj_priv,object_name,path FROM dba_used_objprivs_path
2 WHERE object_owner='SCOTT' AND object_name IN ('EMP','DEPT');
使用された権限
USERNAME OBJ_PRIV OBJECT_NAME PATH
直接付与
ロール経由で付与
TOM INSERT DEPT GRANT_PATH('TOM')
TOM SELECT DEPT GRANT_PATH('TOM')
JIM DELETE EMP GRANT_PATH('JIM', 'AMY', 'TEDDY')
JIM SELECT EMP GRANT_PATH('JIM', 'AMY')
TEDDY
・SELECT
・INSERT
SCOTT
EMP表
JIM
AMY
・UPDATE
・DELETE
TOM
・SELECT
・INSERT
・UPDATE
DEPT表
SQL> SELECT username,obj_priv,object_name,path FROM dba_unused_objprivs_path
2 WHERE object_owner='SCOTT' AND object_name IN ('EMP','DEPT');
使用されなかった権限
USERNAME OBJ_PRIV OBJECT_NAME PATH
JIM INSERT EMP GRANT_PATH('JIM', 'AMY')
JIM UPDATE EMP GRANT_PATH('JIM', 'AMY', 'TEDDY')
TOM UPDATE DEPT GRANT_PATH('TOM')

図 4-16　権限分析のパス

「GRANT_PATH('TOM')」のように1つの値の場合は、ユーザーに直接権限が付与されています。「GRANT_PATH('JIM', 'AMY')」のように2つの値の場合は、後者がロール名となり「INSERTとSELECT権限はAMYロール経由でJIMに付与」となります。また「GRANT_PATH('JIM', 'AMY', 'TEDDY')」のように3つ以上の値の場合は2番目以降がロール名の階層となり「TEDDYロールがAMYに付与され、AMYがJIMに付与」を表します。

権限分析ポリシーの削除

権限分析が不要になったら、DROP_CAPTUREプロシージャを実行します。削除前に権限分析ポリシーが無効化されている必要があります。削除することで、権限分析ポリシーの定義と同時にビューに格納された結果レポートも削除されます。

権限分析ポリシーを削除しなければ、任意のタイミングで再度有効化（ENABLE_CAPTURE）することができますが、無効化された分析である必要があります。また、再度有効化しても結果レポートはリセットされません。GENERATE_RESULTプロシージャによって、以前の結果レポートに追加されます。

4-2-3 PL／SQLコール時の権限チェック

PL／SQLのストアドプログラムやビューでは、オブジェクトの定義者（所有者）の権限で動作する「定義者権限」と、オブジェクトを実行するユーザーに権限を与える「実行者権限」があります。実行者権限では、定義者が実行者の権限をもらって実行しています。悪意を持ったプログラムが開発され、セキュリティ問題になるのであれば、権限チェックの強化を検討します（図4-17）。

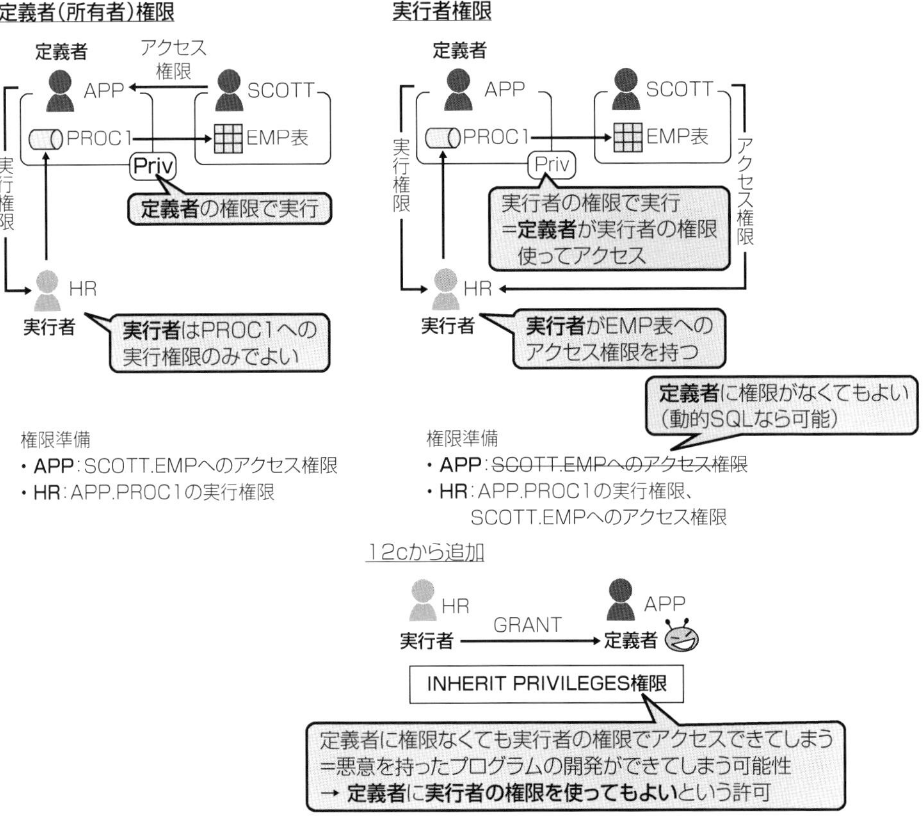

図4-17 権限チェックの強化

静的SQLを使用する場合、コンパイル時にコード内でアクセスするオブジェクトのチェック（存在、権限）が行われますが、動的SQLを使用する場合は、実行時にチェックが行われます。つまり、動的SQLを使用すれば、定義者は対象表への権限がなくてもコンパイルできるということです。

実行者権限のプログラムの実行は、実行者の権限を借りて定義者が実行します。これは、定義者に権限がなくても、実行者に権限があれば実行できる悪意を持ったコードのプログラムの場合に問題となります。安全対策としては、実行者が危険性を理解したうえで、定義者に自分の権限を使ってもよいと許可（継承）するべきです。

INHERIT PRIVILEGES 権限

INHERIT PRIVILEGES 権限は、実行者から定義者に許可を出す権限です。そのため、実行者（HR）で権限付与を行います。実行者（ON USER HR）で定義者（TO APP）に付与します（例 4-6）。

例 4-6：プロシージャに対する INHERIT PRIVILEGES 権限

```
SQL> connect hr ── 実行者

-- INHERIT PRIVILEGES権限がない場合
SQL> execute app.proc1(7900,:name)
BEGIN app.proc1(7900,:name); END;
*
行1でエラーが発生しました。:
ORA-06598: INHERIT PRIVILEGES権限が不十分です
ORA-06512: "APP.PROC1", 行1
ORA-06512: 行1

-- INHERIT PRIVILEGES権限を付与する（継承を許可する）
SQL> GRANT INHERIT PRIVILEGES ON USER hr TO app;
```

デフォルトではPUBLICに対してINHERIT PRIVILEGES権限が付与されているため、Oracle Database 11g以前同様、権限不足エラーにはなりません。

ビューの権限チェック

BEQUEATH句を使用したビューはOracle Database 12cで追加され、ストアドプログラム同様に、定義者（所有者）権限と実行者権限を指定することができます（図 4-18）。

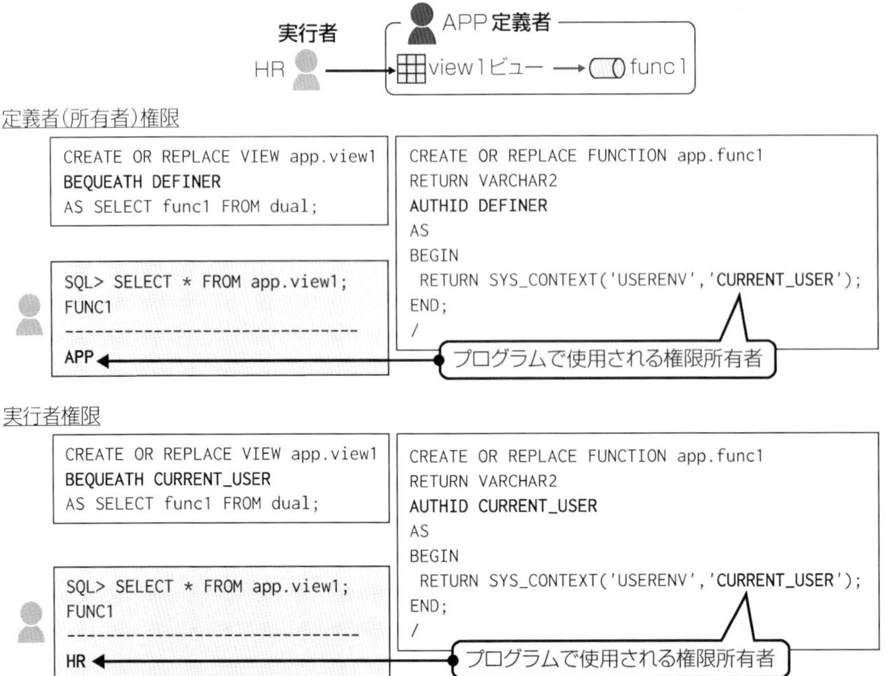

図4-18　BEQUEATH CURRENT_USER

実行者権限（BEQUEATH CURRENT_USER）で定義されたビューへのアクセスは、実行者の権限で実行されます。ストアドプログラムの実行者権限同様、セキュリティ上の注意が必要です。実行者権限は、実行者の権限をビューの定義者に付与して実行することになります。ビューを問合せることで悪意を持ったコードが実行される可能性があるため、定義者は実行者から権限継承を許可するINHERIT PRIVILEGES権限が付与されている必要があります（例4-7）。

例4-7：ビューに対するINHERIT PRIVILEGES権限

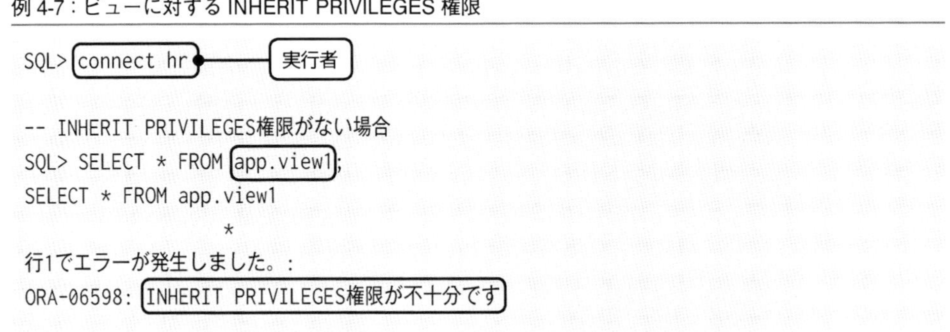
```
SQL> connect hr          ← 実行者

-- INHERIT PRIVILEGES権限がない場合
SQL> SELECT * FROM app.view1;
SELECT * FROM app.view1
                  *
行1でエラーが発生しました。:
ORA-06598: INHERIT PRIVILEGES権限が不十分です
```

```
-- INHERIT PRIVILEGES権限を付与する（継承を許可する）
SQL> GRANT INHERIT PRIVILEGES ON USER hr TO app;
```

Oracle Database 11g以前との下位互換性のために、デフォルトではPUBLICにINHERIT PRIVILEGES権限が付与されており、意識せずに実行できてしまいます。実行者は、PUBLICから権限を取り消し、信頼できる定義者に限りINHERIT PRIVILEGES権限を付与するようにします。

4-3 Oracle Data Redaction

Oracle Data Redactionは、SELECT結果を一時的に変換して戻す機能です。そのまま参照させないことによるセキュリティを提供します。

▶参照
Oracle Data Redactionに関しては、『Oracle Database Advanced Securityガイド』マニュアルを参考にしてください。

4-3-1 リダクション

パスワードやクレジットカード番号など、セキュリティ上表示したくないデータがあります。Oracle Database 11gでは、Oracle Data Masking Packを使用することで、データそのものを置き換えることができました。しかし、これは、外部に持ち出すには便利でしたが、現在のデータ参照には影響を与えることができませんでした。

Oracle Database 12cのOracle Data Redactionを使用することで、データそのものを変更することなく参照時のみの変換を行うことができます（図4-19）。

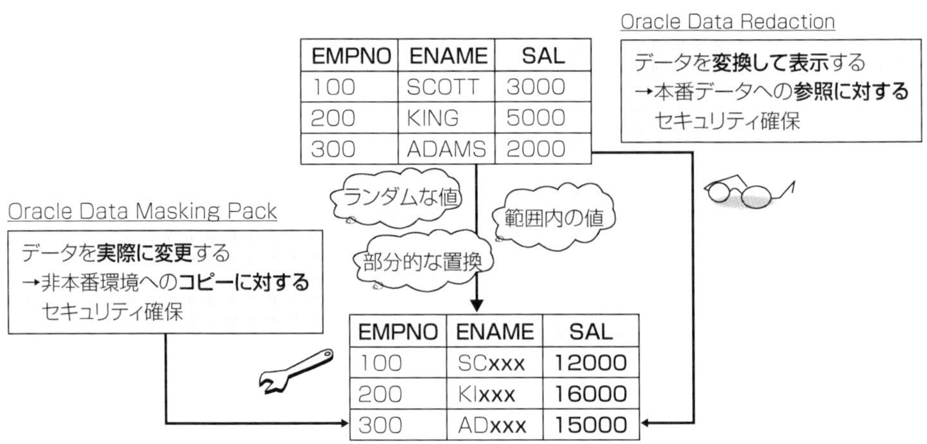

図4-19 Oracle Data Redaction

Oracle Data Redactionは、SELECT結果を一時的に変換して戻す機能です。リダクションによる保護が施行されているセッションでは、DMLでの参照（INSERT

INTO SELECT文や相関副問合せによるUPDATEなど）はエラーとなります。

リダクションからの免除

Oracle Data RedactionによるリダクションはDBMS_REDACTパッケージやEnterprise Manager Cloud Controlを使用して設定することで開始されますが、適用されない操作があります（表4-4）。

表4-4：リダクションからの免除

免除される操作	説明
EXEMPT REDACTION POLICY権限	EXEMPT REDACTION POLICY権限、EXEMPT DML REDACTION POLICY権限、EXEMPT DDL REDACTION POLICY権限を所有しているユーザーによる処理はリダクションされない（SYSユーザーによる操作も常に免除）
バックアップ／リストア	RMANによるBACKUPするデータ（SYSDBAまたはSYSBACKUPによる操作）はリダクションされずに保存される
エクスポート／インポート	Data Pumpにてダイレクトパスが使用される場合、エクスポートするデータはリダクションされずにダンプファイルに保存される（非ダイレクトパスではレコードのアンロードがエラーとなる）。インポート時にリダクションポリシーは有効化され、その後の操作はリダクションされる
パッチ適用（UPGRADEでオープン）	STARTUP UPGRADEされたインスタンスではリダクションされない（SYSDBAしか接続できない）
レプリケーション	レプリケーションにて転送されるデータはリダクションされない

リダクションはデータを参照するときに行われますが、免除された操作の結果、データはリダクションされずに戻されます（図4-20）。

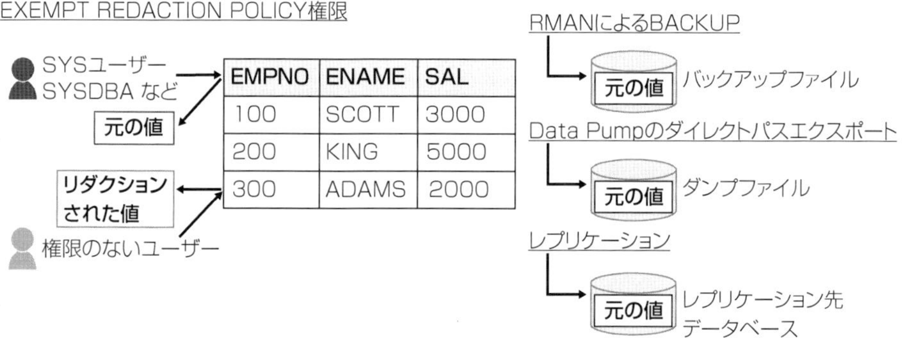

図4-20　リダクションからの免除

表の所有者であってもEXEMPT REDACTION POLICYシステム権限が付与されていなければリダクションされます。

リダクションポリシーの作成

リダクションポリシーは、DBMS_REDACTパッケージやOracle Enterprise Manager Cloud Controlを使用して定義します。リダクションポリシー内では「なにを」「いつ」「どのように」リダクションするか定義します（図4-21）。

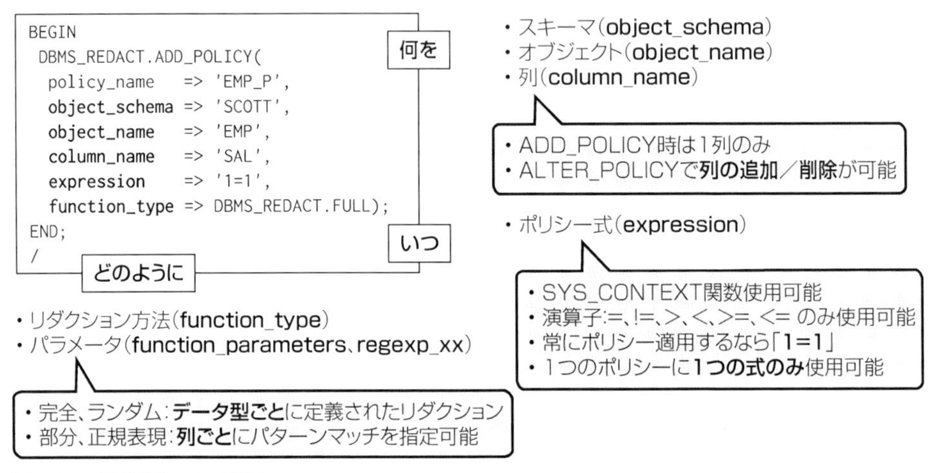

BEGIN
DBMS_REDACT.ADD_POLICY(
policy_name => 'EMP_P',
object_schema => 'SCOTT',
object_name => 'EMP',
column_name => 'SAL',
expression => '1=1',
function_type => DBMS_REDACT.FULL);
END;
/
何を
いつ
どのように
・スキーマ(object_schema)
・オブジェクト(object_name)
・列(column_name)
・ADD_POLICY時は1列のみ
・ALTER_POLICYで列の追加／削除が可能
・ポリシー式(expression)
・SYS_CONTEXT関数使用可能
・演算子:=、!=、>、<、>=、<= のみ使用可能
・常にポリシー適用するなら「1=1」
・1つのポリシーに1つの式のみ使用可能
・リダクション方法(function_type)
・パラメータ(function_parameters、regexp_xx)
・完全、ランダム:データ型ごとに定義されたリダクション
・部分、正規表現:列ごとにパターンマッチを指定可能

図 4-21　リダクションポリシー

1つのオブジェクトに1つのリダクションポリシーのみ定義できます。そのため、1つのポリシーは1つの表に対応します。異なるオブジェクトで、同じポリシー名（policy_name）を使用することもできます。既存のポリシーは、REDACTION_POLICIESビューで確認できます。

ポリシーには、0以上の列を指定できます。ADD_POLICYを使用したポリシー作成時は、1つの列またはNULLを指定します。ALTER_POLICYを使用すると列を追加／削除することができます。

「どのように」リダクションするかのリダクションのタイプは、ALTER_POLICYで列を追加するごとに指定できます。一方、「いつ」リダクションするかを指定する式は、1つのポリシーに1つのみ指定できます。ALTER_POLICYで変更することができますが、既存の式が上書きされます。

リダクション方法

「どのように」リダクションするかを示すリダクションのタイプには4種類あり、ポリシーの定義のfunction_type引数で指定します（表4-5）。

表4-5：リダクションのタイプ

タイプ	function_type 定数	説明
完全	DBMS_REDACT.FULL	データ型に基づく定数値にリダクション。デフォルトは以下の定数値でリダクションされる ・文字データ型：空白1つ ・数値データ型：0（ゼロ） ・日時データ型：2001年1月1日（01-JAN-01） 定数値はDBMS_REDACT.UPDATE_FULL_REDACTION_VALUESプロシージャにて変更可能
部分	DBMS_REDACT.PARTIAL	データの一部をリダクション。リダクション内容はfunction_parametersにて指定する。事前定義済みのパラメータ定数もあるが明示的に指定することもできる ・文字データ型：入力書式、出力書式、置換値、範囲開始、範囲終了 ex) 123-456-789 → ***-***-789：'VVVFVVVFVVV,VVV-VVV-VVV,*,1,6' ・数値データ型：置換値、範囲開始、範囲終了 ex) 123456789 → 000006789：'0,1,5' ・日時データ型：月日年時分秒をMDYHMSで指定。小文字書式で置換、大文字書式は元値のまま ex) 2014-05-15 → 2014-05-01：'Md1YHMS'
正規表現	DBMS_REDACT.REGEXP	正規表現で検索したデータのみリダクション。リダクション検索条件やリダクション内容はregexp_xxxパラメータにて指定する。検索パターンやリダクション方法は事前定義済みのパラメータ定数もあるが明示的に指定することもできる ・regexp_pattern：検索パターン ex) 簡易メールアドレスチェック：'(\S+)+@(¥w+)¥.(¥w+)+' ・regexp_replace_string：リダクション方法 ex) oracle@example.com → ***@example.com：'***@\2.\3' ・regexp_position：検索開始位置 ex) '1'（デフォルトと同じ。1文字目から対象） ・regexp_occurrence：検索やリダクションの実行回数 ex) '0'（デフォルトと同じ。一致したすべてをリダクション） ・regexp_match_parameter：検索オプション ex) 'i'：大文字／小文字区別しない、'c'：大文字／小文字区別など
ランダム	DBMS_REDACT.RANDOM	データ型は維持される（文字型のみデータサイズも維持）が、毎回異なる出力値にリダクション

完全リダクション

完全リダクションは、データ型ごとに設定した定数にリダクションします。使用する定数値はUPDATE_FULL_REDACTION_VALUESプロシージャで変更でき、データベースを再起動後に反映されます（例 4-8）。

例 4-8：完全リダクションで使用する値の変更

```
-- 完全リダクションで使用される定数（デフォルト）
SQL> SELECT number_value,char_value,date_value
  2  FROM redaction_values_for_type_full;

NUMBER_VALUE C DATE_VAL
------------ - --------
           0   01-01-01

-- 定数値を変更
SQL> BEGIN
  2    DBMS_REDACT.UPDATE_FULL_REDACTION_VALUES(
  3      number_val => 1,
  4      char_val   => 'x',     文字型は 1 文字であること
  5      date_val   => '2000-01-01');
  6  END;
  7  /

-- 完全リダクションで使用される定数
SQL> SELECT number_value,char_value,date_value
  2  FROM redaction_values_for_type_full;

NUMBER_VALUE C DATE_VAL
------------ - --------
           1 x 00-01-01

-- 反映させるにはデータベースを再起動
SQL> SHUTDOWN IMMEDIATE
SQL> STARTUP
```

部分リダクション

部分リダクションのリダクション内容はfunction_parametersで指定しますが、列を追加するときに異なるリダクション方式を指定することもでき、部分リダクションの

パラメータも列ごとに指定することができます（図 4-22）。

```
BEGIN
 DBMS_REDACT.ADD_POLICY(
  policy_name    => 'EMP_P',
  object_schema => 'SCOTT',
  object_name    => 'EMP',
  column_name    => 'HIREDATE',
  expression     => 'SYS_CONTEXT(''USERENV'',''SESSION_USER'')!=''SCOTT''',
  function_type => DBMS_REDACT.PARTIAL,
  function_parameters => 'Md1YHMS');
END;
/
```

「日(d)」だけを「1」にリダクション

'Md1YHMS'

EMPNO	ENAME	HIREDATE	SAL
7369	SMITH	80-12-17	800
7499	ALLEN	81-02-20	1600
7521	WARD	81-02-22	1250

リダクション

EMPNO	ENAME	HIREDATE	SAL
7369	SMITH	80-12-01	777
7499	ALLEN	81-02-01	7770
7521	WARD	81-02-01	7770

'7,1,3'

「1」文字目から「3」文字目を「7」にリダクション

```
BEGIN
 DBMS_REDACT.ALTER_POLICY(
  policy_name    => 'EMP_P',
  object_schema => 'SCOTT',
  object_name    => 'EMP',
  action         => DBMS_REDACT.ADD_COLUMN,
  column_name    => 'SAL',
  function_type => DBMS_REDACT.PARTIAL,
  function_parameters => '7,1,3');
END;
/
```

画面 4-22　部分リダクションとポリシー追加

正規表現リダクション

正規表現リダクションを使用することで、正規表現を使用した文字列の検索と置換を行うことができます。正規表現は regexp_xxx パラメータで指定します。regexp_pattern で指定した検索パターンに一致すると、regexp_replace_string で指定した値にリダクションされます（図 4-23）。

```
BEGIN
 DBMS_REDACT.ADD_POLICY(
  policy_name   =>'EMP_P',
  object_schema =>'HR',
  object_name   =>'EMPLOYEES',
  column_name   =>'PHONE_NUMBER',
  expression    =>'1=1',
  function_type =>DBMS_REDACT.REGEXP,
  regexp_pattern          => '(\d\d\d).(\d\d\d).(\d\d\d\d)',
  regexp_replace_string   => '***-***-\3');
END;
/
```

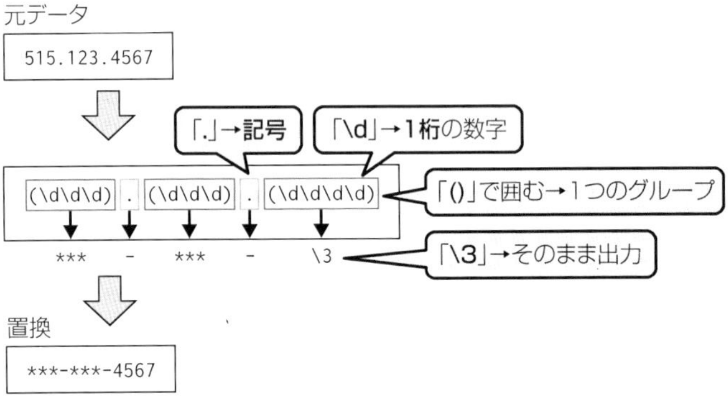

画面4-23 正規表現リダクション

リダクションポリシーの変更

1つの表に1つのポリシーのみを定義することができるため、ADD_POLICY後は、ALTER_POLICYを使用して定義を変更します。列の追加や削除、定義済み列のリダクション方法の変更などが行えます（表4-6）。

表 4-6：DBMS_REDACT.ALTER_POLICY による変更

変更内容	説明（使用するパラメータ）
列の追加	ポリシーに列を追加する。リダクション方法は列ごとに定義が必要 ・action：DBMS_REDACT.ADD_COLUMN ・column_name ・function_type、function_parameters（必要時）、regexp_xxx（必要時）
列の削除	ポリシーから列を削除する ・action：DBMS_REDACT.DROP_COLUMN ・column_name
列の変更	定義済みのリダクション方法やパラメータを変更する ・action：DBMS_REDACT.MODIFY_COLUMN ・column_name ・function_type、function_parameters（必要時）、regexp_xxx（必要時）
列説明の変更	列説明を変更する ・action：DBMS_REDACT.SET_COLUMN_DESCRIPTION ・column_description
ポリシー式の変更	ポリシー式を変更する。既存の式は上書きされる ・action：DBMS_REDACT.MODIFY_EXPRESSION ・expression
ポリシー説明の変更	ポリシー説明を変更する ・action：DBMS_REDACT.SET_POLICY_DESCRIPTION ・policy_description

列の追加、削除、変更で使用するcolumn_nameは1つの列のみ指定することができます。既存列のリダクション方法は、DBMS_REDACT.MODIFY_COLUMNアクションで変更できます。

1つのポリシーで指定できるポリシー式は1つです。ALTER_POLICYでポリシー式を変更すると、既存の式が上書きされます。

学習チェック

この章で学んだことを正確に理解しているか、確認しましょう。

- ☑ **1** 統合監査の利点は何ですか。
- ☑ **2** 統合監査の有効化方法や確認方法は何ですか。
- ☑ **3** 統合監査の管理ロールを２つ挙げてください。
- ☑ **4** 監査レコードの書き込みモードの特徴は何ですか。
- ☑ **5** 監査キューの特徴は何ですか。
- ☑ **6** 混在監査の特徴は何ですか。
- ☑ **7** 統合監査証跡の特徴は何ですか。
- ☑ **8** 監査ポリシーはどのように作成しますか。
- ☑ **9** 監査ポリシーはどのように有効化しますか。
- ☑ **10** 事前定義監査ポリシーにはどのようなものがありますか。
- ☑ **11** デフォルトで有効な監査の対象は何ですか。
- ☑ **12** 追加された特権ユーザー権限を３つ挙げてください。
- ☑ **13** 特権ユーザー権限でアクセスする方法は何ですか。
- ☑ **14** パスワードファイルへ特権ユーザー権限を登録するために必要なことは何ですか。
- ☑ **15** 権限分析ではどんなことが行われますか。

☑ **16** 権限分析はどのような手順で行われますか。

☑ **17** xxx_PATH 権限分析結果ビューの GRANT_PATH 値はどんな意味がありますか。

☑ **18** INHERIT PRIVILEGES 権限の特徴は何ですか。

☑ **19** Oracle Data Redaction の特徴は何ですか。

☑ **20** FULL リダクションで使用する値の変更はどのように行いますか。

☑ **21** DBMS_REDACT.ADD_POLICY によるポリシー追加の特徴は何ですか。

☑ **22** リダクションから除外する方法は何ですか。

● 解　答 ●

1
・監査全般のパフォーマンス向上
・監査証跡としての使用領域が減少
・RMAN イベントは自動で監査

2
・デフォルトは混在モード（統合監査は無効）
・V$OPTION ビューで確認（Unified Auditing=TRUE）
・uniaud_on で make

3
・AUDIT_ADMIN ロール：監査ポリシーの作成、有効／無効、監査証跡の管理
・AUDIT_VIEWER ロール：監査証跡の確認

4
・キュー書込みモードでは、パフォーマンスが低下しないが、書き込み前のクラッシュで監査結果を損失する可能性がある
・即時書き込みモードでは、パフォーマンスは悪いが、監査結果の損失がない

5
・unified_audit_sga_queue_size でサイズ設定
・DBMS_AUDIT_MGMT.FLUSH_UNIFIED_AUDIT_TRAIL で手動フラッシュ可能

6
統合監査が無効なときに使用されます。
・audit_xxx パラメータで設定（従来通り）
・キュー書き込み可能
・従来監査証跡にも記録するためパフォーマンス悪い

7
・AUDSYS スキーマに記録
・UNIFIED_AUDIT_TRAIL ビューで確認
・DBMS_AUDIT_MGMT パッケージでメンテナンス

8
CREATE AUDIT POLICY 文で作成します。
・オブジェクト監査の ON 句：直前の文のみオブジェクト限定
・EVALUATE 句：指定したタイミングでのみ条件評価

9
AUDIT POLICY 文で有効化します。
・BY 句でユーザー限定：複数実行は同時に有効（和集合）
・EXCEPT 句でユーザー除外：複数実行は最後の文のみ反映
・デフォルトは成功時と失敗時の両方監査

10 ・ORA_ACCOUNT_MGMT：ユーザーと権限管理アクション
・ORA_DATABASE_PARAMETER：ALTER SYSTEM と ALTER DATABASE 文
・ORA_SECURECONFIG：セキュリティ関連。デフォルト有効

11 ・RMAN による操作
・特権ユーザーによる接続、起動、停止など（従来通り）

12 ・SYSBACKUP：SQL と RMAN でバックアップ、リカバリ（RMAN のみではない）
・SYSDG：DataGuardBroker 使用した DataGuard 構成管理
・SYSKM：暗号化ウォレットやハードウェアセキュリティモジュールによるキーストア管理

13 ・SYSBACKUP：RMAN で明示的に AS SYSBACKUP 指定必要（デフォルト SYSDBA）
・SYSDG：dgmgrl で自動判定（SYSDG 接続できないとき SYSDBA）
・SYSKM：ADMINISTER KEY MANAGEMENT 文でキーストア管理

14 format=12 のパスワードファイルが必要です（デフォルト有効）。
・sysbackup=Y sysdg=Y syskm=Y：パスワードファイル作成時登録
・ignorecase=N：大文字 / 小文字が区別される（デフォルト有効）
・V$PWFILE_USERS ビュー：TRUE なら有効な登録済み

15 権限を使用したか使用していないかの分析が行えます。使用していない権限は手動で REVOKE を検討します。

16 ①権限分析ポリシー作成 ：DBMS_PRIVILEGE_CAPTURE.CREATE_CAPTURE
②権限分析の有効化 ：DBMS_PRIVILEGE_CAPTURE.ENABLE_CAPTURE
③分析対象操作の実行
④権限分析の無効化 ：DBMS_PRIVILEGE_CAPTURE.DISABLE_CAPTURE
⑤権限分析結果の生成 ：DBMS_PRIVILEGE_CAPTURE.GENERATE_RESULT
⑥分析結果の確認 ：DBA_USED_xxx や DBA_UNUSED_xxx ビューの確認

17 1 つの値なら直接権限付与、2 つ以上の値ならロール経由による権限付与が行われています。

18 実行者から定義者に許可を出す（実行者に注意を促す）ことを目的とした権限です。
・GRANT INHERIT PRIVILEGES ON USER **実行者** TO **定義者**;
・プロシージャ（AUTHID CURRENT_USER）、ビュー（BEQUEATH CURRENT_USER）で使用

19 データ自体の変更はしないことです。

20 DBMS_REDACT.UPDATE_FULL_REDACTION_VALUES で値を変更し、データベースの再起動後に反映されます。

21 ・expression による条件は必須：TRUE 時にリダクション
・1 つの表に 1 つのポリシーのみ作成可能
・列ごとに異なるリダクションタイプを指定できる

22 EXEMPT REDACTION POLICY 権限を持つ（SYS ユーザー含む）ことで除外されます。

第5章

高可用性

本章の内容

アクセスキー **r** (小文字のアール)

この章で学ぶこと

RMANによるバックアップ／リカバリは、バージョンアップのたびに進化しています。Oracle Database 12cでも、さまざまな機能追加やインタフェースの改善が行われました。可用性のためのオンライン機能も追加されています。

試験ではここが出る

- □RMANコマンドラインインタフェースで実行可能な文は何か。
- □表リカバリの特徴は何か。
- □マルチセクションが可能な操作とは何か。
- □クロスプラットフォームデータ転送で使用されるバックアップタイプは何か。
- □クロスプラットフォームデータ転送とエンディアン形式の特徴は何か。
- □アクティブなデータベース複製の特徴は何か。
- □PDBの複製の特徴は何か。
- □ストレージスナップショットの最適化の特徴は何か。
- □INVISIBLE指定した列の特徴は何か。
- □INVISIBLE指定した索引の特徴は何か。
- □START_REDEF_TABLEのcopy_vpd_optの特徴は何か。
- □FINISH_REDEF_TABLEのdml_lock_timeoutの特徴は何か。
- □ONLINE句を指定できるDDL文は何か。
- □オンラインデータファイル移動の特徴は何か。

5-1 RMANの新機能

バージョンごとにアップグレードを重ねているRecovery Manager（RMAN）は、Oracle Database 12cでもさまざまな機能が追加されています。Oracle Database 10gやOracle Database 11gでサポートした機能への拡張もあります。機能の概念、構成、動作を確認しておきましょう。

▶参照
RMANの新機能に関しては、『Oracle Databaseバックアップおよびリカバリユーザーズガイド』マニュアルを参考にしてください。

5-1-1 RMANコマンドラインインタフェースの拡張

Oracle Database 11g以前のRMANインタフェースでは、STARTUPやSHUTDOWNなどはRMANコマンドとして実装されていましたが、SQLの実行にはSQLキーワードが必要でした。一方、Oracle Database 12cのRMANインタフェースでは、大半のSQL文を直接実行することができます。また、SELECT文も実行できるようになりましたので、参照のためにSQL*Plusと並行利用する必要もなくなりました（図5-1）。

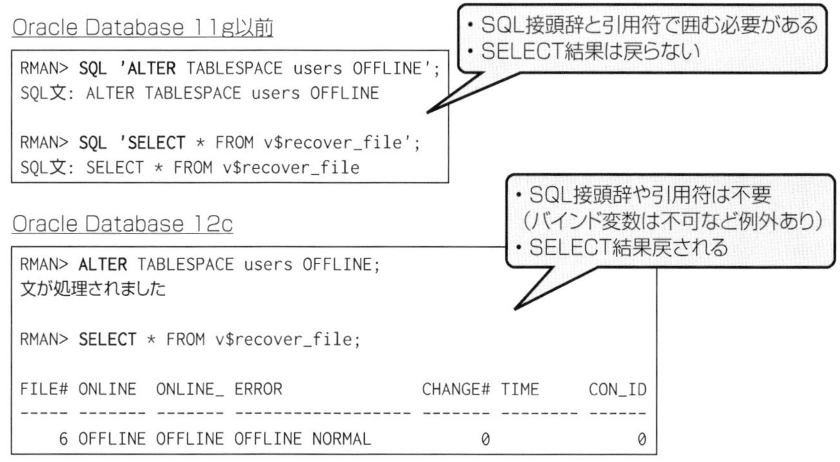

Oracle Database 11g以前
RMAN> SQL 'ALTER TABLESPACE users OFFLINE';
SQL文: ALTER TABLESPACE users OFFLINE
RMAN> SQL 'SELECT * FROM v$recover_file';
SQL文: SELECT * FROM v$recover_file
・SQL接頭辞と引用符で囲む必要がある
・SELECT結果は戻らない
Oracle Database 12c
RMAN> ALTER TABLESPACE users OFFLINE;
文が処理されました
RMAN> SELECT * FROM v$recover_file;
FILE# ONLINE ONLINE_ ERROR   CHANGE# TIME   CON_ID
----- ------- ------- ------------------ ------- -------- ------
    6 OFFLINE OFFLINE OFFLINE NORMAL   0   0
・SQL接頭辞や引用符は不要
（バインド変数は不可など例外あり）
・SELECT結果戻される

図5-1　RMANインタフェースの違い

SQL*PlusのDESCRIBEコマンドも使用できるようになりましたが、すべての機能に対応しているわけではありません。次のような制限があります。

- DESCRIBEコマンド
  表やビューに対するDESCRIBEはサポートされましたが、パッケージやプロシージャに対するDESCRIBEは実行できません。
- SQL文の直接実行
  SQLでは、ALTER DATABASEやALTER TABLESPACEなどのALTERは完全にサポートしましたが、ALTER SESSIONによるセッションパラメータの変更はできません。エラーになりませんが、変更もされません。
- SELECT文の実行
  SELECT文を実行し、問合せ結果を表示することができます。なお、SQL接頭辞を指定した場合は、従来と同じ動作になります。そのため、SQL接頭辞を使用したSELECT文の問合せ結果は戻りません。
- PL／SQLの実行
  EXECUTE文ではなく、BEGINやDECLAREで開始し、ENDで終了するPL／SQLブロックで実行することが可能です。

注意　RMANの表示書式は、SQL*Plusほど制御できません。数値型とLONG型は、SET NUMWIDTHとSET LONGを使用して表示サイズを制御できます。

5-1-2　表リカバリ

PITR（Point-in-time Recovery）は、現在までのリカバリではなく、過去の任意の時点までのリカバリを行います。Oracle Database 11g以前は、データベース全体か表領域を単位にすることができました。Oracle Database 12cでは、マルチテナントを使用していれば、PDB単位も可能になりました。そして、表単位のPITRが可能になりました。Oracle Database 11g以前のフラッシュバックドロップやフラッシュバックテーブルでは、ゴミ箱やUNDOに情報が残っている必要があり、失敗する可能性もありました。Oracle Database 12cの表リカバリはバックアップを使用するため、成功する可能性が高い方法といえます（図5-2）。

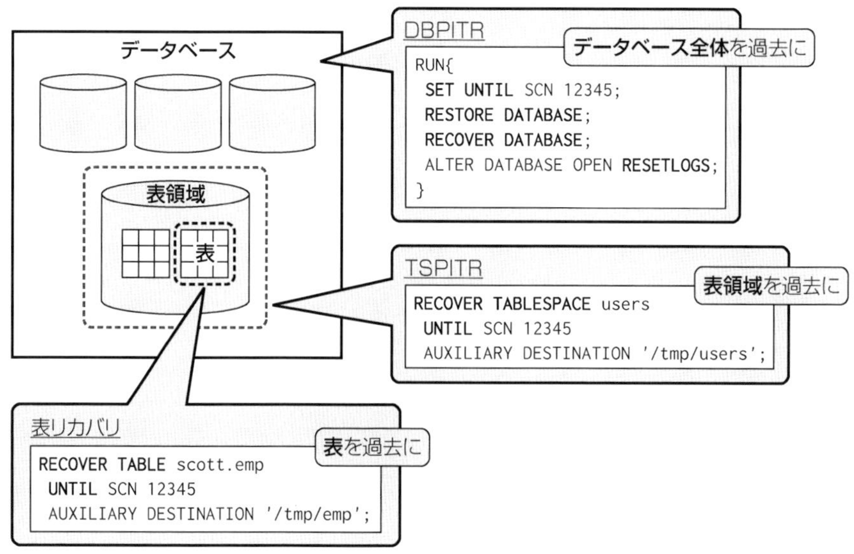

図5-2　表リカバリ

表リカバリを実行するデータベースは、COMPATIBLEパラメータが12.0以上、ARCHIVELOGモード、READ WRITEでオープンしている必要があります。また、SYSスキーマに対して表リカバリを実行することはできません。

表リカバリの実行

表領域のPITR（TSPITR）と同様に、表リカバリは補助インスタンスとバックアップ、適切なREDOログ（オンラインREDOログ、アーカイブREDOログ）を使用して実行されます。TSPITRの場合は、ほかの表領域に依存オブジェクトが含まれない自己完結型の表領域である必要がありますが、表リカバリは自己完結型である必要はありません。指定した表単位でPITRが実行されます（図5-3）。

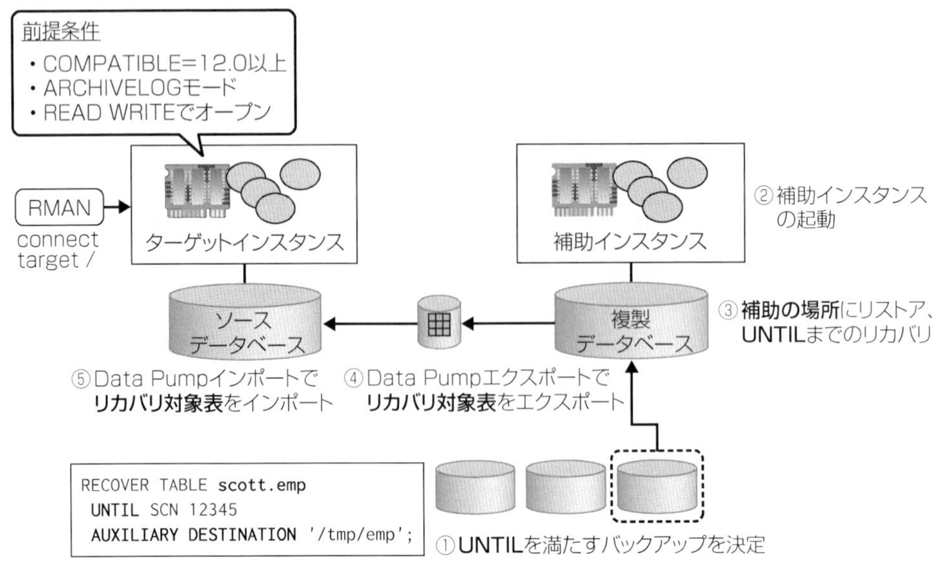

図5-3　表リカバリで行われる内部処理

表リカバリで使用するRECOVER TABLE文では、「スキーマ名.表名」とUNTILを使用してリカバリ時点を指定します。UNTILでは、SCN（UNTIL SCN）、時間（UNTIL TIME）、ログ順序番号（UNTIL SEQUENCE）を使用することができます。リストアポイントは、UNTILではなく、「TO RESTORE POINT」で指定することができます。

表リカバリのカスタマイズ

デフォルトでは、ターゲットデータベースにインポートすることで表リカバリが完了しますが、「NOTABLEIMPORT」を使用してインポートさせないこともできます。インポートする場合は、元の名前と表領域でインポートされるのがデフォルトですが、「REMAP TABLE」「REMAP TABLESPACE」を使用して表名と表領域名を変更することもできます（表5-1）。

表5-1：表リカバリのオプション

オプション	説明
NOTABLEIMPORT	エクスポートファイルは生成させるが、インポートはさせない。 デフォルトでエクスポートファイルはAUXILARY DESTINATIONに配置される。 DATAPUMP DESTINATIONとDUMP FILEにて変更も可能
REMAP TABLE	異なる表名で復元（デフォルトは同じ表が存在するとエラー）
REMAP TABLESPACE	異なる表領域に復元（デフォルトは元の表領域に復元）

5-1-3　マルチセクションの拡張

大きなファイルを分割することで、複数のチャネルが1つのファイルを操作することを可能にするのが「マルチセクション機能」です。Oracle Database 11gではバックアップセットでのみ利用できましたが、Oracle Database 12cではイメージコピーを対象にすることも可能になりました。また、完全バックアップをする時だけでなく、レベル1増分バックアップ時にも使用できるようになりました。これによって、イメージコピーや増分バックアップの作成時間が短縮できます（図5-4）。

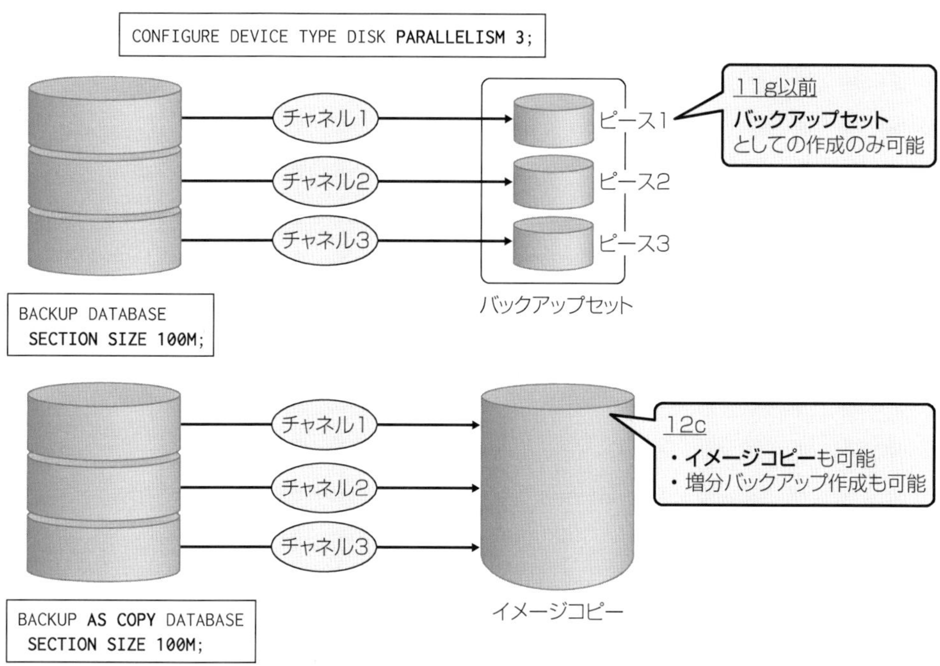

図5-4　マルチセクション

データファイルとアーカイブログファイルのバックアップを作成するとき、マルチセクションバックアップを使用することができます。イメージコピーはSWITCHコマンドを使用すればそのまま使用することができるため、リストア時間が不要となります。MTTR（平均リカバリ時間）の短縮になります。

イメージコピーでマルチセクションバックアップ

マルチセクションバックアップをイメージコピーで使用すると、作成中は分割され、完了後に1つのイメージコピーとして保存されます。複数チャネルを使用したパラレル処理の際に、イメージコピーの作成時間を短縮することができます。

増分バックアップでマルチセクションバックアップ

高速増分バックアップ（Block Change Tracking機能）を使用していない場合、増分バックアップ時に元のファイルをすべて参照する必要があります。しかし、マルチセクションバックアップで複数チャネルを使用したパラレル処理を使用すると、大きなファイルからの増分バックアップ作成を高速化することができます。

5-1-4　クロスプラットフォームデータ転送

データ転送を使用することで、異なるデータベースに表領域をコピーしたり、データベース全体のコピーを作成したりすることができます。Oracle Database 10gでは、イメージコピーを使用することで、クロスプラットフォーム（異なるOS環境）間でもコピーを可能にしていました。Oracle Database 12cでは、イメージコピーだけでなく、バックアップセットを使用することが可能です。ソース表領域やソースデータベースをREAD ONLYにする必要がありますが、バックアップセットによるマルチセクションや圧縮などの機能を利用してファイルの転送を高速化すれば、READ ONLY時間を短縮することができます。

表領域転送

表領域転送では、クロスプラットフォーム間のエンディアン形式の変換が可能です。

イメージコピーを使用した場合は、メタデータのエクスポート後にデータファイルを変換します。バックアップセットを使用するときは、BACKUPコマンド内でTO PLATFORMを指定できます。表領域のデータ転送時のエクスポートとファイルの変換は、バックアップセット作成時に実行されるため、必要な作業ステップが減少します（図5-5）。

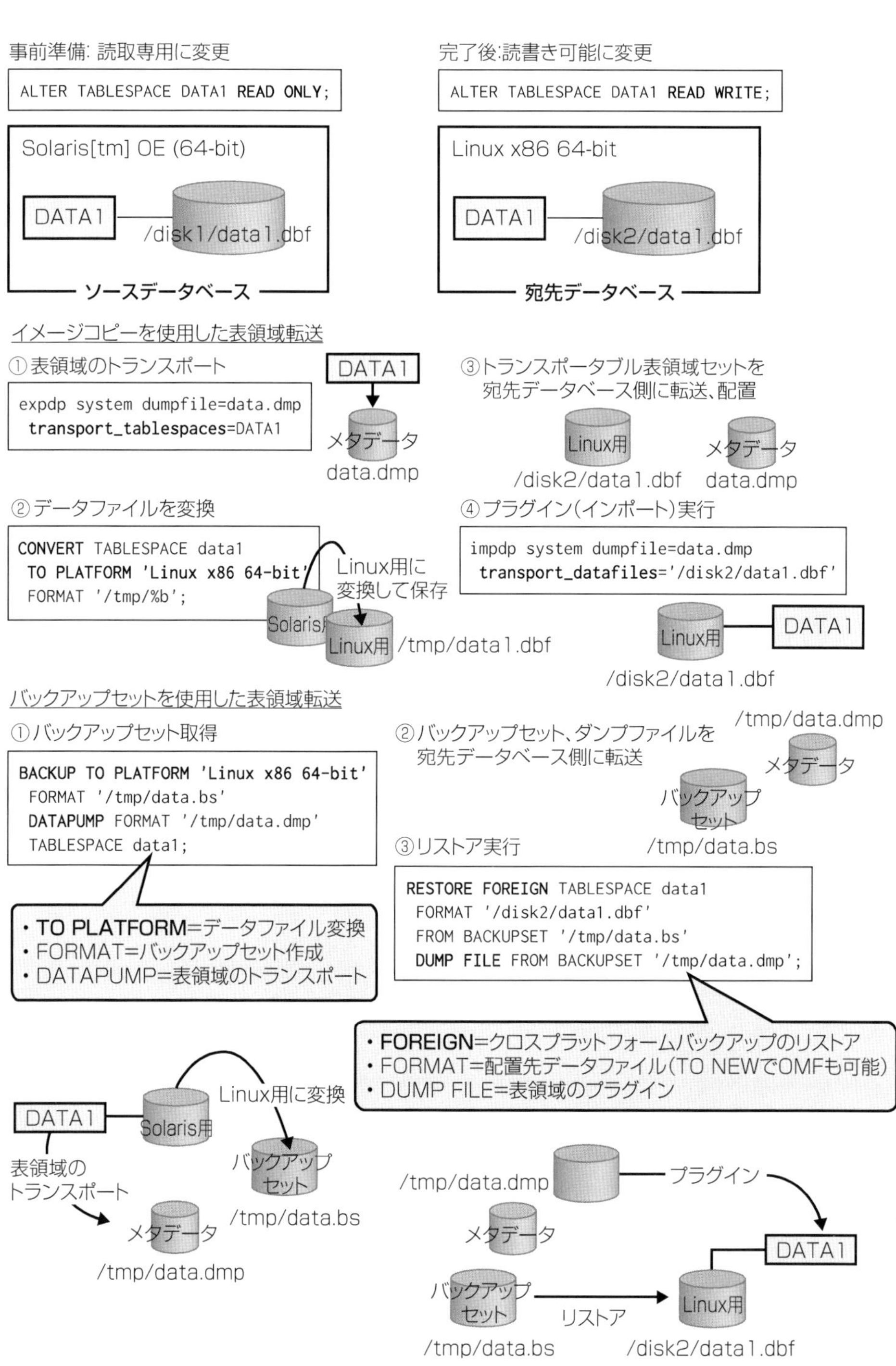

図5-5 クロスプラットフォームの表領域転送

5

Oracle Database 12cのクロスプラットフォームデータ転送では、イメージコピーだけでなくバックアップセットを使用することができます。圧縮やマルチセクションを使用したバックアップセットであれば、少ない領域と時間で転送することができます。

データベース転送

データベース転送を行う場合、同じエンディアン形式のプラットフォームであればクロスプラットフォームデータ転送を行うことができます。Oracle Database 12cのデータ転送は、バックアップセットを使用することも可能です（図5-6）。

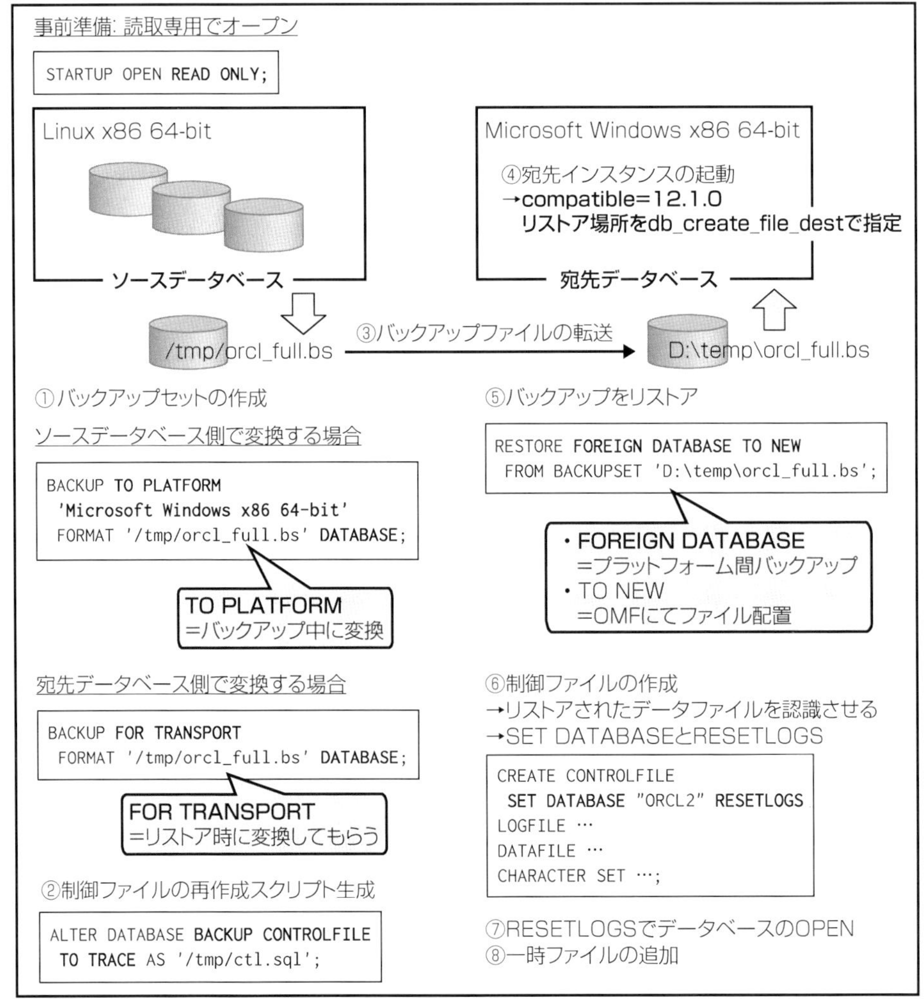

図5-6　クロスプラットフォームのデータベース転送

データベース転送時は、データベースをREAD ONLYでオープンし、ソースデータベースをバックアップします。バックアップが完了するまでソースデータベースは通常の動作（READ／WRITE）ができません。READ／WRITEに戻すまでの時間を短縮するなら、イメージコピーを使用するより、バックアップセットを使用した方がI／Oが少ない分、短時間で完了できる可能性が高くなります。必要であれば、圧縮やマルチセクションバックアップも検討できます。

5-1-5　アクティブなデータベース複製の拡張

DUPLICATEコマンドによるデータベースの複製は、テスト環境やスタンバイデータベースの構築を最小限のコマンドで行うことができる機能です。Oracle Database 11gでは、アクティブな複製としてソースデータベースから直接ファイルをコピーすることで、事前のバックアップ取得が不要になりました。Oracle Database 12cでは、イメージコピーではなくバックアップセットをデフォルトで使用するようになりました。バックアップセットを使用すると、圧縮やマルチセクション、暗号化などを利用できます（図5-7）。

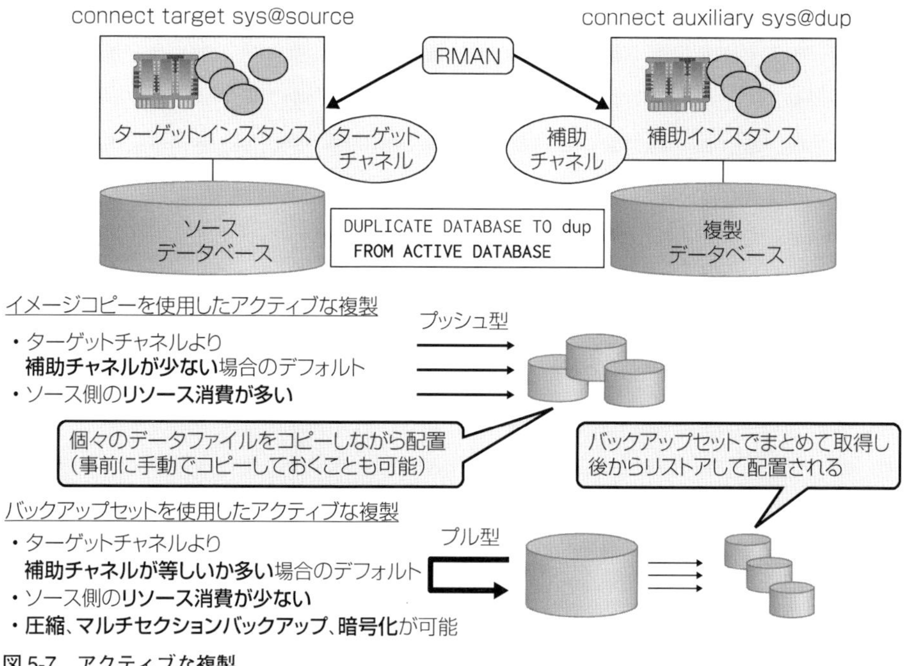

図5-7　アクティブな複製

バックアップセットが使用される場合は、補助インスタンス（複製側）からターゲットインスタンス（ソース側）へ取りに来る「プル型」の動作となります。イメージコピーを使用する場合は、ターゲットインスタンス（ソース側）から補助インスタンス（複製側）に送り出す「プッシュ型」になります。

アクティブなデータベース複製のオプション

アクティブなデータベースの複製中や複製後、RESETLOGSでオープンする動作をオプションで制御できるようになりました（表5-2）。

表5-2：アクティブなデータベース複製のオプション

オプション	説明
USING BACKUPSET	チャネル数に依存せずにバックアップセットを使用する。 デフォルトは、ターゲットインスタンスのチャネル数が補助インスタンスのチャネル数以下であればバックアップセットを使用する
USING COMPRESSED BACKUPSET	バイナリ圧縮を有効にしてバックアップセットを使用する
SECTION SIZE	マルチセクションによるファイル分割を行う。バックアップセットとイメージコピーのいずれも可能
NOOPEN	複製の完了後RESETLOGSでオープンさせない。 デフォルトはRESETLOGSでオープンを自動的に行い、新しいDBIDを持つ複製が完了する

暗号化を行うには、DUPLICATE文の前にSET ENCRYPTION文を実行します。透過的暗号化、パスワード暗号化のいずれも使用することができます（例5-1）。

例5-1：オプションを使用した複製

```
-- 暗号化はDUPLICATEコマンド前に指定
RMAN> SET ENCRYPTION ON;

-- 圧縮とマルチセクションを指定したDUPLICATEコマンド
RMAN> DUPLICATE DATABASE TO orcl3
2> FROM ACTIVE DATABASE
3> SECTION SIZE 1G
4> USING COMPRESSED BACKUPSET;
```

DUPLICATE DATABASE文は、RESETLOGSでオープンが自動で行われます。これにより新しいDBIDを持つ複製が完了します。Oracle Database 12cでは、オープンさせないオプション「NOOPEN」が追加されました。サービス名が重複しているため不具合が発生したり、初期化パラメータを修正したりするなど、オープン前に調整したい処理をするときに便利です（例5-2）。

例5-2：NOOPENを使用した複製

```
RMAN> DUPLICATE DATABASE TO orcl3
2>  FROM ACTIVE DATABASE
3>  NOOPEN;
...
リクエストにしたがってデータベースを閉じたままにします
Duplicate Dbが完了しました(完了時間: 14-05-26)

#-- 必要な調整、不完全リカバリ後、明示的にRESETLOGSでオープン
RMAN> ALTER DATABASE OPEN RESETLOGS;
```

NOOPENを指定した場合もDBIDの変更は完了していますので、nidユーティリティを使用する必要はありません。

マルチテナント（CDB）の複製

Oracle Database 12cの複製は、マルチテナントもサポートしています。現行のCDBをコピーすることができます。また、一部のPDBに限定したり、特定の表領域だけのPDBとして複製することもできます。

PDBの複製は、バックアップを使用した複製とアクティブな複製のいずれも可能です。ソースデータベースとなるCDBの一部のPDBのみを複製するには、PLUGGABLE DATABASE句を使用します。また、SKIP PLUGGABLE DATABASE句を使用して一部を除外することもできます。対象PDB内の一部の表領域だけを複製したい場合は、TABLESPACE句で「PDB名：表領域名」を指定します（図5-8）。

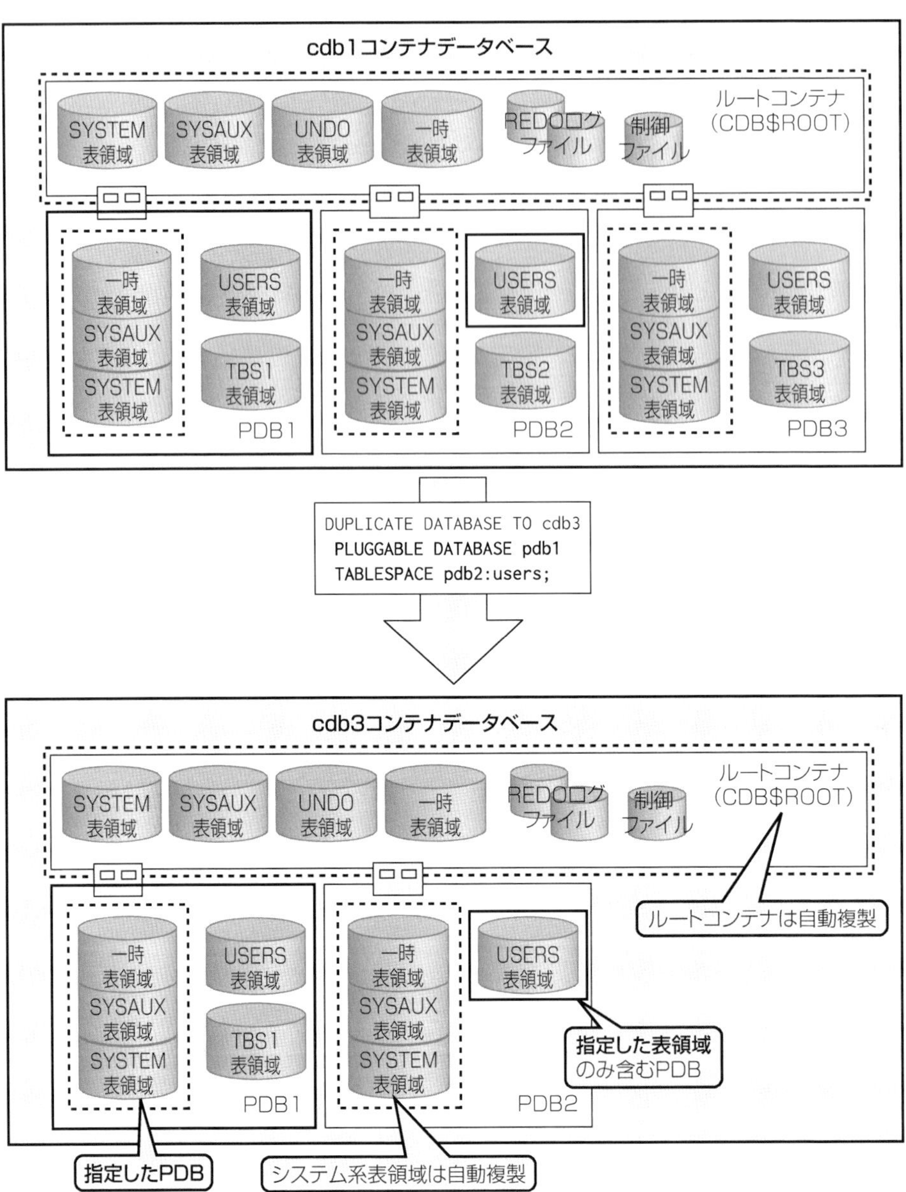

図5-8　PDBの複製

複製に使用する補助インスタンスは、「enable_pluggable_database=TRUE」を指定し、マルチテナントを有効化しておきます。ルートコンテナや複製されるPDBのシステム系表領域は自動で複製されます。表領域の限定は、接頭辞となるPDBのみ対象となります。

5-1-6 ストレージスナップショットの最適化

バックアップの作成において、ストレージ側のディスクコピーを使用する場合、データベースの整合性を保障するために、事前にバックアップモード（BEGIN BACKUP）にすることが必要とされていました。Oracle Database 12cでは、ストレージ側のスナップショット機能を使用する際にバックアップモードが不要になりました。スナップショットからデータベースファイルをすべて配置し、スナップショット時刻を使用したリカバリが可能です（図5-9）。

ストレージスナップショットの最適化なしの場合

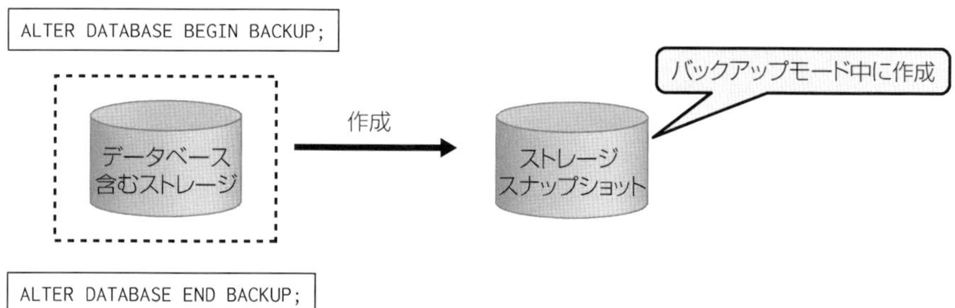

ストレージスナップショットの最適化ありの場合

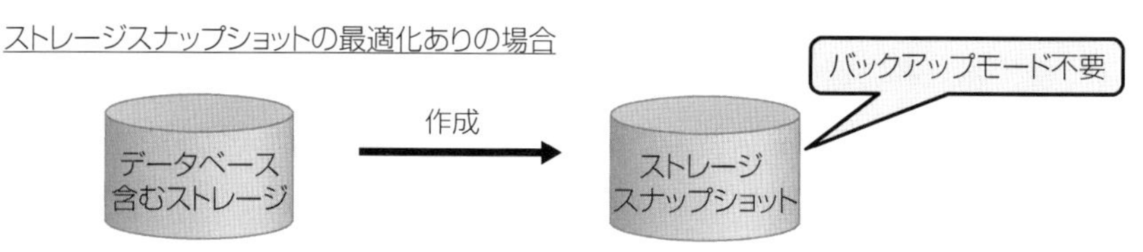

ストレージスナップショット最適化の条件

- データベースの**クラッシュ一貫性**が保障される
- 各ファイルの**書込み順序**が保持される
- スナップショット**作成完了時刻**が格納されている

図5-9 スナップショットの使用

ストレージスナップショットは、クラッシュ一貫性、書き込み順序の保証、スナップショット作成完了時間が保存されているなどの最適化を満たすストレージスナップショットである必要があります。

サードパーティスナップショットを使用したリカバリ

サードパーティスナップショットのリカバリは、サードパーティ側のツールを使用して、制御ファイルを含むすべてのデータベースファイルをリストアします。RMANリポジトリにカタログ化する必要はありません。

すべてのREDOログを適用する完全リカバリを行うなら、通常の「RECOVER DATABASE」文を使用します。特定の時点までのPITRを行う場合は、SNAPSHOT TIME句を使用して、特定の保存されたスナップショット時刻を指示することができます。UNTIL CANCELは、SQL*Plusのみ可能ですが、時間ベースやSCNベースであればRMANでも可能です(例5-3)。

例5-3:ストレージスナップショットを使用したリカバリ

```
-- SCNベースのPITR
RMAN> RECOVER DATABASE UNTIL SCN 4844963
2> SNAPSHOT TIME '2014-04-15 22:00:00';

-- 取り消しベースのPITR
SQL> RECOVER DATABASE UNTIL CANCEL
  2  SNAPSHOT TIME '2014-04-15 22:00:00';
```

5-2 表と索引の拡張

データを格納し必要なデータの参照を提供する表と、データの検索を高速化する索引の中には、領域は残しておきたいけれど利用はしたくない列や索引もあります。そのような要件では、Oracle Database 12c の非表示列や同一列セットの複数索引の使用を検討します。機能の目的、効果、構成方法を理解しておきましょう。

▶参照
表と索引の拡張に関しては、『Oracle Database管理者ガイド』マニュアルを参考にしてください。

5-2-1 非表示の列

定義やデータが表内に存在していても、列名を明示的に指定しない限り見えないのが「非表示列」です。「ビジネス要件上、追加が必要だが、アプリケーションが対応するまで非表示にしておく」といった使い方ができます。また、アプリケーション内の条件としてのみ使用する列などは非表示にしておくと便利でしょう。情報ライフサイクル管理のデータベース内アーカイブや時制有効性でも利用されている機能です。INVISIBLE句で指定した非表示定義は、VISIBLE句を使用して再び表示させることができます（図5-10）。

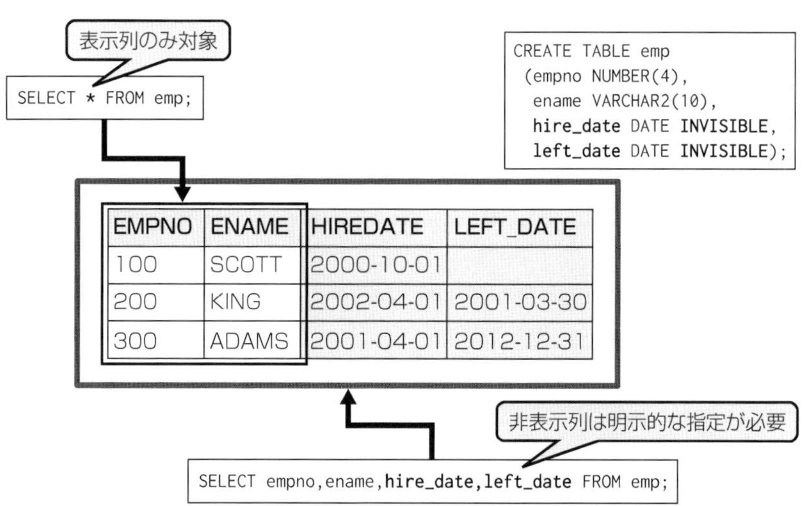

図5-10 非表示列

非表示列は、SELECT文では表示されず、明示的に列リストで指定したり述語で列を指定しない限り使用されません。また、PL／SQL変数のデータ型（%TYPEや%ROWTYPE使用）として非表示列を使用することはできません。

SET COLINVISIBLE ON コマンド

デフォルトでは、DESCRIBEコマンドで列定義を確認する場合も非表示です。「SET COLINVISIBLE ON」を指定後にDESCRIBEすると、非表示列も確認できます（例5-4）。

例5-4：非表示列のDESCRIBE

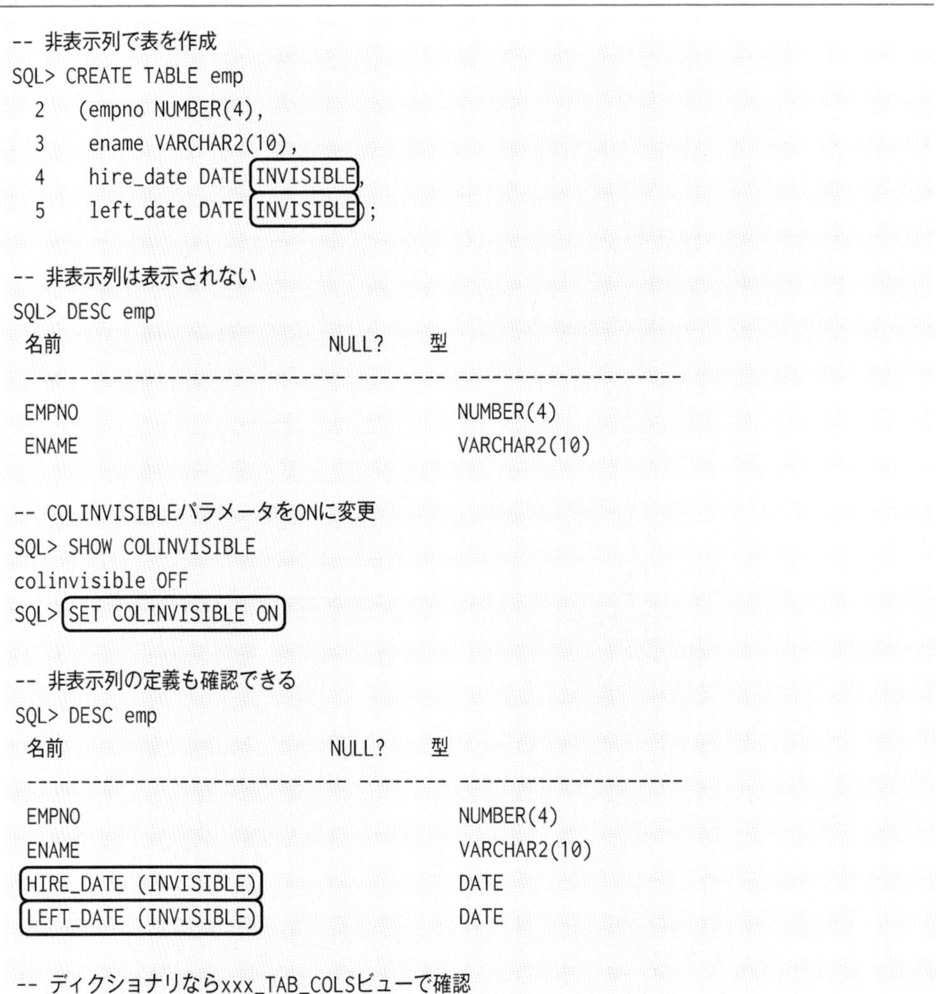

```
-- 非表示列で表を作成
SQL> CREATE TABLE emp
  2   (empno NUMBER(4),
  3    ename VARCHAR2(10),
  4    hire_date DATE INVISIBLE,
  5    left_date DATE INVISIBLE);

-- 非表示列は表示されない
SQL> DESC emp
 名前                          NULL?    型
 ----------------------------- -------- --------------------
 EMPNO                                  NUMBER(4)
 ENAME                                  VARCHAR2(10)

-- COLINVISIBLEパラメータをONに変更
SQL> SHOW COLINVISIBLE
colinvisible OFF
SQL> SET COLINVISIBLE ON

-- 非表示列の定義も確認できる
SQL> DESC emp
 名前                          NULL?    型
 ----------------------------- -------- --------------------
 EMPNO                                  NUMBER(4)
 ENAME                                  VARCHAR2(10)
 HIRE_DATE (INVISIBLE)                  DATE
 LEFT_DATE (INVISIBLE)                  DATE

-- ディクショナリならxxx_TAB_COLSビューで確認
SQL> SELECT column_name,hidden_column
```

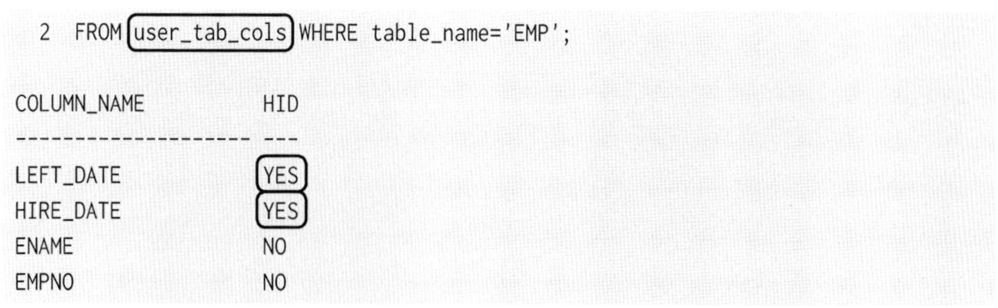

```
  2  FROM user_tab_cols WHERE table_name='EMP';

COLUMN_NAME          HID
-------------------- ---
LEFT_DATE            YES
HIRE_DATE            YES
ENAME                NO
EMPNO                NO
```

SET COLINVISIBLE ON コマンドを実行していても、SELECT 文や DML 文では、明示的に非表示列名を指定しない限り、アクセスすることはできません。

5-2-2　同一列セットの複数の索引

1 つの列や、列の組み合わせに複数の索引を作成することはできません。オプティマイザによる実行計画作成時のコスト見積もりは、使用する列や選択列の組み合わせから計算される選択性によって決定されるため、複数の索引があっても無意味だからです。しかし、OLTP とデータウェアハウスのようにワークロードが異なる場合は、B ツリー索引とビットマップ索引のような異なるタイプの索引が適切です。Oracle Database 12c では、1 つの列や列の組み合わせに複数の索引を作成することを可能とし、再作成することなく使い分けることができるようになりました（図 5-11）。

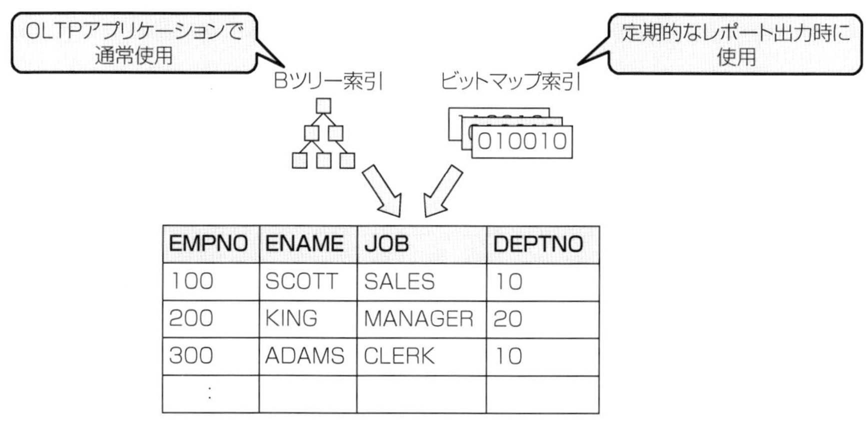

同一列索引を使用しない場合

- 使用するたびに**必要な索引を再作成**
- 自動による**使用索引の判定はなし**

同一列索引を使用する場合

- 必要な**索引を再作成する必要なし**
- DMLによる**データ変更は反映**される
- 自動による**使用索引の判定も可能**
  (optimizer_use_invisible_indexes=TRUE時)

図 5-11　同一列セットの複数の索引

オプティマイザは、INVISIBLEで定義された索引を使用しません。オプティマイザから選択できるのはVISIBLE索引のみです。ただし、optimizer_use_invisible_indexesパラメータがTRUEの場合は、INVISIBLEの索引も選択可能になります（例5-5）。

例5-5：INVISIBLE句による索引とオプティマイザ

```
-- VISIBLE（デフォルト）は1つの索引のみ可能
SQL> CREATE INDEX emp_i1 ON emp(employee_id) INVISIBLE;
SQL> CREATE BITMAP INDEX emp_i2 ON emp(employee_id);

-- デフォルトはVISIBLE索引のみ利用可能
SQL> SELECT * FROM emp WHERE employee_id=100;
SQL> SELECT * FROM TABLE(DBMS_XPLAN.DISPLAY_CURSOR(format=>'BASIC'));
…
-----------------------------------------------------
| Id  | Operation                          | Name   |
-----------------------------------------------------
|   0 | SELECT STATEMENT                   |        |
|   1 |  TABLE ACCESS BY INDEX ROWID BATCHED| EMP    |
|   2 |   BITMAP CONVERSION TO ROWIDS      |        |
|   3 |    BITMAP INDEX SINGLE VALUE       | EMP_I2 |
-----------------------------------------------------

-- optimizer_use_invisible_indexes=TRUEによりINVISIBLE索引も検討
SQL> ALTER SESSION SET optimizer_use_invisible_indexes=TRUE;

SQL> SELECT * FROM emp WHERE employee_id=100;
SQL> SELECT * FROM TABLE(DBMS_XPLAN.DISPLAY_CURSOR(format=>'BASIC'));
…
-----------------------------------------------------
| Id  | Operation                          | Name   |
-----------------------------------------------------
|   0 | SELECT STATEMENT                   |        |
|   1 |  TABLE ACCESS BY INDEX ROWID BATCHED| EMP    |
|   2 |   INDEX RANGE SCAN                 | EMP_I1 |
-----------------------------------------------------
```

オプティマイザから考慮されない一方で、INVISIBLE索引に対してDMLによる索引レコードの更新は行われます。そのため、即時にVISIBLEに戻すことができます。

5-3 オンライン操作の拡張

従来に比べると、新しいビジネス要件にあわせるために、表の定義を変更せざるを得ない状況が多くなっています。表定義の変更中もアプリケーションを停止できない時には、オンライン操作が重要になります。Oracle Database 12c では、オンラインで可能な定義操作が増えています。どのようなオンライン操作が可能になっているか確認しておきましょう。

▶参照
オンライン再定義の拡張に関しては、『Oracle Database管理者ガイド』『Oracle Database PL／SQLパッケージプロシージャおよびタイプリファレンス』マニュアルを参考にしてください。
オンラインDDL機能の拡張に関しては、『Oracle Database SQL言語リファレンス』マニュアルを参考にしてください。
オンラインデータファイル移動に関しては、『Oracle Database管理者ガイド』マニュアルを参考にしてください。
パーティション表の操作にもオンライン操作が追加されています。「8-3-2 オンラインパーティション操作の拡張」を参照してください。

5-3-1 オンライン再定義の拡張

DBMS_REDEFINITIONパッケージを使用したオンライン再定義を使用すると、再定義中のSELECT文やDML文の実行が可能です。Oracle Database 11gでマテリアライズドビューが作成された表でも再定義が可能になりましたが、Oracle Database 12cでは、VPD（仮想プライベートデータベース）が有効化された表でも再定義が可能になりました。また、再定義完了時のDDLロックを待機することも可能になりました (図5-12)。

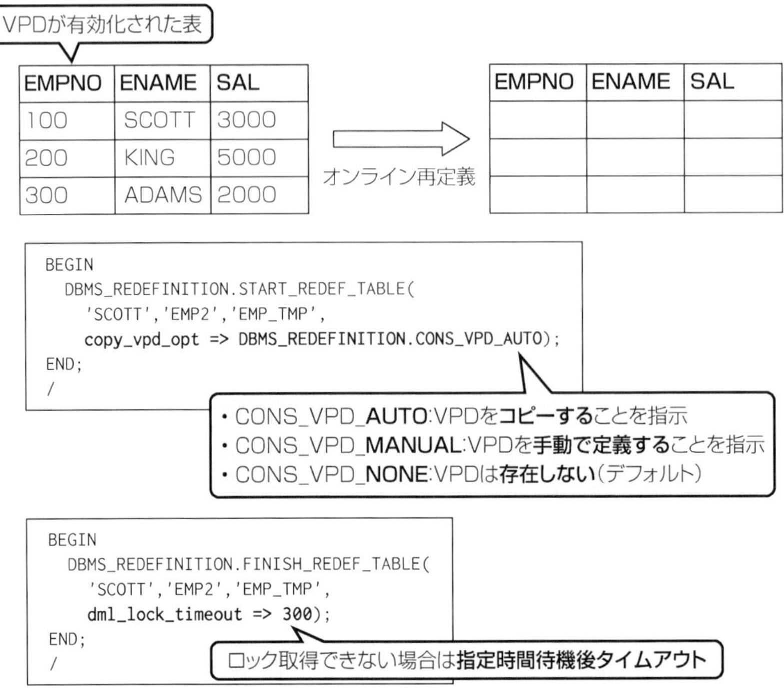

図 5-12　オンライン再定義の拡張

オンライン再定義と VPD ポリシー

元の表にVPDが存在していると、デフォルトのオンライン再定義（copy_vpd_optがDBMS_REDEFINITION.CONS_VPD_NONE）では実行エラーとなります。copy_vpd_optにDBMS_REDEFINITION.CONS_VPD_AUTOを指定したOracle Database 12cのオンライン再定義では、VPDが存在する場合、仮表にVPDポリシーをコピーします（図 5-13）。

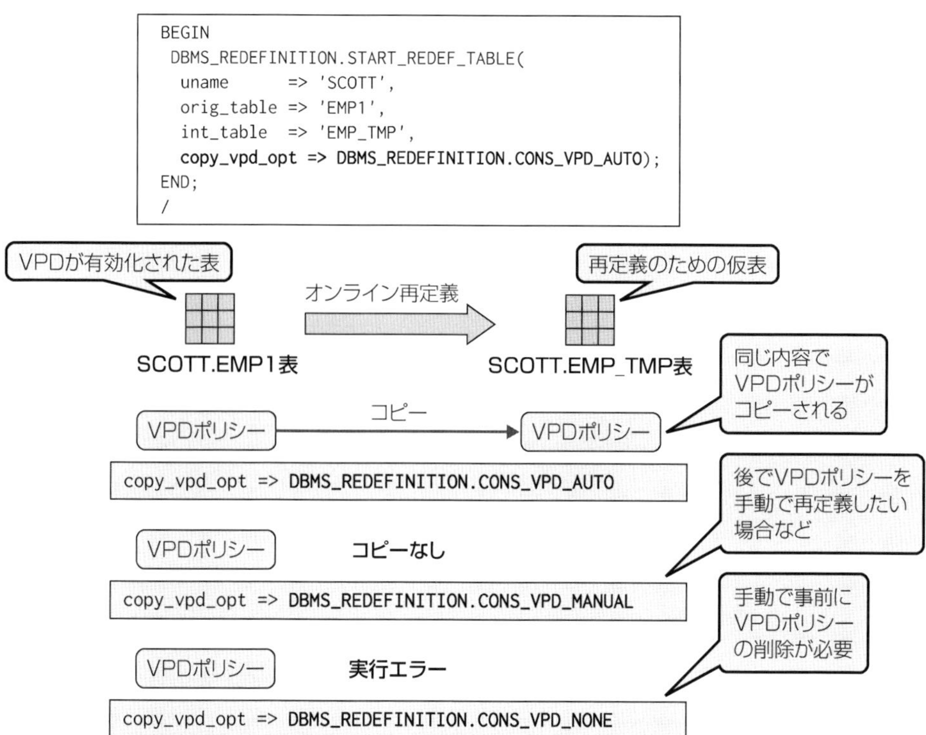

図 5-13　VPD ポリシーが存在するオンライン再定義

copy_vpd_opt に DBMS_REDEFINITION.CONS_VPD_MANUAL を指定すると、VPD が存在していてもエラーにならず、コピーもしません。

オンライン再定義とロックタイムアウト

オンライン再定義を完了する DBMS_REDEFINITION.FINISH_REDEF_TABLE では、再定義対象表に排他表ロックが必要です。そのため、対象表で DML が実行されていると排他表ロックが取得できず、ロック待ちになります (図 5-14)。

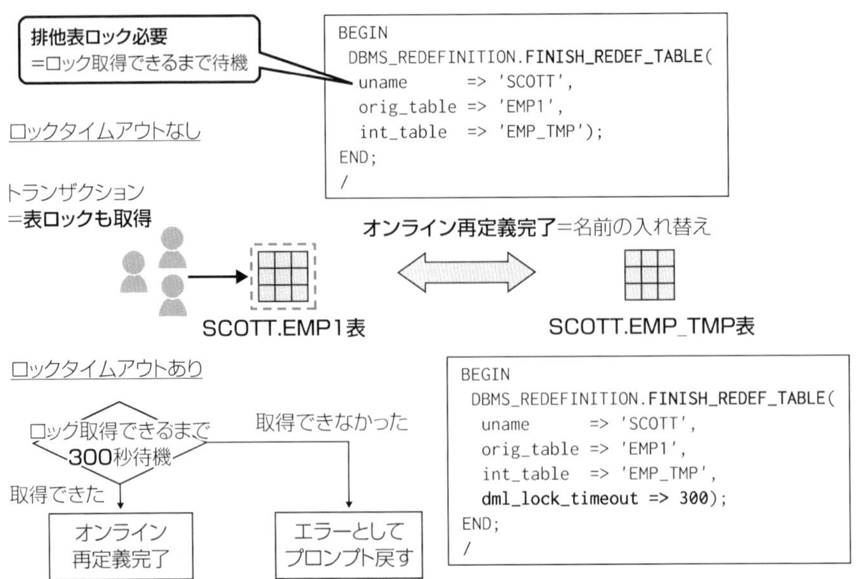

図5-14　オンライン再定義時のロック取得待ち

Oracle Database 12cのFINISH_REDEF_TABLEでdml_lock_timeoutを使用すると、指定した時間はロック取得を待機し、その間にロック取得できれば完了、できなければタイムアウトでエラーにすることができます。

5-3-2　オンラインDDL機能の拡張

索引の作成や再構築ではONLINE句が使用できましたが、索引の削除でONLINE句を使用することはできませんでした。Oracle Database 12cでは、索引の削除や制約の削除などでもONLINE句を使用することが可能になり、ビジネス要件にあわせたメンテナンス中もアプリケーションを停止せずに済むようになっています（図5-15）。

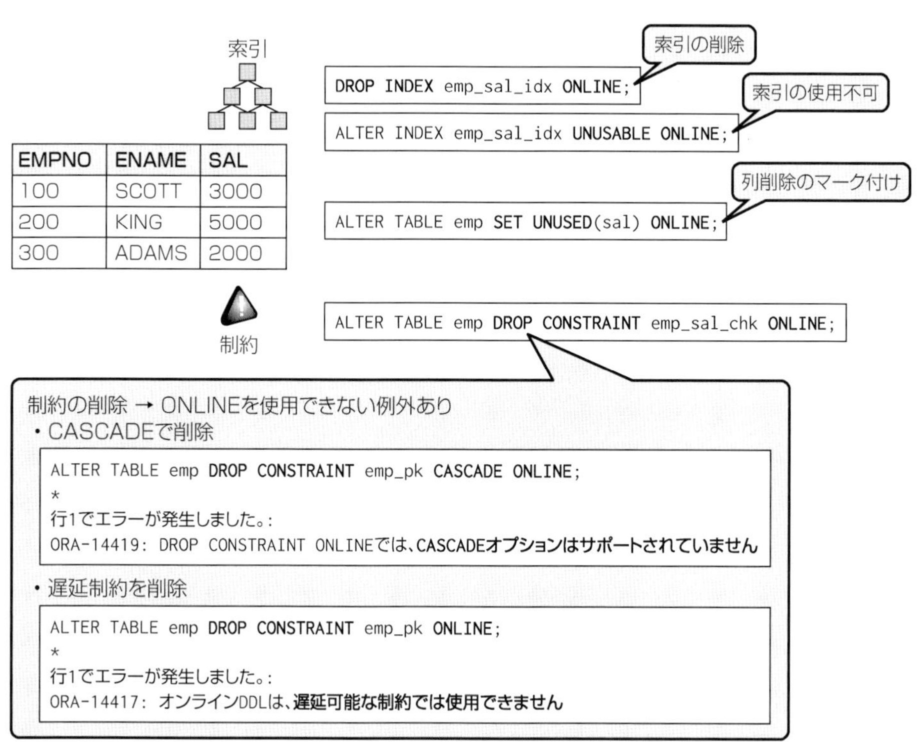

図 5-15　オンライン DDL の拡張

Oracle Database 12cでは、索引の削除、索引のUNUSABLE、制約の削除、列削除のマーク付け時にONLINE句を使用することで、メンテナンス操作中のDMLが許容されます。動作としては次のような特徴があります（表 5-3）。

表 5-3：オンライン DDL の拡張

対象 DDL 操作	説明
制約削除	ALTER TABLE...DROP CONSTRAINT ・遅延制約の場合は ONLINE 句を使用できない ・依存制約を同時に削除する CASCADE と同時に指定することはできない
索引の使用不可	ALTER INDEX...UNUSABLE ・ONLINE 句なし：索引セグメントを即時に解放 ・ONLINE 句あり：索引セグメントを保持（DML 実行に必要）
削除のマーク付け	ALTER TABLE...SET UNUSED ・ONLINE 句：削除マーク付け中も DML を許可 ・ONLINE にかかわらず ALTER TABLE...DROP UNUSED COLUMNS 文で実際の領域を削除

5-3-3　オンラインデータファイル移動

Oracle Database 11g以前のデータファイル移動では、データベースをクローズしておくか、オープンしているならば対象データファイルをオフラインにする必要がありました。Oracle Database 12cでは、オンラインのままでデータファイルの移動が可能になり、可用性が向上しています（図5-16）。

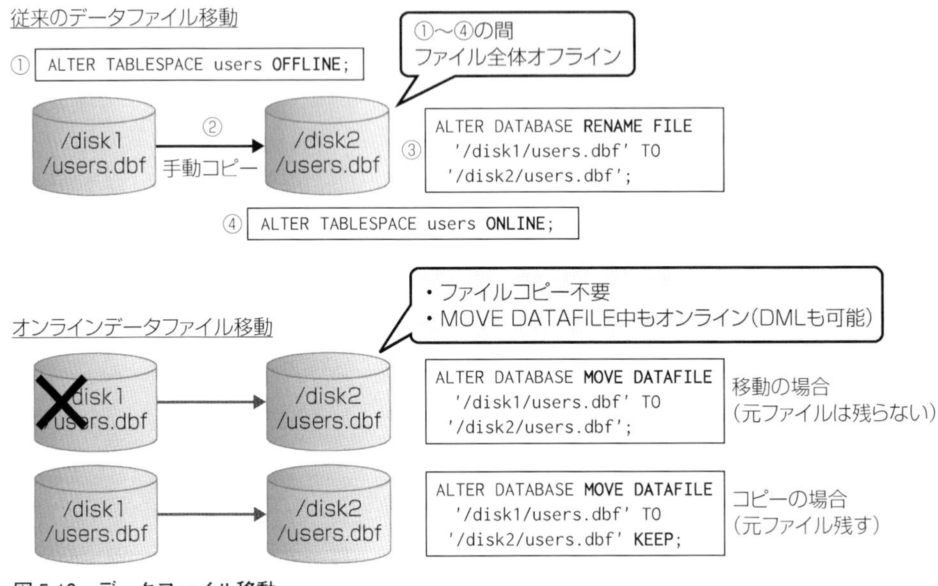

図5-16　データファイル移動

ALTER DATABASE MOVE DATAFILE文を実行することで、自動的にファイルの移動とリネームが行われます。表領域のオフライン／オンラインやファイルの手動コピーを行う必要はありません。

KEEPとREUSEオプション

ALTER DATABASE MOVE DATAFILE文では、オプションとしてKEEPとREUSEを使用することができます。

- KEEP：元ファイルを保持する（コピー）
- REUSE: 宛先ファイルが存在していたら上書きする

デフォルトはKEEP指定がなしのため、ファイル移動になります。また、REUSE指定もないため、既存ファイルが存在しているとエラーになります。

> **注意** ASM（自動ストレージ管理）やOMF（Oracle Managed Files）で作成したファイルの移動も可能です。ただし、OMFファイルを非OMFファイルに移動する場合、KEEP句は無視され、元のファイルは削除されます。

オンラインデータファイル移動の制限

オンラインデータファイル移動は、データベースがMOUNTまたはOPENモードのときに実行できます。オンラインバックアップ中（BEGIN BACKUP）や読み取り専用（READ ONLY）のデータファイルをオンライン移動することは可能です。そのほか次のような制限があります。

- オフラインのデータファイルは移動できない
- フラッシュバックデータベース進行中は移動できない

フラッシュバックデータベースで指定する時点までに実行されたデータファイルの移動は影響しません。指定した時点までフラッシュバックされますが、移動されたデータファイルはそのままとなります（図5-17）。

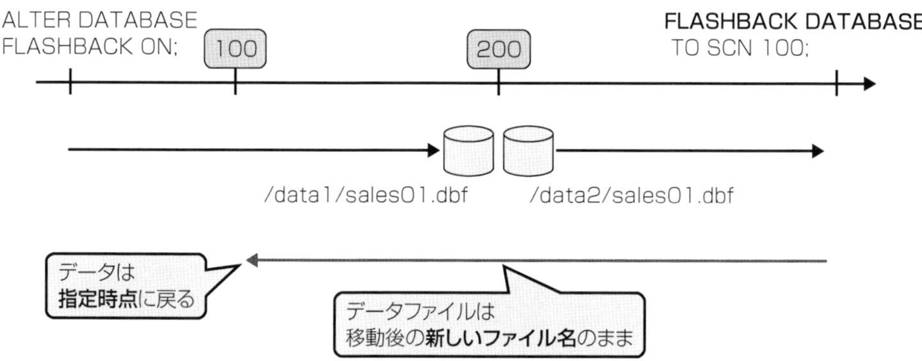

図5-17 フラッシュバックデータベースとデータファイル移動

学習チェック

この章で学んだことを正確に理解しているか、確認しましょう。

☑ 1 RMANコマンドラインインタフェースで実行可能な文は何ですか。

☑ 2 表リカバリの特徴は何ですか。

☑ 3 マルチセクションが可能な操作とは何ですか。

☑ 4 クロスプラットフォームデータ転送で使用されるバックアップタイプは何ですか。

☑ 5 クロスプラットフォームデータ転送とエンディアン形式の特徴は何ですか。

☑ 6 アクティブなデータベース複製の特徴は何ですか。

☑ 7 PDBの複製の特徴は何ですか。

☑ 8 ストレージスナップショットの最適化の特徴は何ですか。

☑ 9 INVISIBLE指定した列の特徴は何ですか。

☑ 10 INVISIBLE指定した索引の特徴は何ですか。

☑ 11 START_REDEF_TABLEのcopy_vpd_optの特徴は何ですか。

☑ 12 FINISH_REDEF_TABLEのdml_lock_timeoutの特徴は何ですか。

☑ 13 ONLINE句を指定できるDDL文は何ですか。4つ挙げてください。

☑ 14 オンラインデータファイル移動の特徴は何ですか。

● 解 答 ●

1
・DESCRIBE コマンド
・SQL 文の直接実行
・SELECT 文の実行
・PL/SQL の実行

2 バックアップを使用して表レベルの PITR を行うことで、削除された表を復元します。

3
・イメージコピー
・レベル 1 増分バックアップ
・アーカイブログファイル
・バックアップセット、レベル 0 増分バックアップ（11g でも可能）

4 イメージコピー（11g でも可能）とバックアップセットのいずれも可能です。

5
・表領域転送：バックアップセット作成時に変換を実行
・データベース転送：同じエンディアン形式であれば可能

6 DUPLICATE コマンドで FROM ACTIVE DATABASE 句を指定します。デフォルトでバックアップセット使用（プルベース）されますが、補助チャネルが少ない時はイメージコピーが使用（プッシュベース）されます。
・USING COMPRESSED BACKUPSET：バイナリ圧縮の有効化
・SECTION SIZE：マルチセクションによる分割
・NOOPEN：複製後に RESETLOGS でオープンしない

7 既存 CDB の複製を作成します。
・enable_pluggable_database=TRUE の補助インスタンスが必要
・TABLESPACE **PDB 名**:**表領域名**にて限定も可能

8 バックアップモードにしないストレージスナップショットが可能になります。リカバリ時は SNAPSHOT TIME 句でスナップショット側の作成完了時間を指定します。

9
・DESCRIBE で表示されない（SET COLINVISIBLE ON 後は表示）
・PL/SQL の %ROWTYPE 属性でも表示されない
・制約を作成することは可能

10 1 つの索引のみ VISIBLE なら同一列セットの複数の索引作成が可能です。
・表の更新時に索引の更新は実行される
・オプティマイザは無視する
・optimizer_use_invisible_indexes=TRUE ならオプティマイザから使用検討

11 VPD ポリシー（FGAC）が作成済みの表でも再定義を可能にします。
・CONS_VPD_AUTO：VPD ポリシーを自動コピー
・CONS_VPD_MANUAL：VPD ポリシーを手動コピー

12 FINISH 処理で表ロックが取得できないときのロック待ちに制限を設定します。
ロック取得できれば完了、できなければ指定時間待機後エラーになります。

13 ・索引の削除
・索引の UNUSABLE
・制約の削除
・列削除のマーク付け

14 ALTER DATABASE 文で MOVE DATAFILE 句を指定します。
・移動中の SELECT、DML、表の作成、ブロックメディアリカバリ可能
・移動中にフラッシュバックデータベースはできない
・移動後にフラッシュバックデータベースで戻ることは可能
（ファイルは移動後のままで内容がフラッシュバック）

第6章

管理性

本章の内容

アクセスキー 6 (数字のろく)

この章で学ぶこと

1つのSQLを追跡できる「リアルタイムSQL監視」を拡張し、2時点間の複数のデータベース操作を監視できる「リアルタイムデータベース操作監視」が提供されました。自動診断リポジトリ（ADR）では、DDLログとデバッグログをアラートログから切り離すことが可能になり、管理性が向上しています。マルチテナント向けのリソースマネージャ機能も追加されました。

試験ではここが出る

- □リアルタイムデータベース操作監視の特徴は何か。
- □DBMS_SQL_MONITOR.BEGIN_OPERATIONの特徴は何か。
- □リアルタイムデータベース操作監視の結果はどのように確認するか。
- □enable_ddl_logging=TRUEにより何が保存されるか、保存先はどこか。
- □ADRCIからのDDLログ参照に使用するコマンドは何か。
- □CDB計画（PDB間を制御）構成する要素は何か。
- □CDB計画でPDB以外に設定できるリソース制限は何か。
- □非CDBのリソース計画とPDB計画の違いは何か。
- □CDB計画とPDB計画は独立して構成することができるか。
- □リソースマネージャの新しいしきい値は何か。

6-1 リアルタイムデータベース操作監視

Oracle Database 11gのリアルタイムSQL監視は、1つの時点のSQL実行を追跡することができる機能です。一方、Oracle Database 12cのリアルタイムデータベース操作監視は、2つの時点間で実行されたSQLやPL/SQL処理を監視します。

▶参照
リアルタイムデータベース操作監視に関しては、『Oracle Database SQLチューニングガイド』マニュアルを参考にしてください。

6-1-1 操作の監視

SQLやPL/SQLの追跡ではデータベース操作名を付けるため、異なるセッションや別の2時点をあわせて分析することができます(図6-1)。

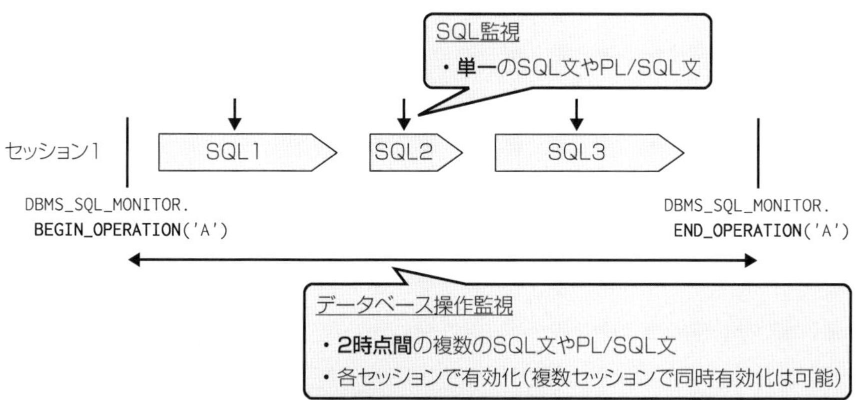

図6-1 リアルタイムデータベース操作監視

リアルタイムSQL監視は、Oracle Database 12cのリアルタイムデータベース操作監視の一部として統合されています。2時点間に実行された特定のセッションのSQLは、SQL監視にドリルダウンすることで詳細を確認できます。

リアルタイムデータベース操作監視の対象

リアルタイムデータベース操作監視は、DBMS_SQL_MONITOR.BEGIN_

OPERATIONを使用してセッションで有効化します。END_OPERATIONを発行するまでに実行されたSQL文が監視対象になります（図6-2）。

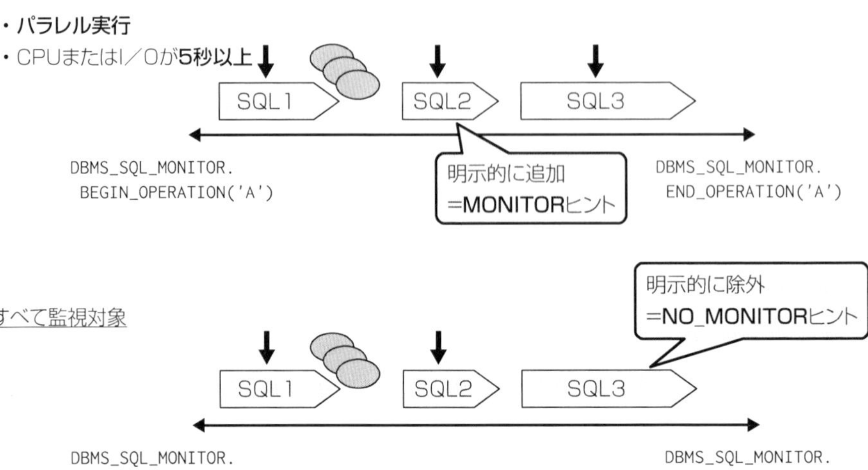

図6-2　リアルタイムデータベース操作監視

デフォルトでは、1つのSQLでパラレルに実行されるか、CPUまたはI／O時間が5秒以上かかる場合に監視されます。BEGIN_OPERATION時に「forced_tracking=>DBMS_SQL_MONITOR.FORCE_TRACKING（文字列'Y'でも可能）」を指定すると、有効化後のセッションで実行したすべてのSQLを監視します。

明示的に監視対象とするSQL文を制限する場合は、「MONITOR」「NO_MONITOR」ヒントを使用することもできます。

リアルタイムデータベース操作監視の結果レポート

リアルタイムデータベース操作監視では、DBMS_SQL_MONITOR.BEGIN_OPERATIONによる操作の開始で指定した「操作名」と「実行ID」によって操作が識別されます。実行IDは、デフォルトで自動的に割当てられますが、明示的に指定することもできます。

監視結果は、V$SQL_MONITORビューに格納されます。実行中はSTATUSが「EXECUTING」となり、毎秒ごとにリアルタイムで更新されます。実行後のSTATUSは「DONE」になり、しばらくは残されます。

監視結果レポートとして出力する場合は、DBMS_SQL_MONITORパッケージのレポート用ファンクションを使用します（表6-1）。

表6-1：監視結果レポート用ファンクション

ファンクション	説明
REPORT_SQL_MONITOR	データベース操作監視の詳細レポート ・引数なし（デフォルト引数のみ）：全データベース操作の最後の実行を出力 ・dbop_nameのみ：指定した操作の最後の実行を出力 ・dbop_nameとdbop_exec_id：指定した操作の指定した実行を出力
REPORT_SQL_MONITOR_LIST	データベース操作監視対象となった操作のリスト ・引数なし（デフォルト引数のみ）：全データベース操作の最後の実行を出力 ・dbop_nameのみ：指定した操作の最後の実行を出力
REPORT_SQL_MONITOR_XML	REPORT_SQL_MONITOR結果をXMLで出力
REPORT_SQL_MONITOR_LIST_XML	REPORT_SQL_MONITOR_LIST結果をXMLで出力

結果レポートは、操作が完了する前でも、完了した後でも出力することができます（例6-1）。

例6-1：REPORT_SQL_MONITORによる結果出力

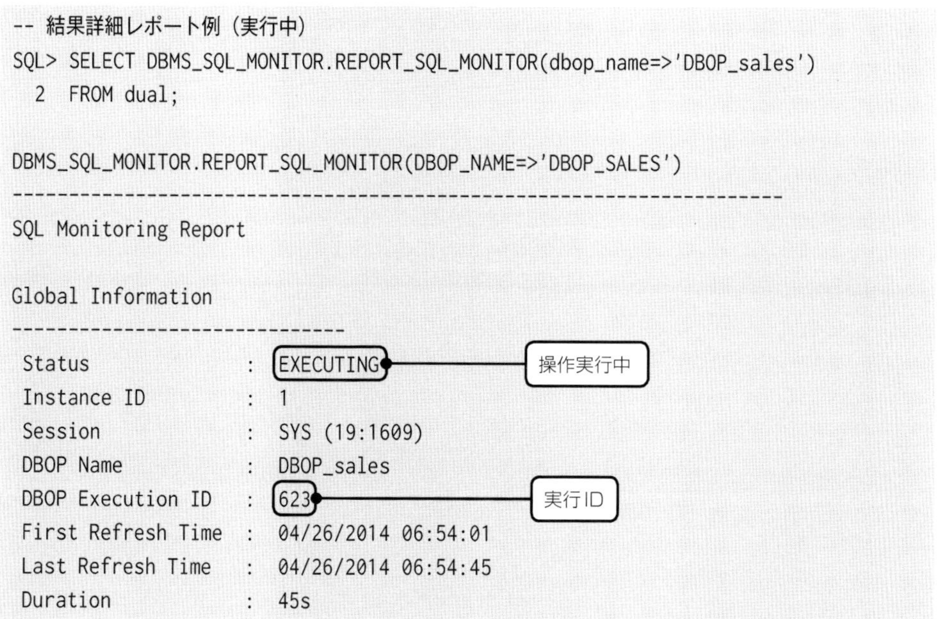

```
-- 結果詳細レポート例（実行中）
SQL> SELECT DBMS_SQL_MONITOR.REPORT_SQL_MONITOR(dbop_name=>'DBOP_sales')
  2  FROM dual;

DBMS_SQL_MONITOR.REPORT_SQL_MONITOR(DBOP_NAME=>'DBOP_SALES')
--------------------------------------------------------------------------------
SQL Monitoring Report

Global Information
------------------------------
 Status              :  EXECUTING
 Instance ID         :  1
 Session             :  SYS (19:1609)
 DBOP Name           :  DBOP_sales
 DBOP Execution ID   :  623
 First Refresh Time  :  04/26/2014 06:54:01
 Last Refresh Time   :  04/26/2014 06:54:45
 Duration            :  45s
```

```
 Module/Action         :  sqlplus@sti01 (TNS V1-V3)/-
 Service               :  SYS$USERS
 Program               :  sqlplus@sti01 (TNS V1-V3)

Global Stats
============================================================
| Elapsed |   Cpu   |    IO    |  Other   |  Read  | Read  |
| Time(s) | Time(s) | Waits(s) | Waits(s) |  Reqs  | Bytes |
============================================================
|      43 |      37 |     1.21 |     5.21 | 18447P |   5GB |
============================================================

-- 結果詳細レポート（完了後）
SQL> /
…
Global Information
------------------------------
 Status                :  DONE   ← 操作完了後
 Instance ID           :  1
 Session               :  SYS (19:1609)
 DBOP Name             :  DBOP_sales
 DBOP Execution ID     :  623
 First Refresh Time    :  04/26/2014 06:54:01
 Last Refresh Time     :  04/26/2014 06:55:46
 Duration              :  106s
…

Global Stats
============================================================
| Elapsed |   Cpu   |    IO    |  Other   |  Read  | Read  |
| Time(s) | Time(s) | Waits(s) | Waits(s) |  Reqs  | Bytes |
============================================================
|      65 |      55 |     1.80 |     7.94 | 18447P |   7GB |
============================================================
```

Oracle Enterprise Manager Cloud Control と Oracle Enterprise Manager Database Express（EM Express）のいずれもデータベース操作監視結果にアクセスできます。継続中の処理だけでなく完了した処理も確認できます（画面6-1）。

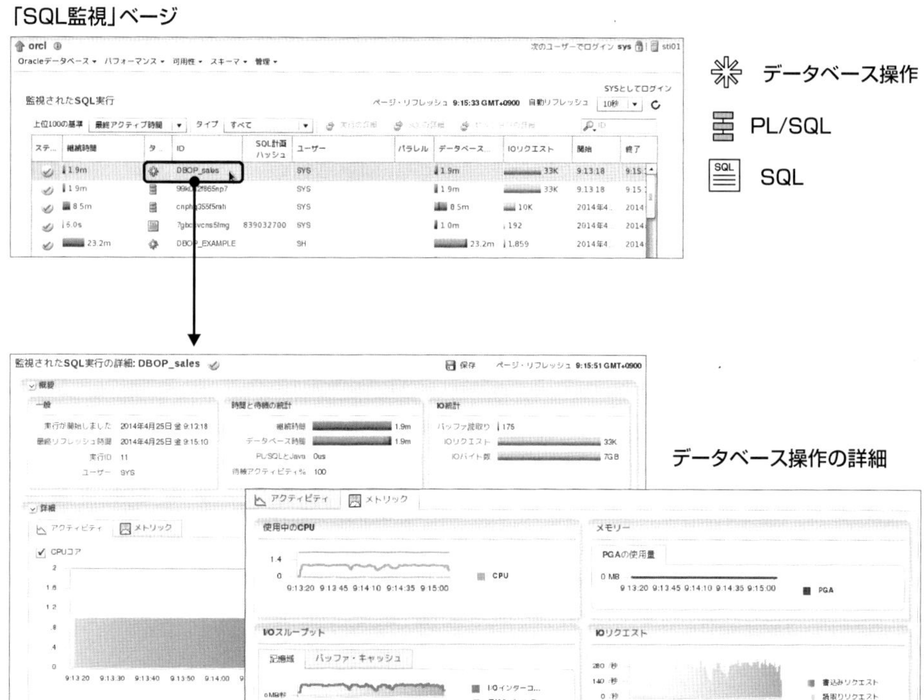

画面 6-1 「監視された SQL 実行」ページ

6-2 ADRの拡張

Oracle Database 11gでサポートしたADR（自動診断リポジトリ）は、分析しやすいようにクリティカルなエラーや個々のエラー発生をアラートログやユーザートレースファイルなどに関連付けます。Oracle Database 12cのADRには、実行されたDDLだけを抽出したDDLログやサポート向けのデバッグログが追加されました。

▶参照
ADRの拡張に関しては、『Oracle Database管理者ガイド』マニュアルを参考にしてください。

6-2-1 DDLログ

enable_ddl_loggingパラメータをTRUEに設定すると、DDLログの取得が有効になり、実行されたDDL文テキスト、実行時間、クライアントなどの情報がDDLログファイルに記録されます（図6-3）。

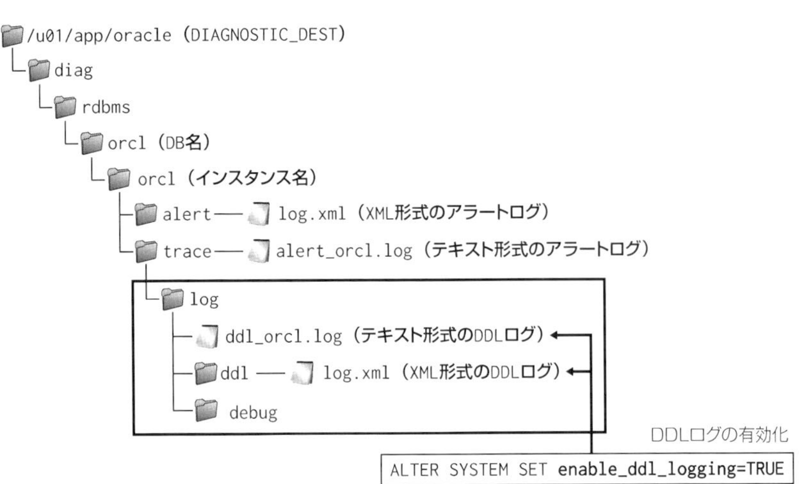

（※図は続く）

ddl_orcl.log（テキスト形式のDDLログ）

```
Sat Apr 26 16:58:42 2014
diag_adl:drop user u1
diag_adl:ALTER DATABASE CLOSE NORMAL
diag_adl:ALTER DATABASE DISMOUNT
diag_adl:ALTER DATABASE OPEN
diag_adl:create table t(n number)
diag_adl:drop table t purge
```

実行したDDL文テキストのみ

log.xml（XML形式のDDLログ）

```
<msg time='2014-04-26T16:58:42.869+09:00' org_id='oracle' comp_id='rdbms'
 msg_id='opiexe:4181:2946163730' type='UNKNOWN' group='diag_adl'
 level='16' host_id='sti01' host_addr='127.0.0.1' version='1'>
 <txt>drop user u1
 </txt>
</msg>
<msg time='2014-04-26T16:58:51.974+09:00' org_id='oracle' comp_id='rdbms'
 msg_id='opiexe:4181:2946163730' type='UNKNOWN' group='diag_adl'
 level='16' host_id='sti01' host_addr='127.0.0.1'>
 <txt>ALTER DATABASE CLOSE NORMAL
…
<msg time='2014-04-26T16:59:17.661+09:00' org_id='oracle' comp_id='rdbms'
 msg_id='opiexe:4181:2946163730' type='UNKNOWN' group='diag_adl'
 level='16' host_id='sti01' host_addr='127.0.0.1'>
 <txt>drop table t purge
 </txt>
</msg>
```

・実行時間
・実行クライアント
・実行したDDLテキスト

図6-3 ADRの拡張

DDLログファイルは、アラートログや監査証跡ではなく、独立したファイルです。DDLログファイルには、テキスト形式とXML形式があり、テキスト形式は「ADRホーム/log/ddl_SID名.log」、XML形式は「ADRホーム/log/ddl/log.xml」に保存されます。

ADRCIからのDDLログ参照

ADRCIでshow logコマンドを使用すると、XML形式のDDLログファイルを読み込み、DDL文を実行した時間とDDL文テキストを表示します（例6-2）。

例6-2：ADRCIのshow logコマンド

```
-- log.xmlファイル内容
$ cat $ORACLE_BASE/diag/rdbms/orcl/orcl/log/ddl/log.xml
<msg time='2014-04-27T06:51:55.932+09:00' org_id='oracle' comp_id='rdbms'
 msg_id='opiexe:4181:2946163730' type='UNKNOWN' group='diag_adl'
 level='16' host_id='sti01' host_addr='127.0.0.1'        各種情報が出力されている
 version='1'>
 <txt>create table t(c number)
 </txt>
</msg>

-- show logコマンド結果
$ adrci exec="SET HOME diag/rdbms/orcl/orcl;set editor cat;show log"

ADR Home = /u01/app/oracle/diag/rdbms/orcl/orcl:
*************************************************************************
Output the results to file: /tmp/utsout_6137_140065_1.ado
2014-04-27 06:51:55.932000 +09:00
create table t(c number)                       出力は日付と文テキストのみ
```

XML形式のDDLログファイルは、「ADRホーム/log/ddl/log.xml」にあります。log.xmlファイルは、enable_ddl_loggingパラメータをTRUEに変更後、最初のDDL文の実行後に生成されます。DDL文実行時間やDDL文テキストだけでなく、クライアントマシン名なども記録されますが、show logコマンドではDDL実行時間とDDL文テキストのみ表示されます。

6-3 リソースマネージャの拡張

OS が管理するリソースをデータベース側で制御できるリソースマネージャは、マルチテナント向けに拡張されました。また、しきい値を超えると別グループに切り替える機能において、しきい値の設定方法が追加されています。

▶参照
リソースマネージャに関しては、『Oracle Database 管理者ガイド』マニュアルを参考にしてください。

6-3-1 CDB 計画と PDB 計画

各PDBでは、非CDBと同様にリソースマネージャによる制御（アクティブセッションプールやしきい値によるコンシューマグループ切り替えなど）を行うことができます。さらに、CDB単位では、PDB間のリソース割り当てを制御できます（図6-4）。

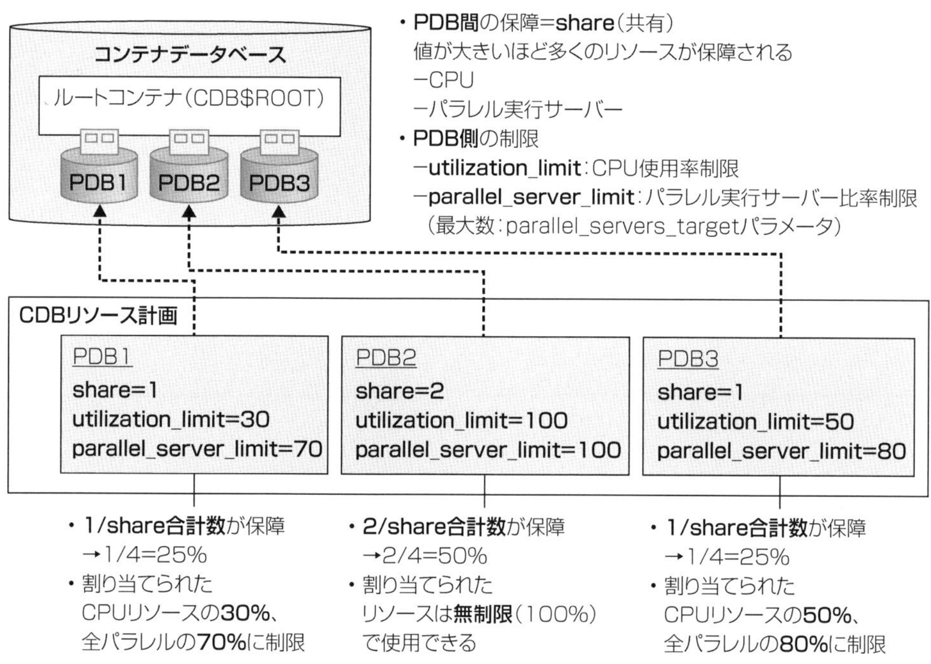

図 6-4 CDB リソース計画と PDB

共有（share）

CDBリソース計画では、shareディレクティブでPDB間のCPUリソースとパラレル実行サーバーを制御します。共有（share）は、CPUリソースとパラレル実行サーバーが、全体に対してどのくらい割り当て保障されるかを制御します。ほかが「1」のときに「2」を設定されたPDBは、2倍のリソースが保障されます。

制限（utilization_limitとparallel_server_limit）

utilization_limit（CPUリソース制限）とparallel_server_limit（パラレル実行サーバー制限）は、リソースに余裕があっても取得させないための制限です。後から起動するPDBのためにリソースに余裕を残しておくことができます。

制限を指定せずにディレクティブを作成すると、デフォルト値が使用されます。後からデフォルト値を変更した場合、既存のディレクティブに影響はしません。parallel_server_limitディレクティブによる制限は、パラレルサーバーの最大数（parallel_servers_targetパラメータ）に対する比率になります。

CDBリソース計画の作成

CDBリソース計画は、ペンディングエリアを作成したうえで、DBMS_RESOURCE_MANAGERパッケージを使用して作成します（表6-2）。

表6-2：CDBリソース計画関連プロシージャ

プロシージャ	説明
CREATE_CDB_PLAN	CDBリソースプランの作成
CREATE_CDB_PLAN_DIRECTIVE	CDBリソースプランにディレクティブ追加
UPDATE_CDB_PLAN	CDBリソースプランのコメント変更
UPDATE_CDB_PLAN_DIRECTIVE	CDBリソースプランのディレクティブ変更
UPDATE_CDB_DEFAULT_DIRECTIVE	CDBリソースプランのデフォルトディレクティブを変更
UPDATE_CDB_AUTOTASK_DIRECTIVE	自動メンテナンスタスクで使用されるCDBリソースプランのディレクティブを変更
DELETE_CDB_PLAN	CDBリソースプランの削除
DELETE_CDB_PLAN_DIRECTIVE	CDBリソースプランからPDBを削除

自動化メンテナンスタスク用リソース値とデフォルト用リソース値

DBMS_RESOURCE_MANAGER.CREATE_CDB_PLANでCDBリソース計画を作成すると、ORA$AUTOTASK（自動化メンテナンスタスク用）とORA$DEFAULT_PDB_DIRECTIVE（デフォルト割り当て用）は自動で作成されます。

自動化メンテナンスタスク用リソースであるshare、utilization_limit、parallel_server_limitディレクティブは、それぞれデフォルト値が-1、90、100ですが、UPDATE_CDB_AUTOTASK_DIRECTIVEプロシージャを使用して変更することができます（例6-3）。

例6-3：CDBリソース計画の確認（自動化メンテナンスタスク用）

```
SQL> BEGIN
  2    DBMS_RESOURCE_MANAGER.UPDATE_CDB_AUTOTASK_DIRECTIVE(
  3    plan                          => 'daytime_plan',
  4    new_shares                    => -1,
  5    new_utilization_limit         => 75,
  6    new_parallel_server_limit => 50);
  7  END;
  8  /
```

shareの「-1」は、CPUリソース全体の20%を意味します。異なる値に変更して元に戻したい場合に「-1」を指定します。

PDBを追加するときに明示的に値を指定しない場合、CDBリソース計画のshare、utilization_limit、parallel_server_limitディレクティブは、それぞれデフォルト値が1、100、100ですが、UPDATE_CDB_DEFAULT_DIRECTIVEプロシージャを使用して変更することができます（例6-4）。

例6-4：CDBリソース計画の確認（デフォルト用）

```
SQL> BEGIN
  2    DBMS_RESOURCE_MANAGER.UPDATE_CDB_DEFAULT_DIRECTIVE(
  3    plan                          => 'daytime_plan',
  4    new_shares                    => 1,
  5    new_utilization_limit         => 20,
  6    new_parallel_server_limit => 100);
  7  END;
  8  /
```

CDBリソース計画の構成確認

ルートコンテナでDBA_CDB_RSRC_PLAN_DIRECTIVESビューを確認することで、既存のCDBリソース計画のディレクティブを確認することができます（例6-5）。

例6-5：CDBリソース計画の確認

```
SQL> SELECT plan, pluggable_database "PDB",
  2          shares, utilization_limit, parallel_server_limit
  3  FROM dba_cdb_rsrc_plan_directives;
PLAN                 PDB                         SHA  UTI  PAR
-------------------- -------------------------- ---- ---- ----
…
DAYTIME_PLAN         ORA$DEFAULT_PDB_DIRECTIVE     1   20  100
DAYTIME_PLAN         ORA$AUTOTASK                      75   50
DAYTIME_PLAN         PDB1                          1  100   70
DAYTIME_PLAN         PDB2                          2
DAYTIME_PLAN         PDB3                          1   50   80
```

ORA$AUTOTASKによる自動化メンテナンスタスクのshare値がnullの場合、デフォルトの「-1」が設定されています。この場合、システム全体の20%の割り当てに制限されます。

CDBリソース計画の有効化

CDBリソース計画の有効化は、非CDBのリソース計画の有効化と同じ方法で行います。resource_manager_planパラメータもしくは、DBMS_RESOURCE_MANAGER.SWITCH_PLANを使用してCDBリソース計画を設定することができます。CDBリソース計画はルートコンテナで作成します。ルートコンテナのみが認識しているので、PDB側で有効化しようとしても対象リソース計画が存在しないため無効になります。

PDBリソース計画

PDBレベルでは、PDB固有のリソースマネージャ（PDBリソース計画）を構成することができます。必要であれば、CDBリソース計画と同様に、共有（share）、CPUリソース制限（max_utilization_limit）、最大パラレルサーバー制限（parallel_target_percentage）を使用して制御することもできます（図6-5）。

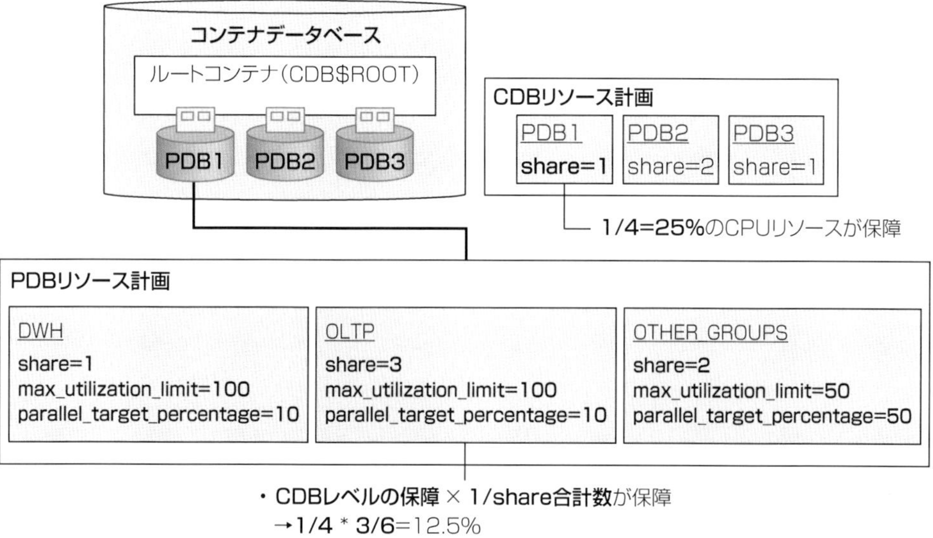

図 6-5　PDB リソース計画

ただし、非CDBと異なり、次の制限が適用されます（表 6-3）。

表 6-3：非 CDB リソース計画と PDB リソース計画

制限	非 CDB リソース計画	PDB リソース計画
CPU レベル	最大 8	1 レベルのみ
コンシューマグループ	最大 28	最大 8
サブプラン	可能	不可

リソース計画を構成済みの非CDBをPDBに変換する場合、PDBリソース計画は、いずれにも違反していなければそのまま使用されます。いずれかに違反している場合は、同等の計画に変換されます。元の計画は、LEGACYステータスとして保存されているため、確認することは可能です。

6-3-2　しきい値の拡張

リソースマネージャを使用したリソース制限は、CPU使用率や並列度だけでなく、しきい値を超えたときにグループを切り替えたり切断したりする機能も含まれています。Oracle Database 12cでは、論理I／O回数と経過時間をしきい値として使用できます。また、グループを切り替えるのではなく、リアルタイムSQL監視にのみ記録させることも可能です（図6-6）。

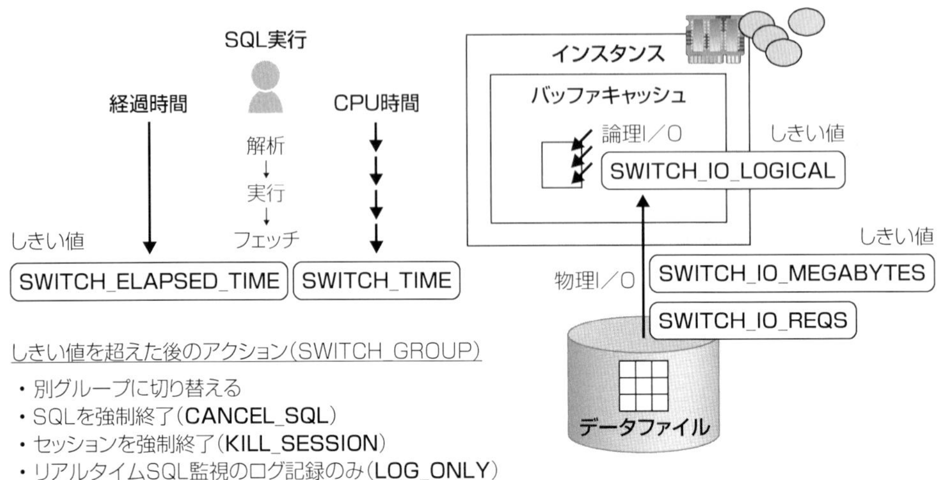

図6-6 リソースマネージャの拡張

学習チェック

この章で学んだことを正確に理解しているか、確認しましょう。

☑ **1** リアルタイムデータベース操作監視の特徴は何ですか。

☑ **2** DBMS_SQL_MONITOR.BEGIN_OPERATION の特徴は何ですか。

☑ **3** リアルタイムデータベース操作監視の結果はどのように確認しますか。

☑ **4** enable_ddl_logging=TRUE により何が保存されますか。また保存先はどこですか。

☑ **5** ADRCI からの DDL ログ参照に使用するコマンドは何ですか。

☑ **6** CDB 計画（PDB 間を制御）構成する要素を 3 つ挙げてください。

☑ **7** CDB 計画で PDB 以外に設定できるリソース制限を 2 つ挙げてください。

☑ **8** 非 CDB のリソース計画と PDB 計画の違いは何ですか。

☑ **9** CDB 計画と PDB 計画は独立して構成することができますか。

☑ **10** リソースマネージャの新しいしきい値を 2 つ挙げてください。

● 解答 ●

1 ・複数のワークロードの監視時に適切
・パラレル、I／O要求、処理合計時間などの統計情報を収集できる
・日中と夜間にわたって必要時のみ収集可能

2 ・セッションごとに実行する
・CPUまたはI／Oが5秒以上、パラレル処理、MONITORヒントのSQLが監視対象
・forced_tracking => 'Y'：セッション内全SQLが監視対象

3 V$SQL_MONITORビューやDBMS_SQL_MONITOR.REPORT_SQL_MONITORファンクションを使用します。

4 すべてのDDLの実行時間とSQL文テキストが保存されます。保存先は、XML形式は「ADRホーム/log/ddl/log.xml」、テキスト形式は「ADRホーム/log/ddl_SID名.log」です。

5 show logコマンドを使用します。実行時間とSQL文テキストが表示されます。

6 ・共有：CPUとパラレル（share）
・CPU使用率の上限（utilization_limit）
・パラレルサーバーの制限（parallel_server_limit）

7 ・自動化メンテナンスタスク用リソース制限（デフォルト：-1で20%）
・デフォルト用リソース制限

8 レベル数、グループ数の最大数が異なります。非CDBは8レベルまで、PDB計画は1レベルのみ。

9 いずれも独立して構成することができます。また、PDB計画はCDB計画に加えて構成することができます。

10 ・経過時間（SWITCH_ELAPSED_TIME）
・論理I／O（SWITCH_IO_LOGICAL）
SWITH_GROUPでリアルタイムSQL監視のログ記録のみ（LOG_ONLY）も可能です。

第7章

パフォーマンス

本章の内容

- **7-1** SQLチューニングの拡張
- **7-2** ADDMとASHの拡張
- **7-3** そのほかのパフォーマンス拡張

アクセスキー u (小文字のユー)

この章で学ぶこと

オプティマイザ統計収集の拡張や、適応問合せ最適化機能によって、実行計画の最適化がより自動化されました。また、問題が発生している場合、リアルタイムADDMや期間比較ADDMによって適切なアクションの実行が可能になります。ネットワークの圧縮やフラッシュキャッシュなどの既存機能が拡張され、UNIX環境でプロセスを統合するマルチプロセスマルチスレッド（MPMT）や、一時表のための一時UNDOなどの新機能を使用することで、パフォーマンスが向上します。

試験ではここが出る

□自動展開タスクの特徴は何か。
□自動展開タスクの結果レポートを表示するファンクションはどれか。
□自動展開タスクを手動で実行する場合の手順はどのようなものか。
□DBMS_XPLAN.DISPLAY_SQL_PLAN_BASELINEの結果の特徴は何か。
□optimizer_adaptive_features＝TRUE（デフォルトTRUE）は何に影響するか。
□適応問合せ最適化の特徴は何か。
□optimizer_adaptive_reporting_only=TRUE（デフォルトFALSE）によりどうなるか。
□SQL計画ディレクティブの特徴は何か。
□SQL計画ディレクティブのパージの変更はどのように行うか。
□自動動的サンプリングを有効にする設定とその効果は何か。
□ヒストグラムの拡張により追加されたヒストグラムは何か。
□自動列グループ検出の手順はどのようなものか。
□バルクロードのオンライン統計収集対象となる処理は何か。
□グローバル一時表のセッションプライベート統計の特徴は何か。
□緊急監視の特徴は何か。
□リアルタイムADDMの特徴は何か。
□期間比較ADDMの特徴と、実行するために使用するものは何か。
□ASH分析の拡張の特徴は何か。
□ネットワーク圧縮の拡張の特徴は何か。

□ SDU（Session Data Unit）サイズは何で設定するか。また、上限はどのくらいか。

□ スマートフラッシュキャッシュを構成するパラメータは何か。

□ マルチプロセスマルチスレッドの利点は何か。

□ マルチプロセスマルチスレッドの有効化はどのように設定するか。

□ 一時UNDOの特徴は何か。

□ SecureFiles LOBで変更された構成は何か。

□ 表圧縮で変更された構成は何か。

7

7-1 SQL チューニングの拡張

SQL チューニングとは、「よりよい実行計画を使用させること」です。実行計画を構築するのはオプティマイザの仕事ですが、与えられたオプティマイザ統計情報が不適切な場合、作成される実行計画も不適切になります。正確なオプティマイザ統計情報だったとしても、実際に実行すると不適切な動きになることもあります。Oracle Database 12c では、オプティマイザ自身が実行計画を自己修正する「最適化」、動的な収集結果を保存する「ディレクティブ」、選択性に影響を与える「ヒストグラムの最適化」といった各種機能によって、よりよい実行計画を探すことができるようになっています。各機能の名称が特殊なので、名称と機能の対応と動作内容をよく確認しておきましょう。

▶参照
SQL チューニングの拡張に関しては、『Oracle Database SQL チューニングガイド』マニュアルを参考にしてください。

7-1-1　適応 SQL 計画管理

Oracle Database 11g でサポートした SQL 計画管理（SPM）を使用することで、初期化パラメータの変更やバージョンアップなどで外部環境が変化しても、保存された実行計画を常に使用することができます。計画履歴にある未承認の計画は、よりよい計画であることを検証したうえで、使用することができます。Oracle Database 11g では検証作業を手動で行いましたが、Oracle Database 12c では自動展開タスクがあり、アドバイザタスクとしてスケジュール化されています（図 7-1）。

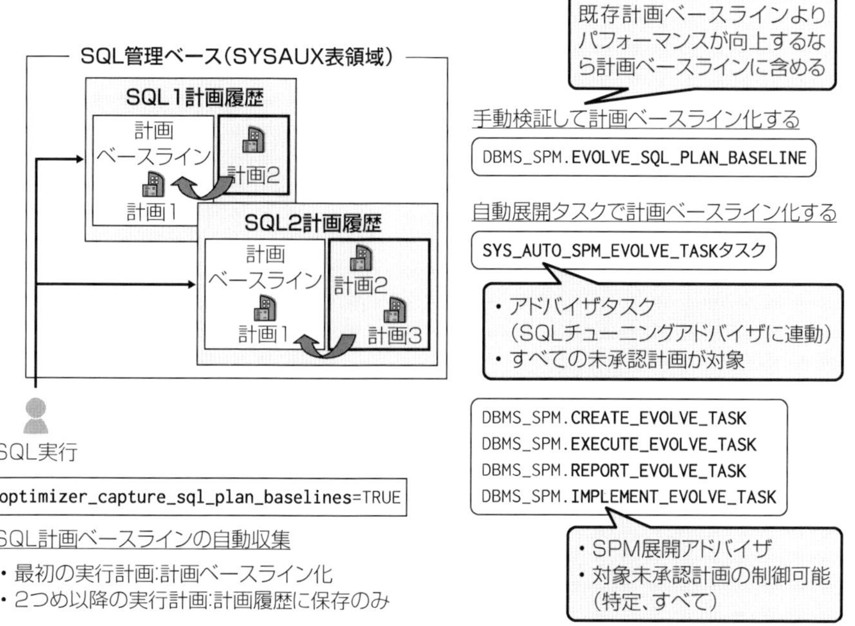

図 7-1　適応 SQL 計画管理

SQL 計画管理の対象 SQL を自動収集 (optimizer_capture_sql_plan_baselines =TRUE) にした場合、初回の実行計画のみが計画ベースラインになり、2 番目以降の実行計画は計画履歴に格納される未承認実行計画となります。

Oracle Database 11g では、DBMS_SPM.EVOLVE_SQL_PLAN_BASELINE プロシージャを使用して手動で検証するか、自動 SQL チューニングアドバイザから検証される必要がありました。しかし、Oracle Database 12c の SYS_AUTO_SPM_EVOLVE_TASK タスク (自動展開タスク) によって、自動で検証できるようになりました。自動展開タスクは、自動化メンテナンスタスクで自動実行されます。

自動展開タスクの実行

自動展開タスクは、メンテナンスウィンドウを使用したアドバイザタスク (SYS_AUTO_SPM_EVOLVE_TASK) として実行するか、DBMS_SPM パッケージの xxx_EVOLVE_TASK プロシージャ／ファンクションを使用して、手動でタスクを作成することもできます (例 7-1)。

例7-1：自動展開タスクの手動実行

```
-- タスク変数宣言
SQL> variable taskname VARCHAR2(30)
SQL> variable execname VARCHAR2(30)
SQL> variable implcnt  NUMBER

-- 自動展開タスクの作成
SQL> exec :taskname := DBMS_SPM.CREATE_EVOLVE_TASK()

-- 自動展開タスクの実行
SQL> exec :execname := DBMS_SPM.EXECUTE_EVOLVE_TASK(:taskname)

-- 自動展開タスクの結果レポート
SQL> set long 50000 longchunk 200
SQL> SELECT DBMS_SPM.REPORT_EVOLVE_TASK(:taskname) FROM dual;
…
SUMMARY SECTION
---------------------------------------------------------------------
  Number of plans processed  : 1
  Number of findings         : 1
  Number of recommendations  : 0    推奨事項なし＝未承認のまま
  Number of errors           : 0
---------------------------------------------------------------------

DETAILS SECTION
---------------------------------------------------------------------
…
 SQL Text             : select * from sh.sales where quantity_sold > 40 order by prod_id

Execution Statistics:
-----------------------------
                    Base Plan                  Test Plan
                    ----------------           ----------------
 Elapsed Time (s):  .302942                    .003629
 CPU Time (s):      .284457                    .003477
 Buffer Gets:       992                        162
 Optimizer Cost:    3049                       517
 Disk Reads:        0                          0
 Direct Writes:     0                          0
 Rows Processed:    0                          0
 Executions:        2                          10
```

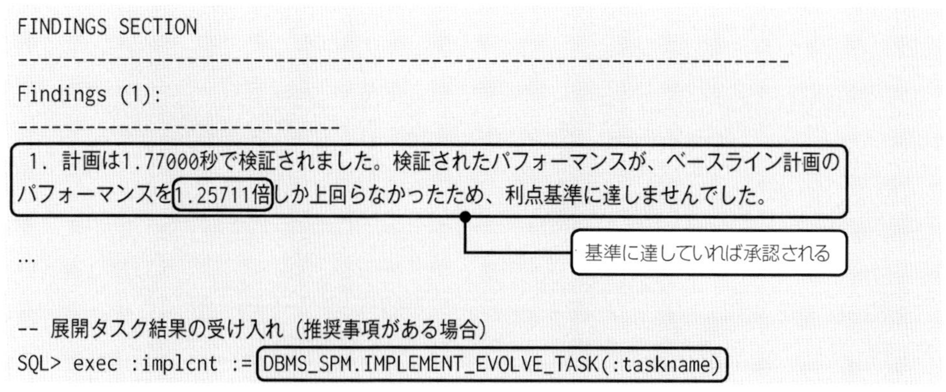

```
FINDINGS SECTION
---------------------------------------------------------------------
Findings (1):
-----------------------------
 1. 計画は1.77000秒で検証されました。検証されたパフォーマンスが、ベースライン計画の
パフォーマンスを1.25711倍しか上回らなかったため、利点基準に達しませんでした。
...

-- 展開タスク結果の受け入れ（推奨事項がある場合）
SQL> exec :implcnt := DBMS_SPM.IMPLEMENT_EVOLVE_TASK(:taskname)
```


自動展開タスクの推奨事項があれば、DBMS_SPM.IMPLEMENT_EVOLVE_TASKを使用してベースライン化を受け入れます。

自動展開タスク結果の確認

アドバイザタスクとして実行した自動展開タスクの結果は、DBMS_SPM.REPORT_AUTO_EVOLVE_TASKファンクションを実行すると表示できます。Enterprise Manager Cloud Controlのアドバイザセントラルページにタスク実行がリストされますが、結果を出力することができません（画面7-1）。

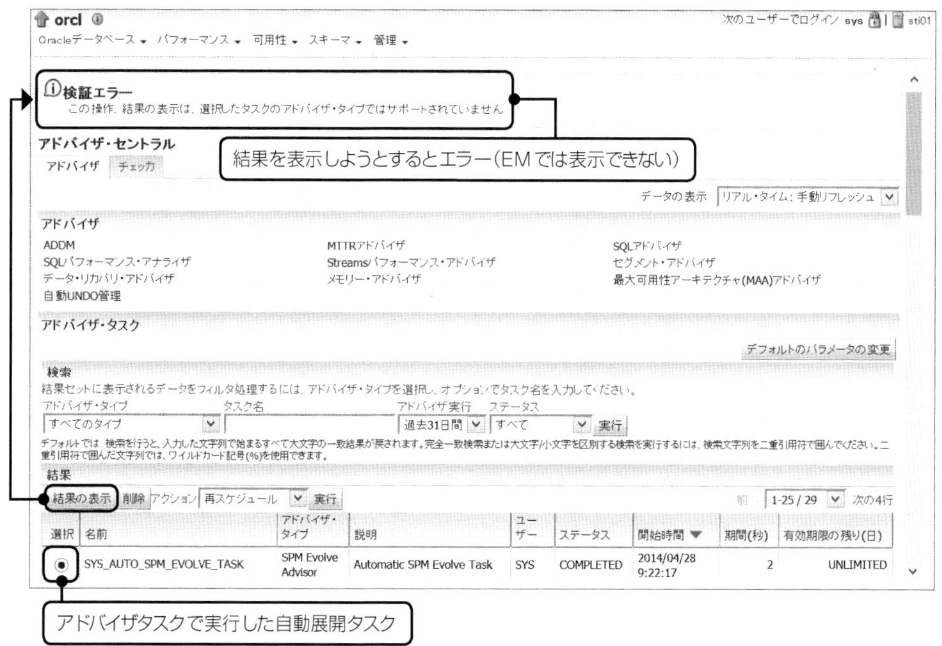

画面7-1 「アドバイザセントラル」ページ

SQL管理ベースに実際の実行計画を保存

SQL計画管理では、SYSAUX表領域のSMB（SQL管理ベース）に情報が保存されます。Oracle Database 11gのSQL計画管理では、ヒントが保存されるだけでしたから、DBMS_XPLAN.DISPLAY_SQL_PLAN_BASELINEファンクションによる実行計画の取得時に、現在の環境で文が解析され、作成された実行計画が戻されます。そのため計画ベースラインを作成した時点と現在の環境では、異なる実行計画が戻る可能性があります。

一方、Oracle Database 12cのSQL計画管理では、計画履歴に格納される時点の実行計画がSMBに保存されます。DBMS_XPLAN.DISPLAY_SQL_PLAN_BASELINEファンクションは、SMBから実行計画を取得します（図7-2）。

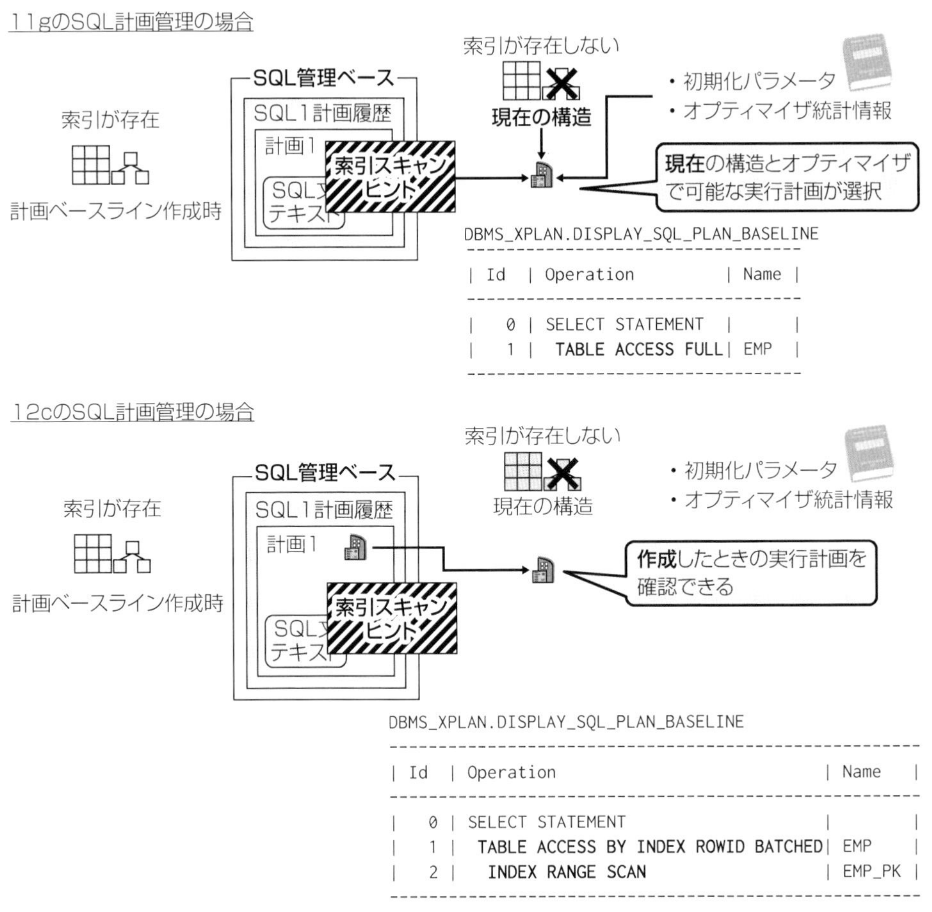

図7-2　DISPLAY_SQL_PLAN_BASELINEからの出力

7-1-2 適応問合せ最適化

初期化パラメータとオプティマイザ統計を使用して作成される実行計画が、常に最適とは限りません。実際に処理した結果、結合順序や結合方法が不適切だったり、パラレル処理の並列度が不適切だったりする可能性があります。Oracle Database 12cのオプティマイザは、初回の実行時に結合方法や並列度を微調整する「適応計画」と2回目以降の実行においてより最適な計画を再作成する「自動再最適化」が行われるようになりました。適応計画と自動再最適化を総称して「適応問合せ最適化」と呼んでいます（図7-3）。

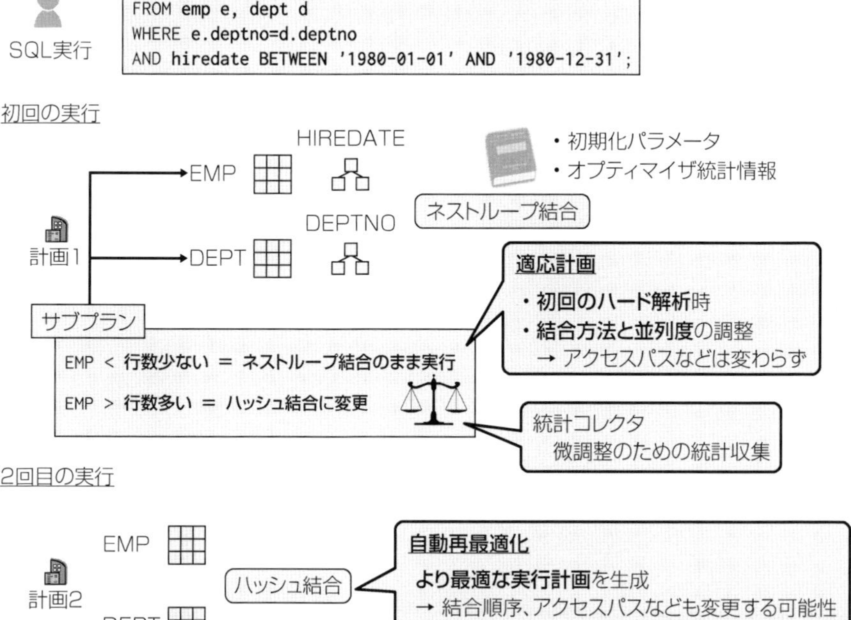

図7-3 適応問合せ最適化

適応計画や自動再最適化、SQL計画ディレクティブ、適応カーソル共有などの機能は、optimizer_adaptive_featuresパラメータがTRUEの時に有効化されます。実行計画の変更を行わせないときは、optimizer_adaptive_reporting_onlyパラメータをTRUEにします。これによりOracle Database 11g以前に相当する実行計画になります。

7

適応計画

データディクショナリに保存されているオプティマイザ統計は、統計を収集した時点の情報です。そのため、現在の表データとのずれが存在すると、不適切な実行計画が作成される可能性があります。適応計画は、そのようなずれから発生する実行計画ステップを微調整する機能です。初回の実行時に、統計コレクタによる行数の統計がバッファリングされ、行数がオプティマイザ統計の 10 倍を超えると、より適切な結合方法を選択します（図 7-4）。

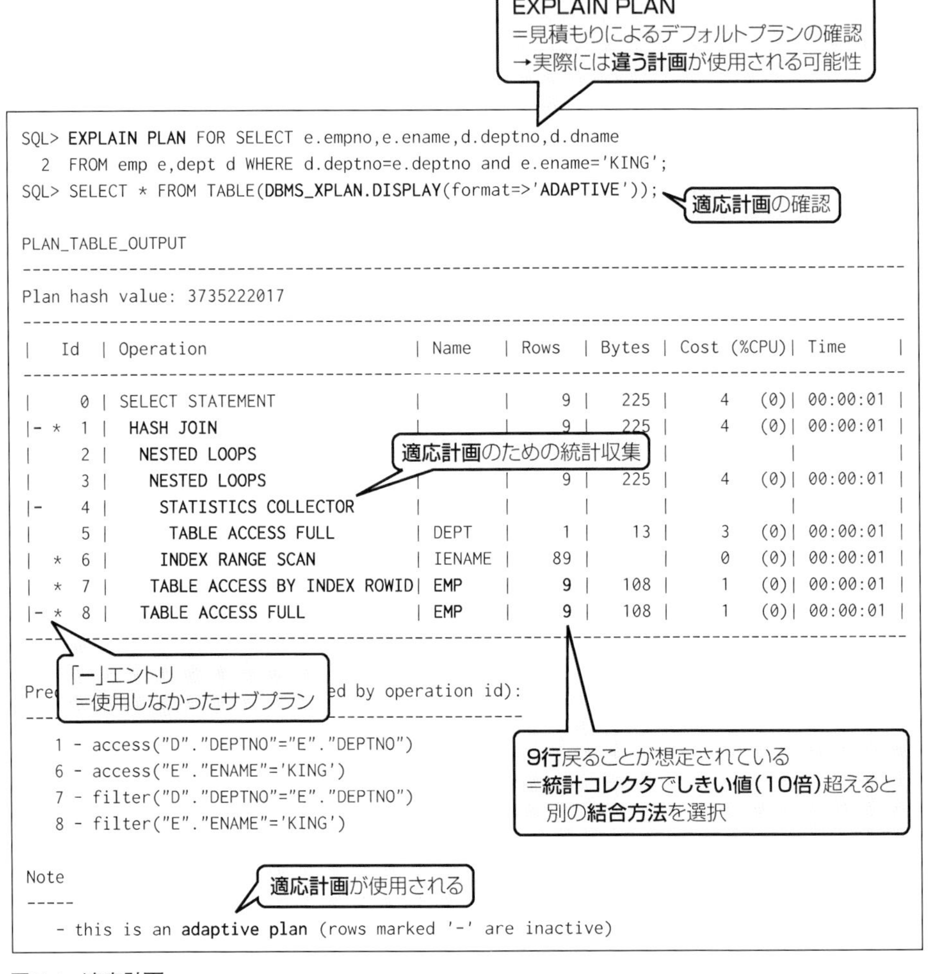

```
SQL> EXPLAIN PLAN FOR SELECT e.empno,e.ename,d.deptno,d.dname
  2  FROM emp e,dept d WHERE d.deptno=e.deptno and e.ename='KING';
SQL> SELECT * FROM TABLE(DBMS_XPLAN.DISPLAY(format=>'ADAPTIVE'));

PLAN_TABLE_OUTPUT
------------------------------------------------------------------------------------------
Plan hash value: 3735222017
------------------------------------------------------------------------------------------
|   Id  | Operation                      | Name    | Rows  | Bytes | Cost (%CPU)| Time     |
------------------------------------------------------------------------------------------
|     0 | SELECT STATEMENT               |         |     9 |   225 |     4   (0)| 00:00:01 |
|- *  1 |  HASH JOIN                     |         |     9 |   225 |     4   (0)| 00:00:01 |
|     2 |   NESTED LOOPS                 |                            |            |          |
|     3 |    NESTED LOOPS                |         |     9 |   225 |     4   (0)| 00:00:01 |
|-    4 |     STATISTICS COLLECTOR       |         |       |       |            |          |
|     5 |      TABLE ACCESS FULL         | DEPT    |     1 |    13 |     3   (0)| 00:00:01 |
|  *  6 |     INDEX RANGE SCAN           | IENAME  |    89 |       |     0   (0)| 00:00:01 |
|  *  7 |    TABLE ACCESS BY INDEX ROWID| EMP     |     9 |   108 |     1   (0)| 00:00:01 |
|- *  8 |   TABLE ACCESS FULL            | EMP     |     9 |   108 |     1   (0)| 00:00:01 |
------------------------------------------------------------------------------------------

Pre                              ed by operation id):
---------------------------------------------------

   1 - access("D"."DEPTNO"="E"."DEPTNO")
   6 - access("E"."ENAME"='KING')
   7 - filter("D"."DEPTNO"="E"."DEPTNO")
   8 - filter("E"."ENAME"='KING')

Note
-----
   - this is an adaptive plan (rows marked '-' are inactive)
```


図 7-4　適応計画

パラレル処理時のデータの配分方法には、多くのプロセスで少ない行を配分する「ブロードキャスト配分」と、少ないプロセスで多くの行を配分する「ハッシュ配分」があります。統計コレクタからの行数がしきい値（並列度の2倍）を超えていればハッシュ配分、下回ればブロードキャスト配分を選択します。

自動再最適化

適応計画では、結合順序の変更やスター型変換のような問合せ変換といった大幅な修正は行いません。大幅な修正は2回目以降の実行時に行われる自動再最適化で検討されます。

実行時に収集した統計を基に、行数（カーディナリティ）をメモリー上に保存しておく「統計フィードバック（Oracle Database 11g リリース2ではカーディナリティ・フィードバック）」によって、次回以降の実行時に、不適切な統計情報にともなう不適切な実行計画が最適な実行計画として再作成されます。

統計フィードバックによる自動再最適化は、誤った見積もりを修正するため、実行順序の変更を含む最適化が行われます（図7-5）。

1回目の実行：**適応計画**による最適化

・IOSTATS：IO統計（実際の行数情報も出力）
・LAST：最後に実行した統計のみ
・E-Rows：見積もり行数
・A-Rows：実際の行数

```
SQL> SELECT /*+ gather_plan_statistics */ o.order_id,v.product_name FROM ...
SQL> SELECT * FROM table(DBMS_XPLAN.DISPLAY_CURSOR(format=>'IOSTATS LAST'));

PLAN_TABLE_OUTPUT
--------------------------------------------------------------------------------
SQL_ID  d9gjshrv7dn0f, child number 0
-------------------------------------
SELECT /*+ gather_plan_statistics */o.order_id,v.product_name FROM orders o,(
SELECT order_id,product_name FROM order_items o,product_information p WHERE
p.product_id=o.product_id AND list_price<50 AND min_price<40) v WHERE
o.order_id=v.order_id

Plan hash value: 2830407244

--------------------------------------------------------------------------------
| Id  | Operation               | Name            | Starts | E-Rows | A-Rows |
--------------------------------------------------------------------------------
|   0 | SELECT STATEMENT        |                 |      1 |        |    269 |
|*  1 |  HASH JOIN              |                 |      1 |      1 |    269 |
|   2 |   NESTED LOOPS          |                 |      1 |      1 |    665 |
|   3 |    INDEX FAST FULL SCAN| ORDER_ITEMS_UK   |      1 |      1 |    665 |
|*  4 |    INDEX UNIQUE SCAN    | ORDER_PK        |    665 |      1 |    665 |
```

（※図は続く）

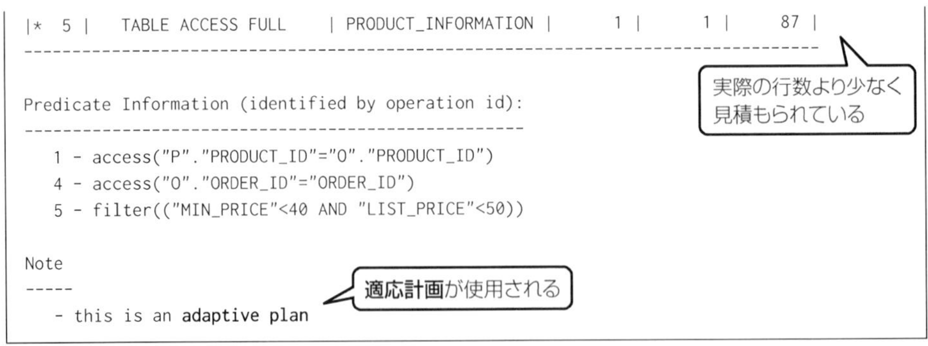

```
|*  5 |   TABLE ACCESS FULL     | PRODUCT_INFORMATION |     1 |     1 |    87 |
-------------------------------------------------------------------------------

Predicate Information (identified by operation id):
---------------------------------------------------

   1 - access("P"."PRODUCT_ID"="O"."PRODUCT_ID")
   4 - access("O"."ORDER_ID"="ORDER_ID")
   5 - filter(("MIN_PRICE"<40 AND "LIST_PRICE"<50))

Note
-----
   - this is an adaptive plan
```


2回目の実行:統計フィードバックによる自動再最適化

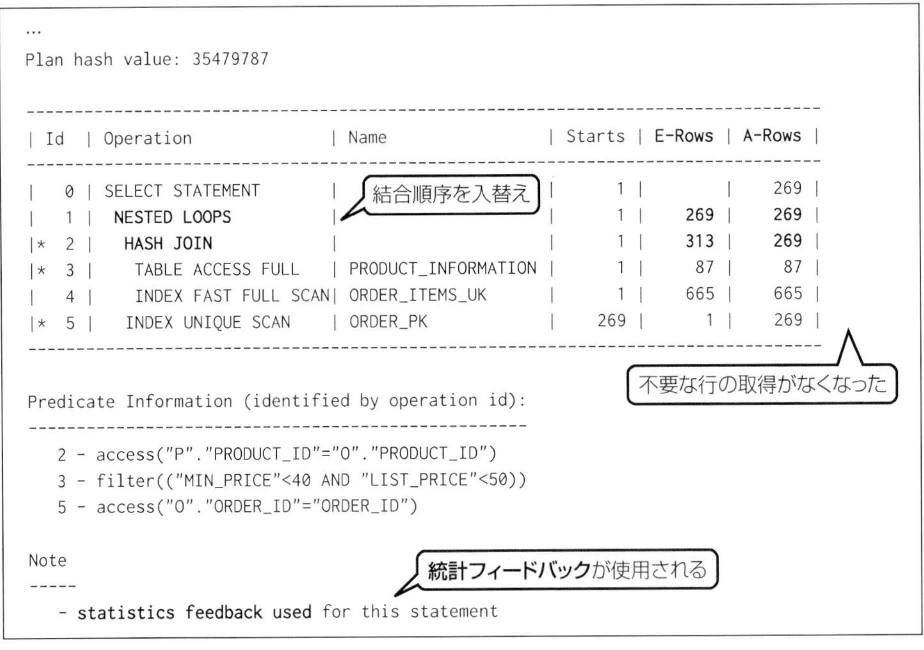

```
...
Plan hash value: 35479787

-------------------------------------------------------------------------------
| Id  | Operation              | Name                | Starts | E-Rows | A-Rows |
-------------------------------------------------------------------------------
|   0 | SELECT STATEMENT       |                     |      1 |        |    269 |
|   1 |  NESTED LOOPS          |                     |      1 |    269 |    269 |
|*  2 |   HASH JOIN            |                     |      1 |    313 |    269 |
|*  3 |    TABLE ACCESS FULL   | PRODUCT_INFORMATION |      1 |     87 |     87 |
|   4 |    INDEX FAST FULL SCAN| ORDER_ITEMS_UK      |      1 |    665 |    665 |
|*  5 |   INDEX UNIQUE SCAN    | ORDER_PK            |    269 |      1 |    269 |
-------------------------------------------------------------------------------

Predicate Information (identified by operation id):
---------------------------------------------------

   2 - access("P"."PRODUCT_ID"="O"."PRODUCT_ID")
   3 - filter(("MIN_PRICE"<40 AND "LIST_PRICE"<50))
   5 - access("O"."ORDER_ID"="ORDER_ID")

Note
-----
   - statistics feedback used for this statement
```


図 7-5　自動再最適化

7-1-3　SQL 計画ディレクティブ

オプティマイザ統計情報は、収集時の情報が保存される静的情報です。だからこそ、定期的な収集によって最新の情報にすることが必要です。動的サンプリングでは、ハード解析ごとに収集させることもできましたが、保存ができませんでした。Oracle Database 12c では、オプティマイザ統計情報の収集も刷新されています。実行時に収集された統計情報のうち、Oracle Database 11gでサポートしたヒストグラムのための拡張統計（列グループ）に関する情報をさらに再利用できるように「SQL計画ディレクティブ」として保存します（図7-6）。

図7-6　SQL計画ディレクティブ

SQL計画ディレクティブは、自動化メンテナンスタスクやDBMS_STATSで取得するオプティマイザ統計とは別に取得される追加の統計です。特定のSQL文ではなく、そのSQL文でアクセスしているオブジェクトへの問合せ式で保存されます。そのため、同じオブジェクトにアクセスする異なるSQL文でも再利用されます。

自動動的サンプリング

Oracle Database 12cの動的サンプリングは「動的統計」と呼ばれます。Oracle Database 11g以前と同じく、optimizer_dynamic_samplingパラメータのデフォルトは「2」で、統計の欠落／失効時に収集されます。「3」で式の検証、「4」で列グループの検証が行われます。また、Oracle Database 12cでは「11」に設定することで自動動的サンプリングとなり、拡張統計を含む統計収集が行われ、収集した結果がメモリーに保持されます。次回以降のハード解析で再利用されるため、収集を繰り返すことによる負荷を回避することができます。

SQL計画ディレクティブの保存

収集された統計情報はメモリー（共有プール）に保存され、自動的にSYSAUX表領域にフラッシュされます。フラッシュはMMONによって15分間隔で行われますが、DBMS_SPD.FLUSH_SQL_PLAN_DIRECTIVEプロシージャで手動でフラッシュすることもできます（図 7-7）。

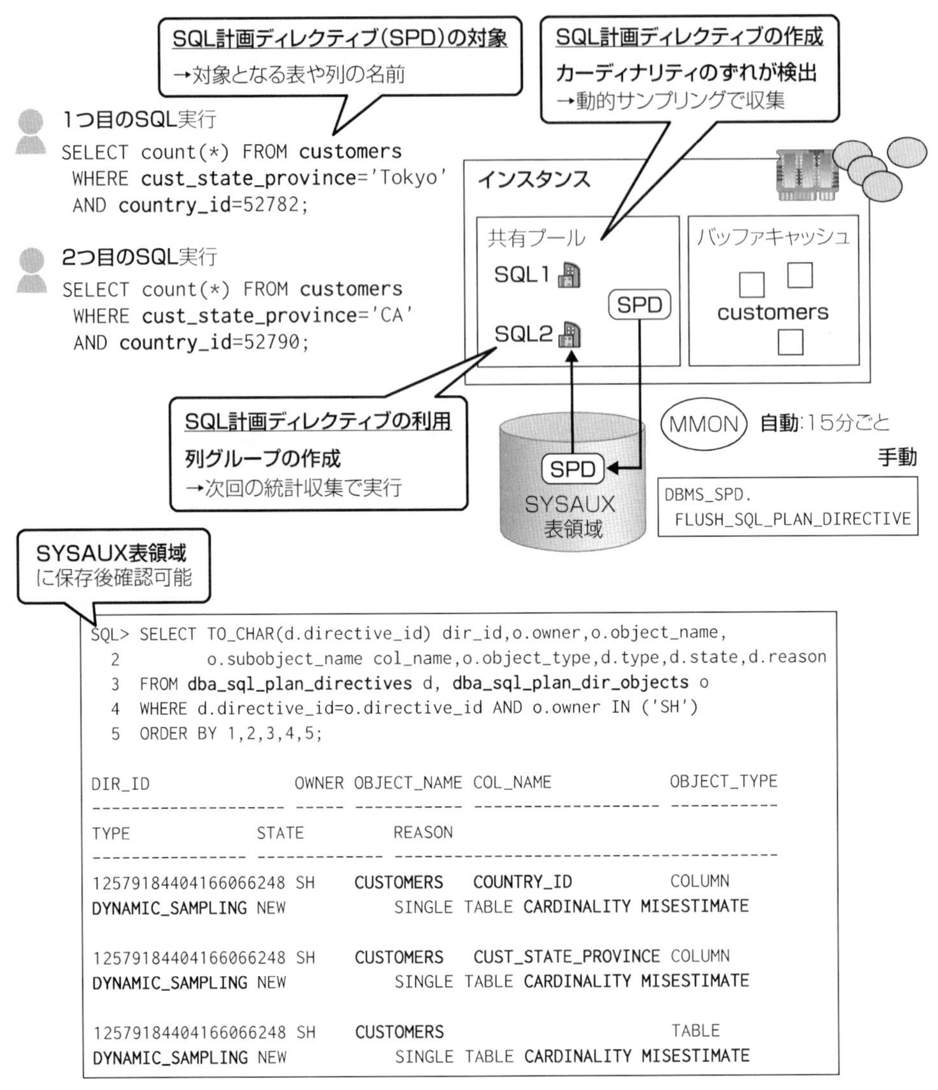


```
SQL> SELECT TO_CHAR(d.directive_id) dir_id,o.owner,o.object_name,
  2         o.subobject_name col_name,o.object_type,d.type,d.state,d.reason
  3  FROM dba_sql_plan_directives d, dba_sql_plan_dir_objects o
  4  WHERE d.directive_id=o.directive_id AND o.owner IN ('SH')
  5  ORDER BY 1,2,3,4,5;

DIR_ID               OWNER OBJECT_NAME COL_NAME            OBJECT_TYPE
-------------------- ----- ----------- ------------------- -----------
TYPE             STATE        REASON
---------------- ------------ ------------------------------------
12579184404166066248 SH    CUSTOMERS   COUNTRY_ID          COLUMN
DYNAMIC_SAMPLING NEW          SINGLE TABLE CARDINALITY MISESTIMATE

12579184404166066248 SH    CUSTOMERS   CUST_STATE_PROVINCE COLUMN
DYNAMIC_SAMPLING NEW          SINGLE TABLE CARDINALITY MISESTIMATE

12579184404166066248 SH    CUSTOMERS                       TABLE
DYNAMIC_SAMPLING NEW          SINGLE TABLE CARDINALITY MISESTIMATE
```

図 7-7　SQL 計画ディレクティブの利用

保存された情報は、DBA_SQL_PLAN_DIRECTIVES や DBA_SQL_PLAN_DIR_OBJECTS で確認できます。

SQL計画ディレクティブのパージ

保存されたSQL計画ディレクティブは、使用しなければ自動で削除されます。デフォルトでは53週（1年間）使用しないと自動削除されます。期間はDBMS_SPD.SET_PREFSプロシージャを使用してSPD_RETENTION_WEEKSプロパティを変更することができます。

なお、手動でSQL計画プランディレクティブを削除する場合は、DBMS_SPD.DROP_SQL_PLAN_DIRECTIVEプロシージャを使用します（例7-2）。

例7-2：SQL計画ディレクティブのパージ

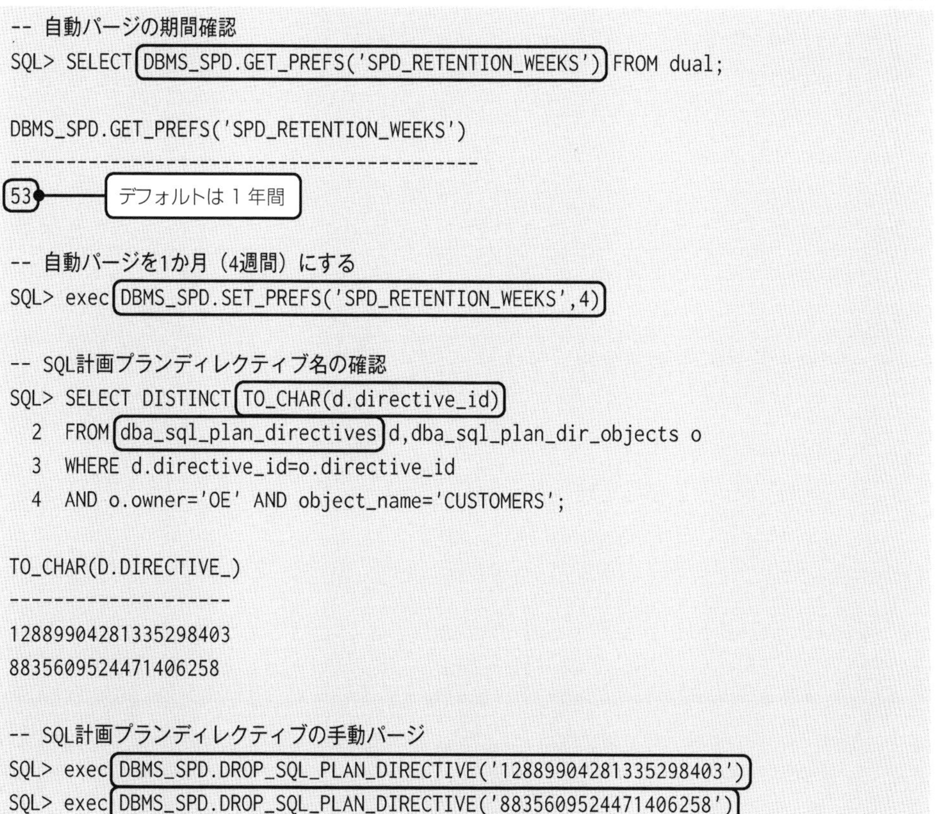

```
-- 自動パージの期間確認
SQL> SELECT DBMS_SPD.GET_PREFS('SPD_RETENTION_WEEKS') FROM dual;

DBMS_SPD.GET_PREFS('SPD_RETENTION_WEEKS')
----------------------------------------
53

-- 自動パージを1か月（4週間）にする
SQL> exec DBMS_SPD.SET_PREFS('SPD_RETENTION_WEEKS',4)

-- SQL計画プランディレクティブ名の確認
SQL> SELECT DISTINCT TO_CHAR(d.directive_id)
  2  FROM dba_sql_plan_directives d,dba_sql_plan_dir_objects o
  3  WHERE d.directive_id=o.directive_id
  4  AND o.owner='OE' AND object_name='CUSTOMERS';

TO_CHAR(D.DIRECTIVE_)
--------------------
12889904281335298403
8835609524471406258

-- SQL計画プランディレクティブの手動パージ
SQL> exec DBMS_SPD.DROP_SQL_PLAN_DIRECTIVE('12889904281335298403')
SQL> exec DBMS_SPD.DROP_SQL_PLAN_DIRECTIVE('8835609524471406258')
```


7-1-4 ヒストグラムの拡張

より正確なオプティマイザ統計情報にするには、ヒストグラム情報が重要になります。

ヒストグラムパターンとして、頻度ヒストグラムと高さ調整ヒストグラムを使用していましたが、Oracle Database 12cでは「上位頻度ヒストグラム（TOP-FREQUENCY）」と「ハイブリッドヒストグラム（HYBRID）」が追加され、より正確なヒストグラムが収集できます。

上位頻度（TOP-FREQUENCY）とハイブリッド（HYBRID）は、高さ調整（HIGHT_BALANCED）に代わる収集方法です。そのため、バケット数より個別値が多い時に使用されます。統計収集時のサンプルサイズとしてDBMS_STATS.AUTO_SAMPLE_SIZEを使用する必要があります。AUTO_SAMPLE_SIZE以外の場合は、従来どおり高さ調整が使用されます。

上位頻度ヒストグラム

個別値の数が多い場合、一部の個別値（ポピュラーな値）が表の大半のレコードを占めているのであれば、上位頻度（TOP-FREQUENCY）が使用されます。

正確には「(1-1/バケット数) × 100」の比率より大きければ上位頻度になります。この比率以下であればハイブリッドになります（図7-8）。

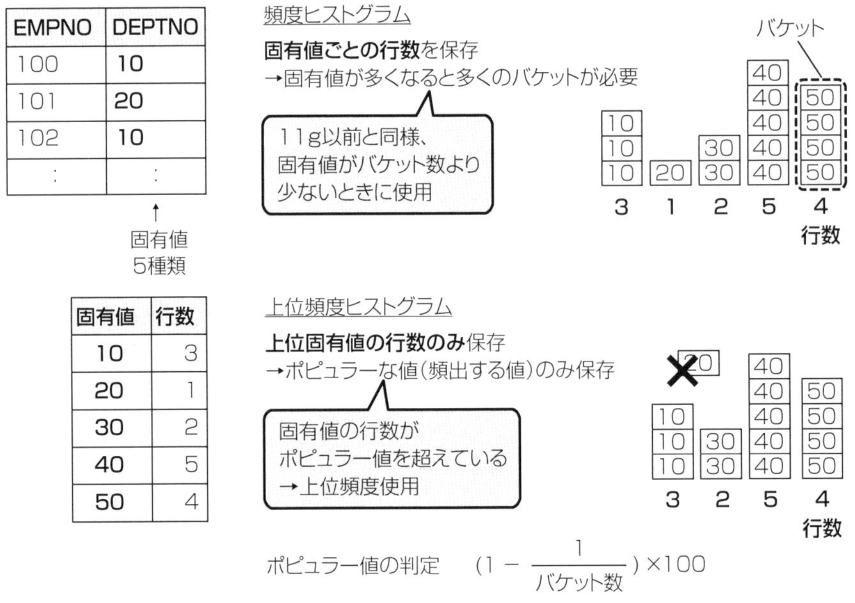

図7-8　上位頻度ヒストグラム

ハイブリッドヒストグラム

ハイブリッドヒストグラムは、高さ調整と頻度ヒストグラムを組み合わせたものです。高さ調整では、バケット数が少ないと偏りの検出ができませんでしたが、ハイブリッドは少ないバケットでも偏りを検出します。高さ調整の方式である「最大値(ENDPOINT_VALUE)」を出現頻度の高い値にし、その実際の行数を「最大値行数(ENDPOINT_REPEAT_COUNT)」として保存します。また、そのほかの値の表現は、頻度ヒストグラム方式である「累積行数(ENDPOINT_NUMBER)」によってカバーします。少ないバケットで多くの個別値を表現します(図 7-9)。

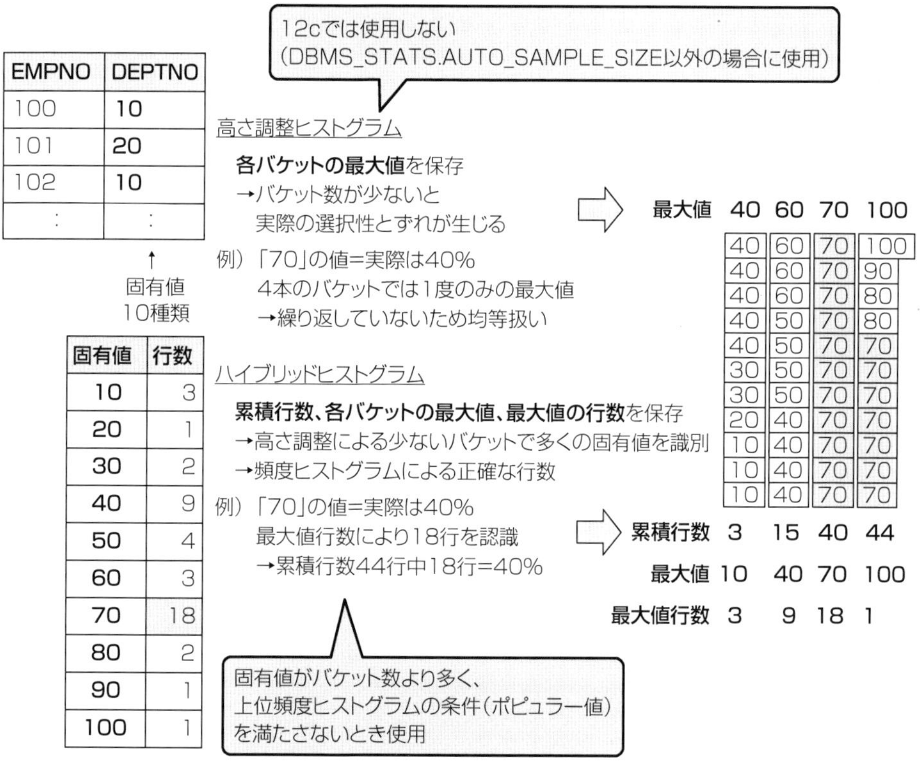

EMPNO	DEPTNO
100	10
101	20
102	10
:	:

↑
固有値
10種類

固有値	行数
10	3
20	1
30	2
40	9
50	4
60	3
70	18
80	2
90	1
100	1

12cでは使用しない
(DBMS_STATS.AUTO_SAMPLE_SIZE以外の場合に使用)

高さ調整ヒストグラム

各バケットの最大値を保存
→バケット数が少ないと
実際の選択性とずれが生じる

例)「70」の値=実際は40%
4本のバケットでは1度のみの最大値
→繰り返していないため均等扱い

最大値 40 60 70 100

40	60	70	100
40	60	70	90
40	60	70	80
40	50	70	80
40	50	70	70
30	50	70	70
30	50	70	70
20	40	70	70
10	40	70	70
10	40	70	70
10	40	70	70

ハイブリッドヒストグラム

累積行数、各バケットの最大値、最大値の行数を保存
→高さ調整による少ないバケットで多くの固有値を識別
→頻度ヒストグラムによる正確な行数

例)「70」の値=実際は40%
最大値行数により18行を認識
→累積行数44行中18行=40%

累積行数	3	15	40	44
最大値	10	40	70	100
最大値行数	3	9	18	1

固有値がバケット数より多く、
上位頻度ヒストグラムの条件(ポピュラー値)
を満たさないとき使用

図 7-9 ハイブリッドヒストグラム

7-1-5 自動列グループ検出

Oracle Database 11g でサポートした「拡張統計」により、列の組み合わせに対する「列グループ」やファンクション索引の使用に影響する「式」のヒストグラムが収集で

きるようになりました。Oracle Database 12cのSQL計画ディレクティブによって自動作成される可能性がありますが、自動列グループ検出機能を使用することで、拡張統計が必要な列を分析することもできるようになりました（図7-10）。

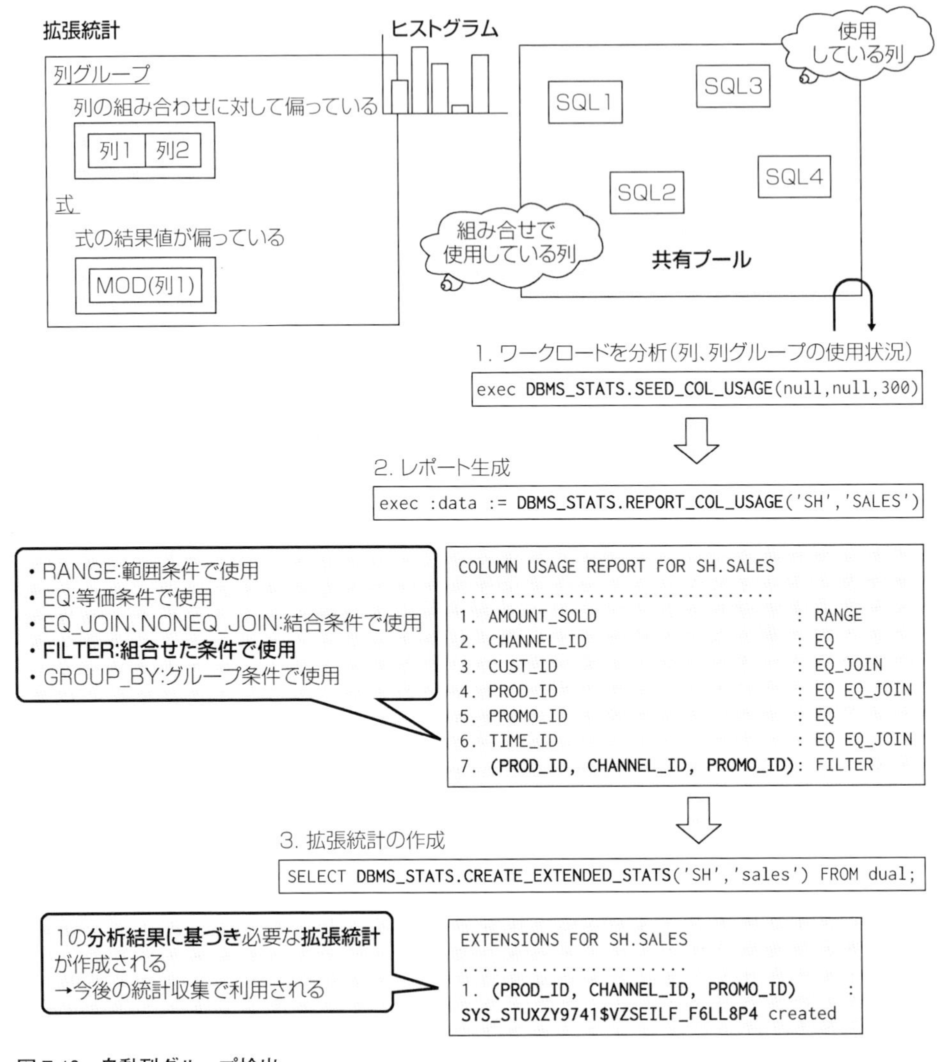

図7-10 自動列グループ検出

自動列グループ検出機能は、DBMS_STATS.SEED_COL_USAGEとDBMS_STATS.REPORT_COL_USAGE、DBMS_STATS.CREATE_EXTENDED_STATSを使用します。

DBMS_STATS.SEED_COL_USAGE：ワークロードの分析

DBMS_STATS.SEED_COL_USAGEでワークロードの分析が行われます。事前にSQLチューニングセットを作成してシードする場合、最初の2つの引数（SQLSET_NAMEとOWNER_NAME）を使用します。

3番目のTIME_LIMIT引数のみを使用して、一定時間リアルタイムに情報収集し分析することもできます。監視中に作成された実行計画が対象になりますので、EXPLAIN PLAN文による未実行の見積もり計画も対象になります。

DBMS_STATS.REPORT_COL_USAGE：結果レポートの表示

分析された結果は自動出力されません。

DBMS_STATS.REPORT_COL_USAGEで、CLOBデータを受け取ります。

DBMS_STATS.CREATE_EXTENDED_STATS：拡張統計の作成

分析した結果に列グループが含まれている場合、DBMS_STATS.CREATE_EXTENDED_STATSを使用して拡張統計を作成することができます。個々に作成しないという意味では自動ですが、明示的にプロシージャを実行する必要があります。

7-1-6 バルクロードのオンライン統計収集

データウェアハウスの環境では、大量データをロードする必要があり、ロード後にオプティマイザ統計情報の再収集も必要です。索引のオプティマイザ統計情報は、索引の作成時や再構築時に自動で収集されています。一方、表のオプティマイザ統計情報は手動で収集する必要がありました。再収集を行わない場合、過去のずれたオプティマイザ統計を使用することになります。

Oracle Database 12cでは、適応問合せ最適化で実行計画調整が行われますが、最新の統計であれば調整も不要です。Oracle Database 12cのバルクロードのオンライン統計収集によって、追加の表アクセスを行うことなくオプティマイザ統計情報が収集されるため、効率的です（図7-11）。

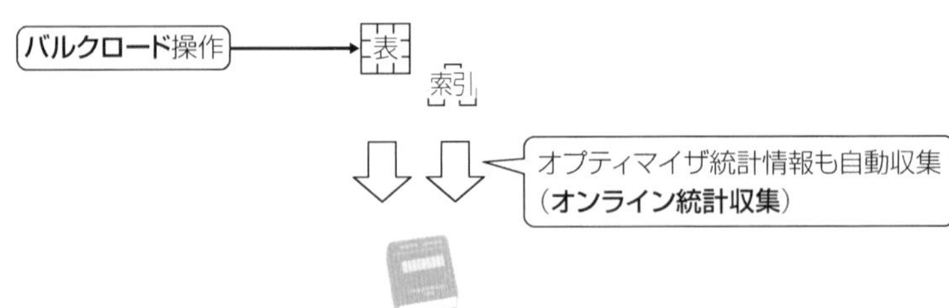

図7-11　バルクロードのオンライン統計収集

バルクロードのオンライン統計収集は、CREATE TABLE AS SELECT（CTAS）やダイレクトパスによる空の表へのロード（APPENDヒントかPARALLELヒントを使用したINSERT INTO SELECT）時に自動収集されます。

バルクロードのオンライン統計収集の制限

バルクロードのオンライン統計収集が行われるためには、次の条件があります。

- 空の表であること
  バルクロード（一括ロード）時に、ロード情報を使用してオプティマイザ統計が収集されるため、空の表へのロードである必要があります。既存レコードが存在する場合は、オンライン統計収集は行われません。TRUNCATEで切り捨てられた後であれば、収集が行われ、既存の統計が上書きされます。
- CTASかAPPEND、PARALLELヒントであること
  APPENDヒントやパラレル操作ではない通常のINSERT INTO SELECT文では、統計収集はされません。

バルクロードのオンライン統計収集が対象外となる操作

オンライン統計収集は、表のオプティマイザ統計のみが収集され、索引やヒストグラムの統計は収集されません。バルクロード後、DBMS_STATS.GATHER_TABLE_STATSを実行します。デフォルトで欠落した統計のみを収集するため、表統計は除外され、効率的に統計収集を行えます。

上記の制限を満たしていても、オンライン統計収集が行われない表構造があります(表7-1)。

表7-1：バルクロードのオンライン統計収集が対象外となる表構造

対象外となる構造
SYSやSYSTEM所有の表
ネストした表
索引構成表
外部表
トランザクションレベル(ON COMMIT DELETE ROWS)のグローバル一時表
仮想列を含む表
PUBLISHプリファレンスをFALSEに設定している表
INCREMENTALプリファレンスがTRUEに設定している表のグローバル統計

オンライン統計収集の対象外にする

NO_GATHER_OPTIMIZER_STATISTICSヒントを使用することで、明示的にオンライン統計収集の対象外にすることができます。

7-1-7 グローバル一時表のセッションプライベート統計

アプリケーション内のデータ操作時のみ必要なデータのように、永続的に残す必要のないデータの格納には、グローバル一時表が便利です。グローバル一時表は、一時データとはいえ「表」ですので、最適な実行計画のためにオプティマイザ統計情報を収集することもできます。Oracle Database 11g以前のオプティマイザ統計は、最後に収集されたオプティマイザ統計を全セッションで利用する必要がありました。Oracle Database 12cは各セッションでオプティマイザ統計を収集することができ、現セッション固有の情報を基にすることができます(図7-12)。

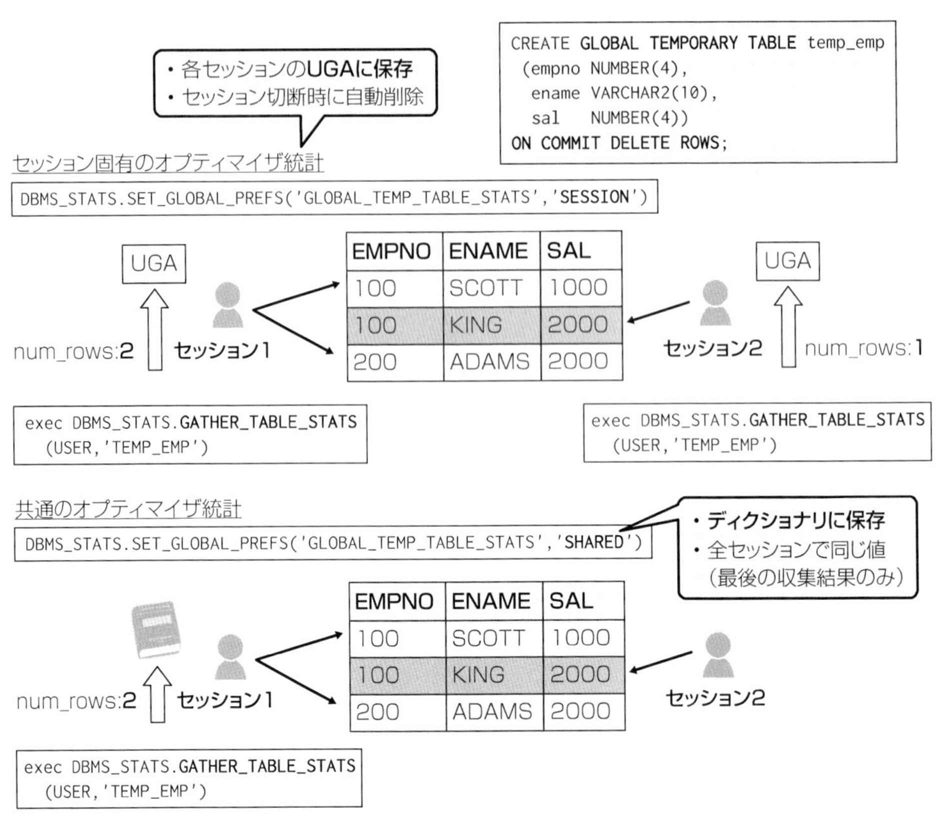

図7-12　グローバル一時表のセッションプライベート統計

GLOBAL_TEMP_TABLE_STATSプリファレンスは、デフォルトでセッションごとの「SESSION」です。Oracle Database 11g以前と同様の共通オプティマイザ統計が必要であれば「SHARED」に設定することもできます。

7-2 ADDMとASHの拡張

Oracle Database 10gでサポートしたAWR（自動ワークロードリポジトリ）を分析する自動診断機能であるADDM（Automatic Database Diagnostic Monitor）は、「リアルタイムADDM」として、AWRだけでなく、現在のインスタンスを分析することも可能になりました。また、AWR同様、過去の診断結果を比較する「期間比較ADDM」もサポートしています。サーバー負荷をサンプリングするASH（アクティブセッション履歴）も、Enterprise Managerから結果へのアクセスがより洗練されています。なにができるようになったのかをよく確認しておきましょう。

▶参照
ADDMとASHの拡張に関しては、『Oracle Databaseパフォーマンスチューニングガイド』マニュアルを参考にしてください

7-2-1 緊急監視とリアルタイムADDM

パフォーマンスに問題がある場合は、サーバーの現状と通常時を比較し、ボトルネックを特定していく作業が必要です。現状の負荷が高すぎると、SQL文の実行すらできなくなり、現状が不明になります。Oracle Database 12cの「緊急監視」や「リアルタイムADDM」は、サーバー負荷が高いときでも実行できるモードのため、データベースの強制再起動前に分析材料として使用できます（図7-13）。

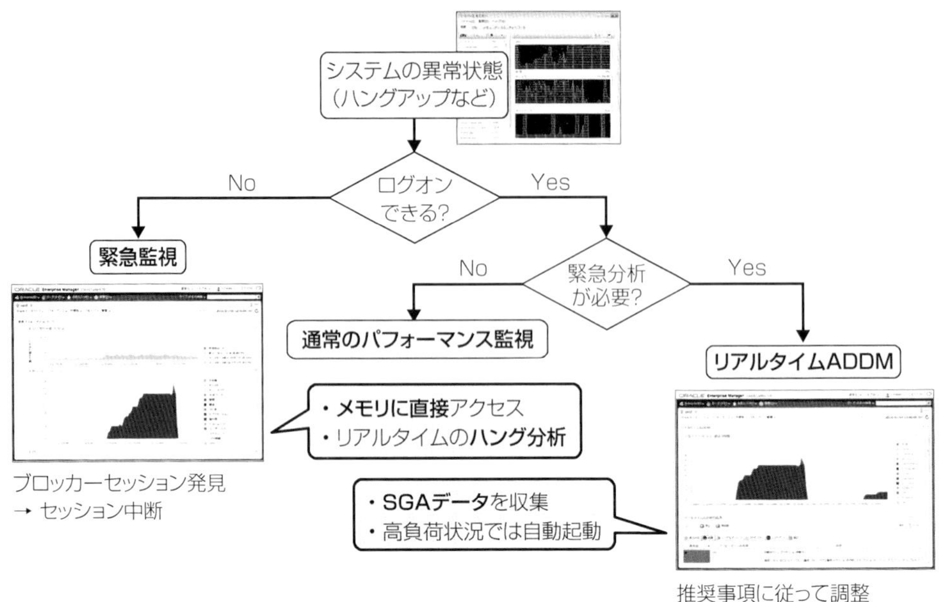

図7-13　緊急監視とリアルタイムADDM

リアルタイムADDM

通常のADDMはAWRスナップショットを分析しますが、リアルタイムADDMは現在のSGA（ASHバッファ）に直接アクセスして診断を行う機能です。

ログインできるならリアルタイムADDMを直接起動して分析を開始させることもできますが、リアルタイムADDMは次のタイミングで自動実行されます（表7-2）。

表7-2：リアルタイムADDMの自動起動

検出内容	条件
高負荷	平均アクティブセッション数が、CPUコア数の3倍を超えている
I/Oバウンド	単一ブロック読取りのパフォーマンスがアクティブセッション基準を超えている
CPUバウンド	アクティブセッションが合計負荷の10%を超えている & CPU使用率が50%を超えている
メモリーの過剰割当て	メモリー割当てが物理メモリーの95%を超えている
インターコネクトバウンド	単一ブロックのインターコネクト転送が基準時間を超えている
セッション制限	セッション制限が100%に近い
プロセス制限	プロセス制限が100%に近い
ハングセッション	ハングセッションが合計セッションの10%を超える
デッドロックの検出	デッドロックが検出された

緊急監視

緊急監視は、現在のSGAにアクセスします。共有プール内のASHバッファにアクセスして情報を出力しますので、すべての情報が保存されているとは限りませんが、ハングアップ原因となっているデッドロックセッションや、待機イベントを発生させているブロッキングセッションの特定に利用できます。

Enterprise Manager Cloud Controlの緊急監視は、Oracle Database 11g以前のメモリーアクセスモードのように切り替えることなく、即時に使用できるように構成されたモードです。サーバーがハングアップしているような状況では、インスタンスの再起動が検討されますが、その前にハングアップの原因を調査するために使用できます。

7-2-2 期間比較ADDM

ADDMによる分析結果と推奨事項は、対象となるスナップショット間のものです。1つのスナップショット間の結果だけでなく、異なる期間の分析結果と推奨事項を比較できれば、受け入れるかどうかの判断材料としてより適切なものになります(図7-14)。

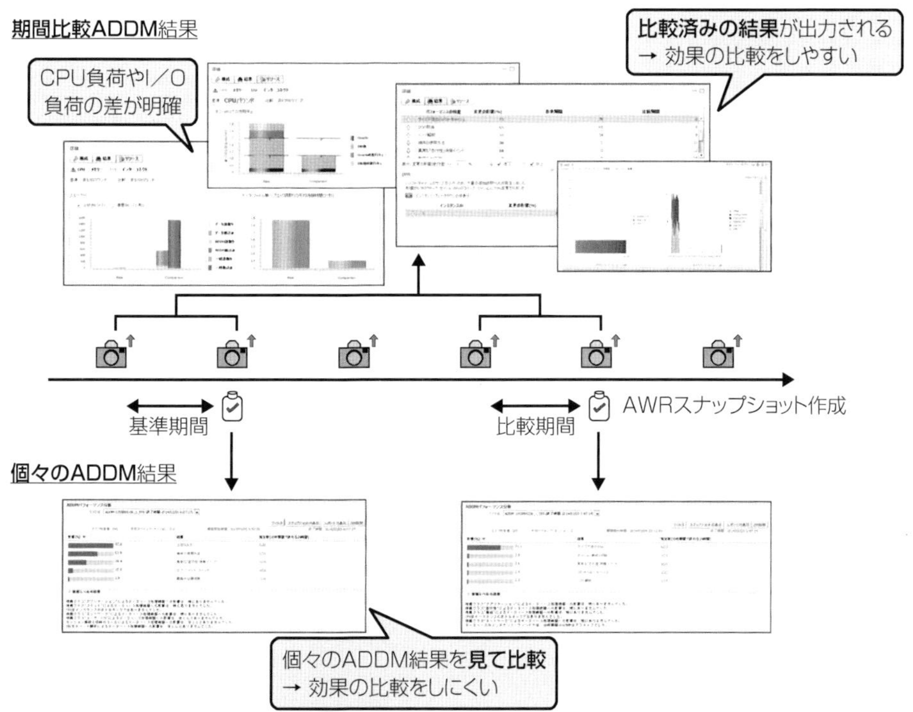

図7-14 期間比較ADDM

期間比較ADDMは、基準期間と比較期間のそれぞれでADDM分析が行われ、2つの期間内の差分が出力されます。ADDMによる診断で、パフォーマンス問題の根本的な原因や推奨事項による解決方法を取得することが可能です。

期間比較ADDMの生成

通常のADDMはAWRスナップショットの作成時に自動的に実行されますが、期間比較ADDMはデフォルトでは実行されません。Enterprise Manager Cloud ControlまたはDBMS_ADDM.COMPARE_DATABASESやCOMPARE_INSTANCESファンクションを使用してレポートを生成します（例7-3）。

例7-3：期間比較ADDMの実行

```
-- HTML形式で期間比較ADDMを実行
SQL> variable rep CLOB;
SQL> BEGIN
  2     :rep := DBMS_ADDM.COMPARE_DATABASES(
  3     base_dbid                => null,
  4     base_begin_snap_id       => 509,
  5     base_end_snap_id         => 510,
  6     comp_dbid                => null,
  7     comp_begin_snap_id       => 513,
  8     comp_end_snap_id         => 514,
  9     report_type              => 'HTML');
 10  END;
 11  /

-- 出力用サイズ調整
SQL> set long 50000 longchunk 32767 line 32767
SQL> set head off feed off term off trimspo on

-- HTMLファイルとして保存
SQL> spool addmcomp.html
SQL> print rep
SQL> spo off
```

COMPARE_DATABASESを使用すると、1つのデータベースの2つの異なる期間を対象としたり、2つのデータベースの2つの異なる期間を対象にすることができます。2つのデータベースを使用する場合のAWRデータは作業用データベースに格納し、

1番目と4番目のdbid引数でデータベースIDを指定します。

出力は、HTMLまたはXML形式で行います。HTML形式の場合は、Enterprise Manager Cloud Controlで表示されるのと同じアクティブレポート（FLASHを使用したページ）になります。

7-2-3 ASH分析

Oracle Database 12cのEnterprise Managerは、Cloud ControlとEM Expressのいずれもパフォーマンスページの柔軟性が向上しています。ASHで収集された結果データへのアクセスは、画面上から任意の期間を範囲にすることができます。また、結果の出力情報をフィルタリングすることが可能になりました。

ドリルダウンページ

Oracle Database 12cのEnterprise Managerでは、Cloud ControlとEM ExpressいずれのASHページも使いやすくなりました。ASH分析ページ（EM Expressでは「パフォーマンスハブ」ページ）では、待機イベントなどの詳細に即時にドリルダウンすることができます（画面7-2）。

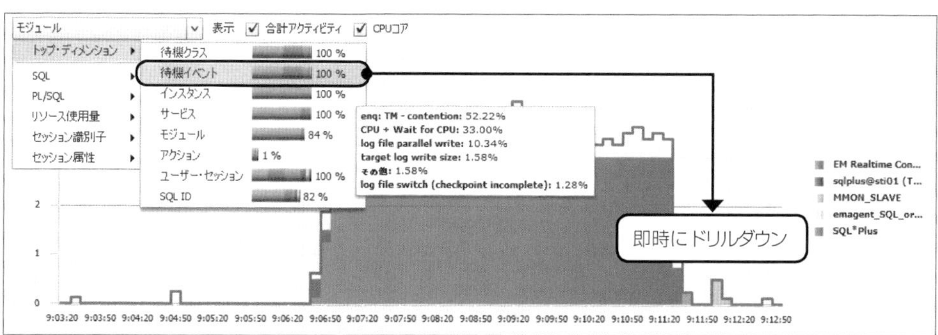

画面7-2　ASH分析ページ：ドリルダウン

スライダとフィルタ

従来は5分間のスライダしかありませんでしたが、任意の期間を分析できるようになりました。さらにフィルタを設定することで、表示対象を抽出することもできるようになりました（画面7-3）。

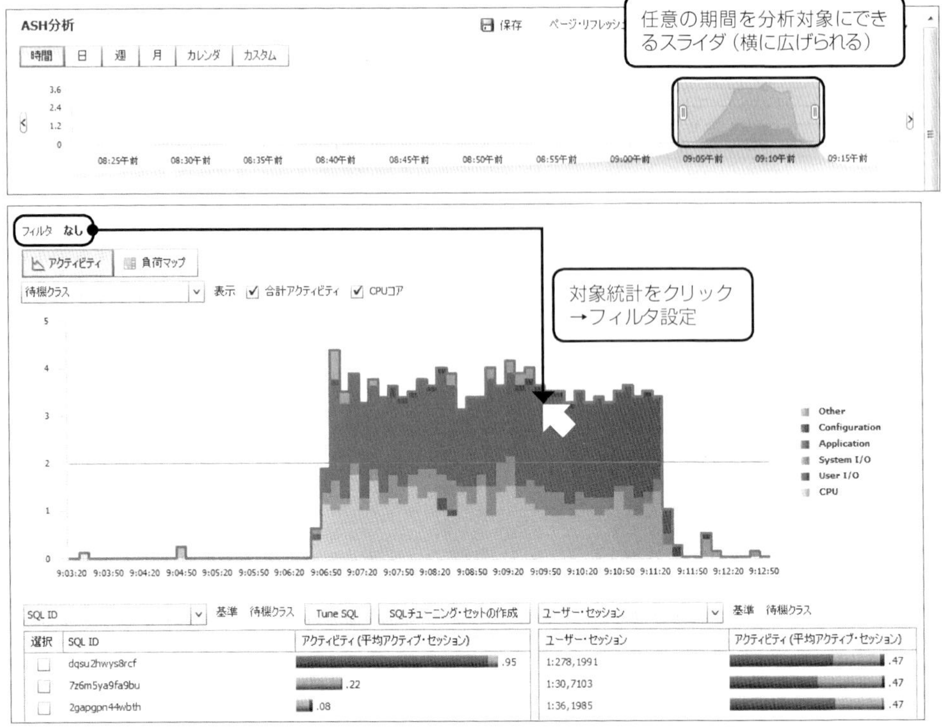

画面 7-3　ASH 分析ページ：スライダとフィルタ

1 秒に 1 度サンプリングするといった収集動作や、AWR スナップショットへの保存などは変更されていません。

7-3 そのほかのパフォーマンス拡張

パフォーマンスの拡張は、SQL チューニングや ADDM などの分析機能だけでなく、ネットワーク機能やバッファキャッシュ、プロセス管理、UNDO 管理にも行われています。また、LOB や圧縮など機能の名称が変更されたものがあります。機能名称と機能内容が結び付きにくい機能が多いため、設定を含めて、よく確認しておきましょう。

▶参照
ネットワーク圧縮の拡張に関しては、『Oracle Database管理者ガイド』『Oracle Database Net Services管理者ガイド』マニュアルを参考にしてください。
スマートフラッシュキャッシュの拡張に関しては、『Oracle Database管理者ガイド』マニュアルを参考にしてください。
マルチプロセスマルチスレッドに関しては、『Oracle Database概要』マニュアルを参考にしてください。
一時UNDOに関しては、『Oracle Database管理者ガイド』マニュアルを参考にしてください。
SecureFiles LOBに関しては、『Oracle Database SecureFiles LOBおよびラージ・オブジェクト開発者ガイド』マニュアルを参考にしてください。
表圧縮に関しては、『Oracle Database管理者ガイド』マニュアルを参考にしてください。

7-3-1 ネットワーク圧縮の拡張

ネットワークがボトルネックとされる場合、帯域幅とデータ量が問題になります。帯域幅を大きくできないときは、データ量を削減するしかありません。Oracle Database 12c の Oracle Net の圧縮は、アプリケーションを変更することなくデータ量を削減することで、ボトルネックを解消することができます（図 7-15)。

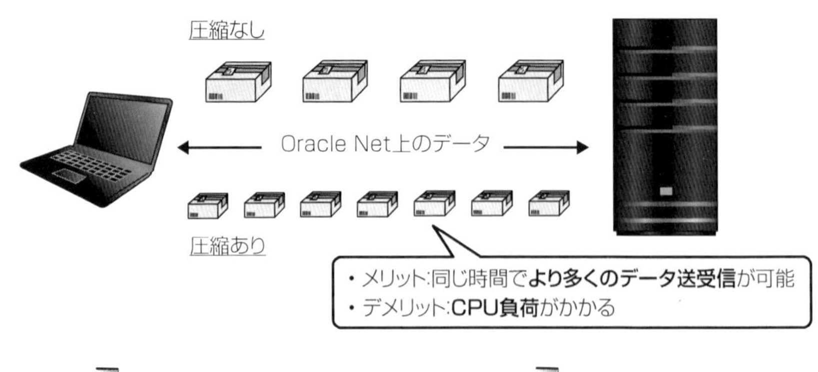

sqlnet.ora　　sqlnet.ora

SQLNET.COMPRESSION	圧縮の有効化／無効化(**ON**／OFF) ーデフォルトOFF
SQLNET.COMPRESSION_LEVELS	圧縮レベル(LOW／HIGH) ーデフォルトLOW
SQLNET.COMPRESSION_THRESHOLD	圧縮開始しきい値 ー超過すると圧縮され、下回ると非圧縮で送信 ーデフォルト1024バイト

サーバーとクライアントの両方のsqlnet.oraで設定

図7-15　ネットワーク圧縮

ネットワーク圧縮の設定

サーバーとクライアントのsqlnet.oraで「SQLNET.COMPRESSION=ON」が設定されている場合、Oracle Net上に流れるデータ量を削減することができます。

圧縮レベルは変更することができます。sqlnet.oraのSQLNET.COMPRESSION_LEVELSのデフォルトは「LOW」ですが、「HIGH」にすることで圧縮率を高めることができます。ただし、圧縮率を高くすると、より多くのCPUが消費されます。

デフォルトの圧縮では、1024バイトを超えるデータを圧縮します。sqlnet.oraのSQLNET.COMPRESSION_THRESHOLDでしきい値を変更することが可能です。

ネットワーク圧縮のデメリット

圧縮処理にはCPUパワーが必要です。圧縮によって大量データ送信に必要なCPUは削減できますが、CPUバウンド（CPU負荷）が不足している場合、圧縮処理に回せるCPUが少なくなる可能性があります。

SDU (Session Data Unit) サイズ

ネットワーク上の送信データは、SDU (Session Data Unit) サイズの影響を受けます。Oracle NetをLAN環境で使用している場合はそれほど問題視されませんが、WAN環境で使用する場合、小さなSDUでは処理回数が多くなるため、問題になります。

SDUサイズのデフォルトは8KBです。主要なメッセージサイズがこのサイズを大きく上回るときは、SDUサイズを大きくして分割頻度を下げることができます。Oracle Database 12cでは、最大2MBまで大きくすることが可能になりました。

また、サーバー側とクライアント側のsqlnet.oraで「DEFAULT_SDU_SIZE」を使用してSDUサイズを調整できます。ただし、大きなSDUサイズは、それだけネットワーク上の衝突が増える可能性があります。高速なネットワークや送信データ量が少ない環境では、SDUサイズを大きくするべきではありません。

7-3-2　スマートフラッシュキャッシュの拡張

SDD（ソリッドステートドライブ）などのフラッシュデバイスは、メモリーよりは遅いですが、通常のハードディスクより速いといえます。Oracle Database 11gリリース2でサポートしたスマートフラッシュキャッシュを使用すると、参照のみのブロックなら、ハードディスク上のデータファイルではなく、フラッシュデバイス上のスマートフラッシュキャッシュにバッファを退避させ、再読み込みを高速化させることができます。Oracle Database 12cのスマートフラッシュキャッシュは、より多くのスマートフラッシュキャッシュを構成することができます。また、メモリー内パラレル問合せでも使用できるようになりました (図7-16)。

7

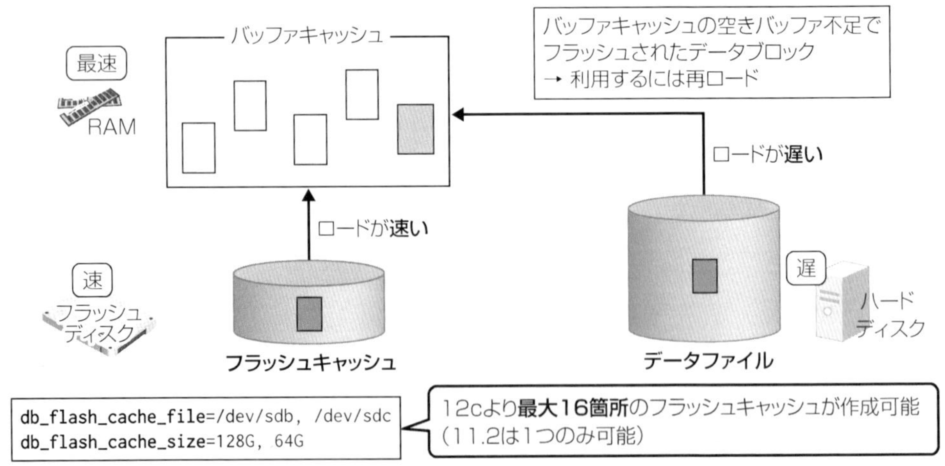

図7-16 複数のスマートフラッシュキャッシュ

スマートフラッシュキャッシュの構成は、db_flash_cache_fileとdb_flash_cache_sizeパラメータでフラッシュキャッシュを準備します。Oracle Database 12cからは、最大16個までのフラッシュキャッシュを構成することができます。

スマートフラッシュキャッシュの変更

インスタンス起動後は、スマートフラッシュキャッシュを無効化するか、元のサイズで再有効化することだけが可能です。場所を変更したり、起動時と異なるサイズに設定することはできません。Oracle Database 12cからは、複数のキャッシュを構成できるようになったため、一部のフラッシュキャッシュだけ無効化することが可能になりました(図7-17)。

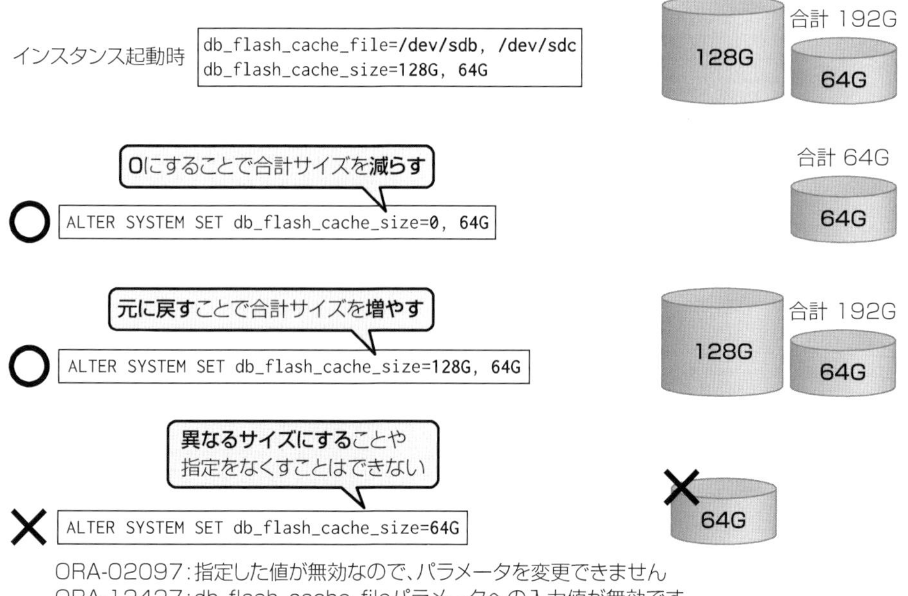
インスタンス起動時
db_flash_cache_file=/dev/sdb, /dev/sdc
db_flash_cache_size=128G, 64G
128G
64G
合計 192G
0にすることで合計サイズを減らす
ALTER SYSTEM SET db_flash_cache_size=0, 64G
合計 64G
64G
元に戻すことで合計サイズを増やす
ALTER SYSTEM SET db_flash_cache_size=128G, 64G
128G
64G
合計 192G
異なるサイズにすることや
指定をなくすことはできない
ALTER SYSTEM SET db_flash_cache_size=64G
64G
ORA-02097:指定した値が無効なので、パラメータを変更できません
ORA-12427:db_flash_cache_fileパラメータへの入力値が無効です

図 7-17　複数のスマートフラッシュキャッシュ

db_flash_cache_sizeパラメータは、db_flash_cache_fileパラメータの記述順序に連動しますので、無効化したいものだけ「0」を指定します。128GBと64GBの合計192GBで設定されたフラッシュキャッシュを64GBにするには、128GBのフラッシュキャッシュのみ無効化します。

メモリー内パラレル問合せ

Oracle Database 11gリリース2でサポートしたメモリー内パラレル問合せは、パラレル処理時のデータブロックのロードにバッファキャッシュを使用する技術です。自動並列度（parallel_degree_policy=AUTO）の場合に使用されます。Oracle Database 12cではフラッシュキャッシュも使用できるようになりました。

7-3-3　マルチプロセスマルチスレッド

Unix環境におけるサーバープロセス、バックグラウンドプロセスは、いずれも独立したプロセスで動作します。そのため、多くのプロセス起動にともなってメモリーも消費されます。Oracle Database 12cのマルチプロセスマルチスレッド（Multi-Process

Multi-Thread：MPMT）を有効化することで、一部のプロセスをまとめてスレッドとして動作させることができます。これにより、CPU使用率やメモリー使用量の削減が期待できます（図7-18）。

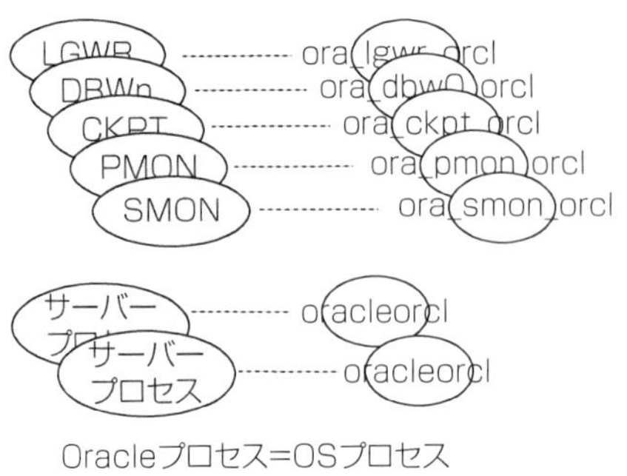

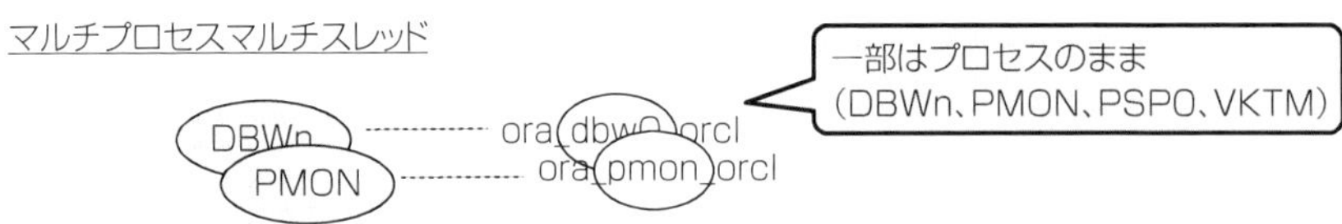

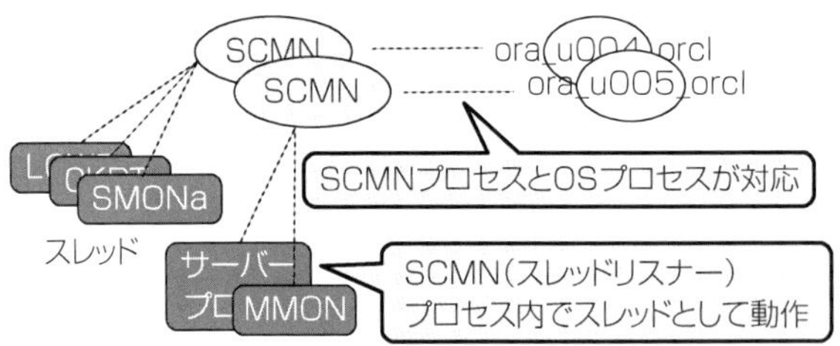

図7-18　マルチプロセスマルチスレッド

マルチプロセスマルチスレッドは、サーバープロセスとバックグラウンドプロセスを独立して起動するプロセスモデルではなく、1つのプロセス内のスレッドとして動作させるスレッドモデルです。

マルチプロセスマルチスレッドの有効化

マルチプロセスマルチスレッドは、threaded_executionパラメータをTRUEに設定することで有効化されます。静的初期化パラメータのため、反映させるにはインスタンスを再起動する必要があります。

MPMTが有効化された環境では、OS認証は使用できません。インスタンスを再起動するときからユーザー名とパスワードを使用したパスワードファイル認証を使用します（例7-4）。

例7-4：マルチプロセスマルチスレッドの有効化

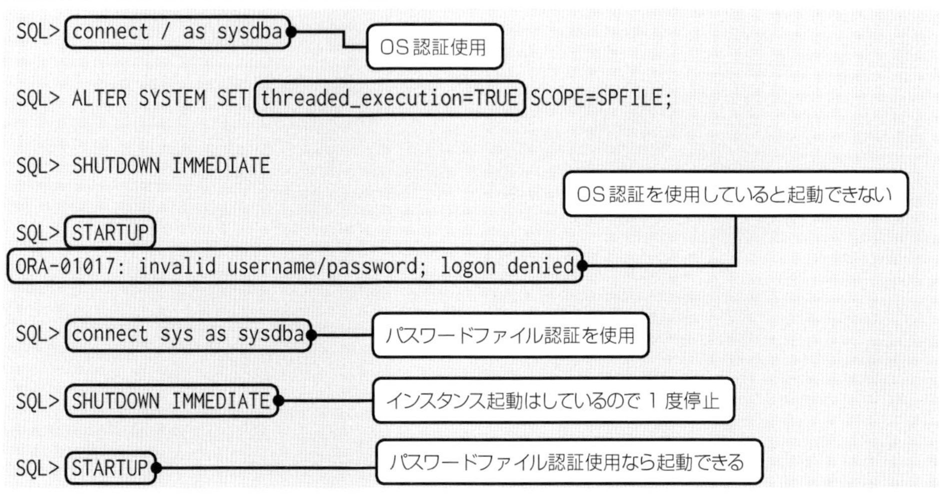

マルチスレッドマルチプロセスのスレッド

MPMTでは1つのプロセスではなく、少数のプロセスを使用してスレッドモデルが実装されます（図7-19）。

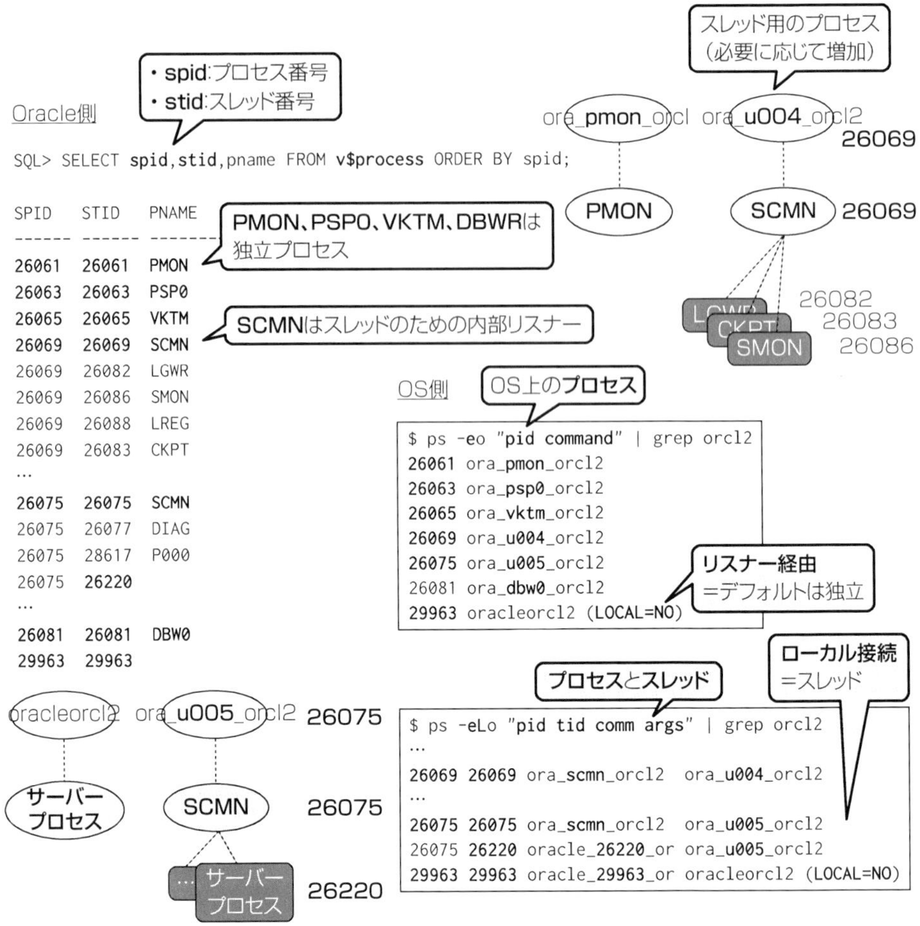

図7-19　プロセスとスレッドの確認

スレッドになっても、プロセスで動作しているときと処理内容は変わりません。作業領域が必要ならUGAを使用します。専用サーバー接続では、スレッドになってもPGA内にUGAが獲得されます。パラレル処理で使用されるプロセス間通信メモリーは、SGA（ラージプールまたは共有プール）が使用されます。

リスナー経由のマルチスレッドマルチプロセスの有効化

ローカル接続時はスレッドを使用しますが、リスナーを経由したクライアント接続の場合、デフォルトではスレッドを使用しません。リスナー経由でもスレッドにするには、listener.oraで「DEDICATED_THROUGH_BROKER_リスナー名=on」を設定します。

7-3-4 一時UNDO

グローバル一時表は、セッション中かトランザクション中のみデータを存続させ、終了後にデータは自動削除されます。データ生成にともなうREDO生成は行われないため、リカバリを目的としない一時データの保持に便利な機能です。

データに関するREDOは生成しませんが、操作（トランザクション開始など）に関するREDOは生成されていました。一時表データ生成にともなうUNDOデータは、UNDO表領域を使用して生成されます。Oracle Database 12cの一時UNDOを有効化することで、操作に関するREDO生成が行われなくなり、REDO生成量を削減できます。一時表データ生成にともなうUNDOデータは一時表領域を使用するため、UNDO表領域の使用量も削減されます（図7-20）。

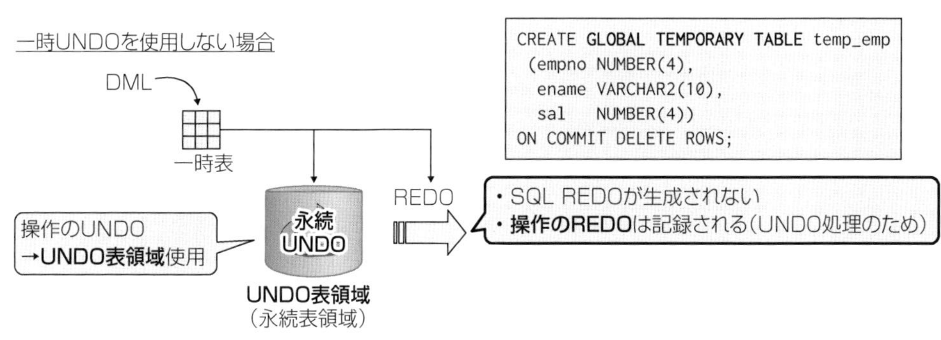

SCN	操作	SQL REDO
100	START	set transaction read write;
101	INSERT	/* No SQL_REDO for temporary tables */
103	COMMIT	commit;

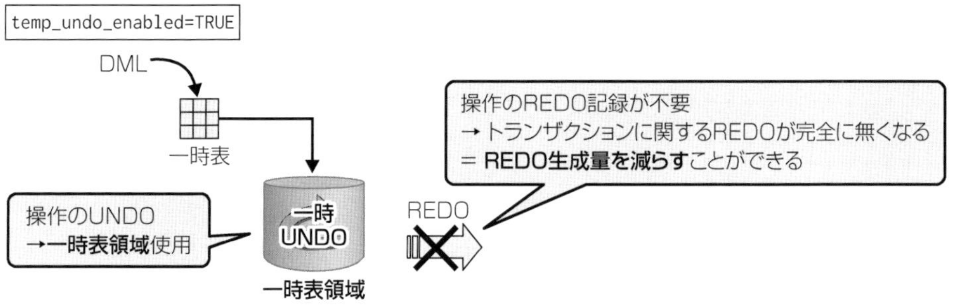

図7-20　一時UNDO

一時 UNDO の有効化

temp_undo_enabledパラメータがTRUEの場合、一時UNDOが有効になります。セッションレベルでも有効化することができ、最初にグローバル一時表にデータ格納したとき、グローバル一時表と一時UNDOの一時セグメントが作成されます。

一時 UNDO の統計情報

一時UNDOは一時データのため、通常のUNDO情報（V$UNDOSTAT）には表示されません。V$TEMPSEG_USAGE（一時セグメント）やV$TEMPUNDOSTAT（UNDOデータ）で確認できます（例7-5）。

例7-5：一時 UNDO の確認

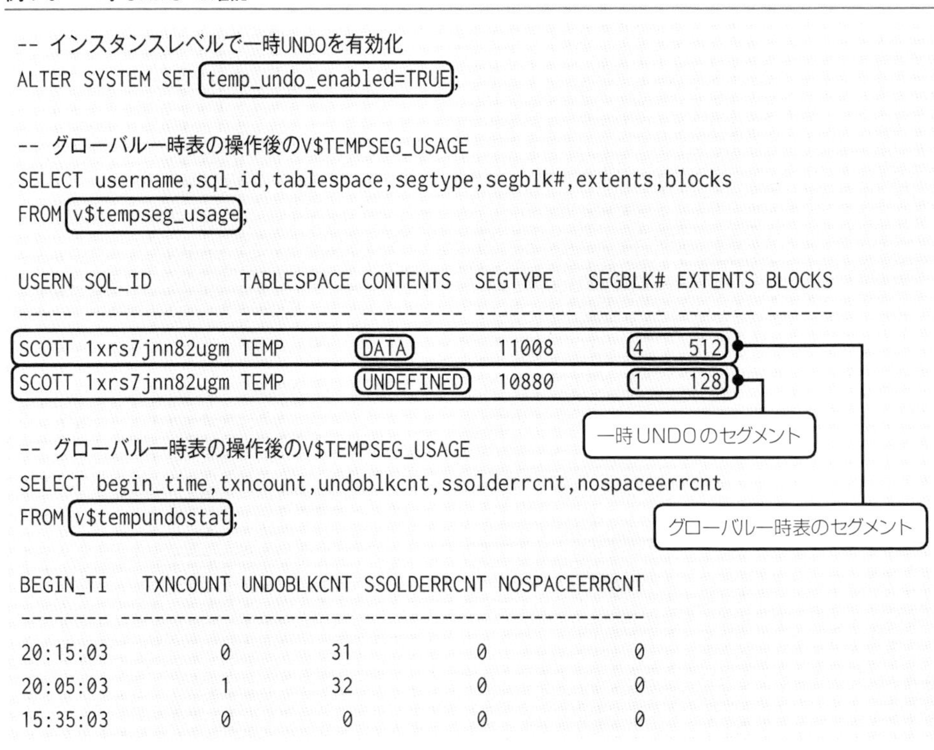

```
-- インスタンスレベルで一時UNDOを有効化
ALTER SYSTEM SET temp_undo_enabled=TRUE;

-- グローバル一時表の操作後のV$TEMPSEG_USAGE
SELECT username,sql_id,tablespace,segtype,segblk#,extents,blocks
FROM v$tempseg_usage;

USERN SQL_ID        TABLESPACE CONTENTS  SEGTYPE   SEGBLK# EXTENTS BLOCKS
----- ------------- ---------- --------- --------- ------- ------- ------
SCOTT 1xrs7jnn82ugm TEMP                 DATA      11008   4       512
SCOTT 1xrs7jnn82ugm TEMP                 UNDEFINED 10880   1       128

-- グローバル一時表の操作後のV$TEMPSEG_USAGE
SELECT begin_time,txncount,undoblkcnt,ssolderrcnt,nospaceerrcnt
FROM v$tempundostat;

BEGIN_TI   TXNCOUNT UNDOBLKCNT SSOLDERRCNT NOSPACEERRCNT
-------- ---------- ---------- ----------- -------------
20:15:03          0         31           0             0
20:05:03          1         32           0             0
15:35:03          0          0           0             0
```


V$TEMPUNDOSTATビューは、V$UNDOSTATビューとほぼ同じ列を持ちます。10分ごとに収集され、直近4日分のデータが格納されます。

フィジカルスタンバイデータベースと一時 UNDO

Oracle Database 11g リリース 2 でサポートしたリアルタイム問合せ（Oracle Active Data Guard オプション）を使用したフィジカルスタンバイデータベースは、プライマリデータベースの変更を即時に反映することができます。基本は読み取り専用ですが、グローバル一時表に限り、問合せだけでなく DML 操作も可能です。この操作のために一時 UNDO が必要とされており、フィジカルスタンバイでは自動で有効化されています。

7-3-5　SecureFiles LOB の拡張

Oracle Database 11g でサポートした SecureFiles LOB は、Oracle Database 12c のデフォルトアーキテクチャになりました。db_securefile パラメータ値として新規に追加された「PREFERRED」がデフォルト値になっています（表 7-3）

表 7-3：db_securefile パラメータ値

パラメータ値	説明
NEVER	基本 BasicFiles で作成。STORE AS SECUREFILE 句はエラー
IGNORE	基本 BasicFiles で作成。STORE AS SECUREFILE 句は無視
PERMITTED	11g のデフォルト値。基本 BasicFiles で作成。STORE AS SECUREFILE 句で SecureFiles LOB 作成
ALWAYS	基本 SecureFiles。非 ASSM 表領域で BasicFiles LOB 作成。非 ASSM 表領域または STORE AS BASICFILE 句にて BasicFiles LOB 作成
PREFERRED	12c のデフォルト値。基本 SecureFiles で作成。ALWAYS と動作は同じ

Oracle Database 12c の db_securefile パラメータ値は、デフォルトで「PREFERRED」です。LOB 列の作成時に明示的に「STORE AS BASICFILE」句を指定しない限り、SecureFiles LOB として作成されます。しかし、格納される表領域が ASSM でない場合は、BasicFiles LOB として作成されます。

7-3-6　表圧縮の拡張

Oracle9i Database R2 でサポートした表圧縮は、Oracle Database 11g でサポートした OLTP 圧縮とあわせ、Oracle Database 12c で構文が変わっています。機能自体は変更されていませんが、定義するときの構文の変更に注意してください（図 7-21）。

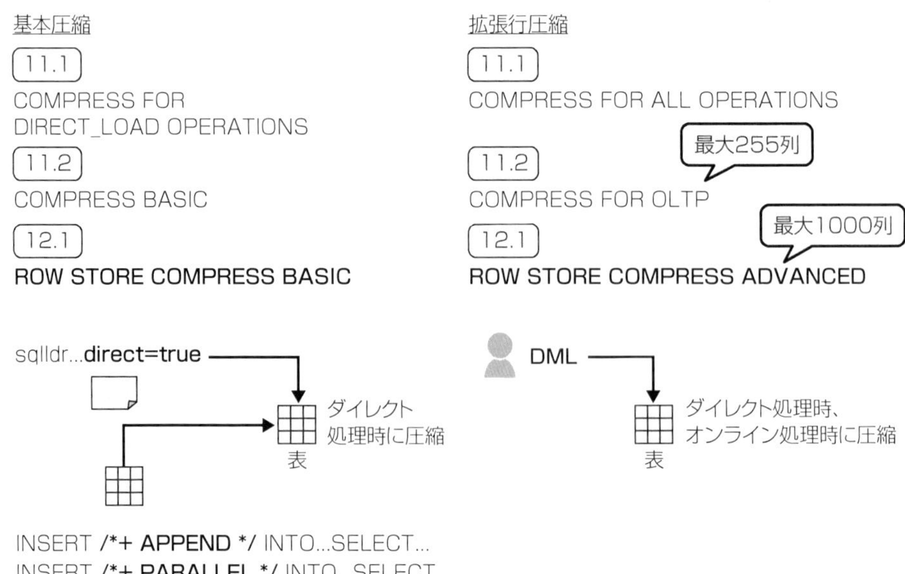

図7-21　表圧縮の構文

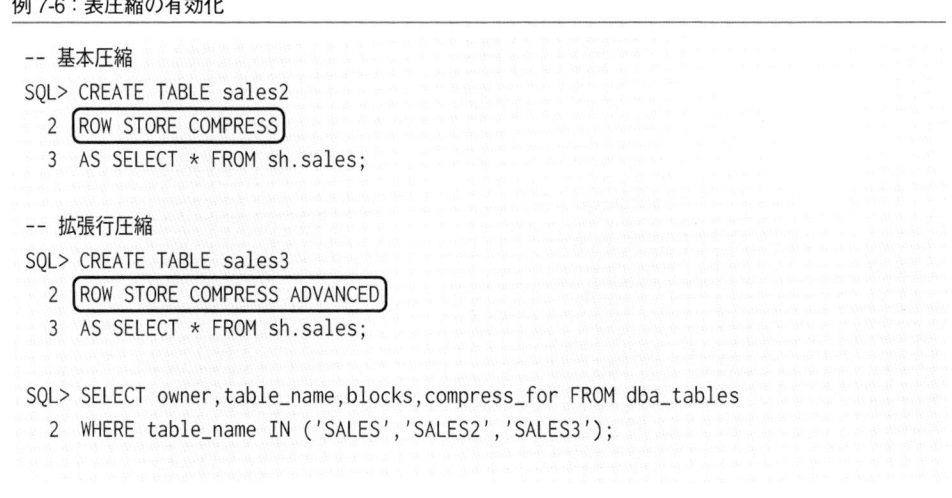

Oracle Database 11gではCOMPRESS句を使用して表圧縮の定義を行っていましたが、Oracle Database 12cでは、ROW STORE句を使用して表圧縮の定義を行います（例7-6）。

例7-6：表圧縮の有効化

```
-- 基本圧縮
SQL> CREATE TABLE sales2
  2 ROW STORE COMPRESS
  3 AS SELECT * FROM sh.sales;

-- 拡張行圧縮
SQL> CREATE TABLE sales3
  2 ROW STORE COMPRESS ADVANCED
  3 AS SELECT * FROM sh.sales;

SQL> SELECT owner,table_name,blocks,compress_for FROM dba_tables
  2 WHERE table_name IN ('SALES','SALES2','SALES3');
```

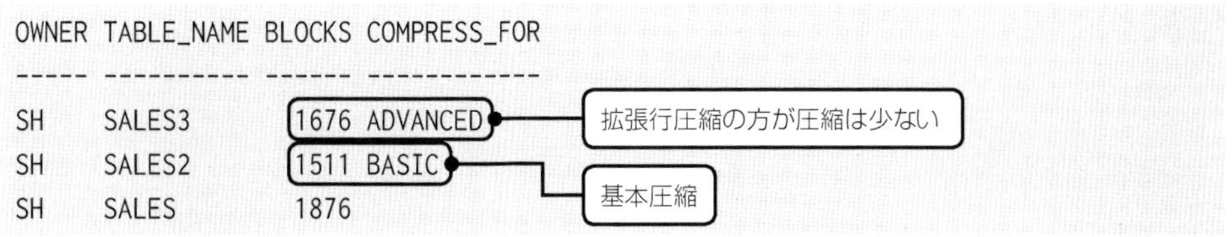

```
OWNER TABLE_NAME BLOCKS COMPRESS_FOR
----- ---------- ------ ------------
SH    SALES3       1676 ADVANCED
SH    SALES2       1511 BASIC
SH    SALES        1876
```


拡張行圧縮は、Oracle Database 11gのOLTP圧縮同様、ダイレクトパスとDMLのいずれでも圧縮が行われます。基本圧縮の場合は、ダイレクトパスのみ圧縮されます。

表圧縮の改善された制限

Oracle Database 11gの基本圧縮とOLTP圧縮には、最大255列までの制限がありましたが、Oracle Database 12cでは制限されません。最大列数である1000列を圧縮することも可能です。

セグメントの縮小（ALTER TABLE...SHRINK SPACE）は、Oracle Database 11gではエラーになりますが、Oracle Database 12cの拡張行圧縮では実行できるようになりました。基本圧縮では、相変わらずセグメントの縮小はエラーとなります。

学習チェック

この章で学んだことを正確に理解しているか、確認しましょう。

☑ **1** 自動展開タスクの特徴は何ですか。

☑ **2** 自動展開タスクの結果レポートを表示するファンクションは何ですか。

☑ **3** 自動展開タスクを手動で実行する場合の手順はどのようなものですか。

☑ **4** DBMS_XPLAN.DISPLAY_SQL_PLAN_BASELINE の結果の特徴は何ですか。

☑ **5** optimizer_adaptive_features = TRUE（デフォルト TRUE）は何に影響しますか。

☑ **6** 適応問合せ最適化の特徴は何ですか。

☑ **7** optimizer_adaptive_reporting_only=TRUE（デフォルト FALSE）によりどうなりますか。

☑ **8** SQL 計画ディレクティブの特徴は何ですか。

☑ **9** SQL 計画ディレクティブのパージの変更はどのように行いますか。

☑ **10** 自動動的サンプリングを有効にする設定とその効果は何ですか。

☑ **11** ヒストグラムの拡張により追加されたヒストグラムを 2 つ挙げてください。

☑ **12** 自動列グループ検出の手順はどのようなものですか。

☑ **13** バルクロードのオンライン統計収集対象となる処理は何ですか。

☑ **14** グローバル一時表のセッションプライベート統計の特徴は何ですか。

☑ **15** 緊急監視の特徴は何ですか。

☑ **16** リアルタイム ADDM の特徴は何ですか。

☑ **17** 期間比較 ADDM の特徴と、実行するために使用するものは何ですか。

☑ **18** ASH 分析の拡張の特徴は何ですか。

☑ **19** ネットワーク圧縮の拡張の特徴は何ですか。

☑ **20** SDU (Session Data Unit) サイズは何で設定しますか。また、上限はどのくらいですか。

☑ **21** スマートフラッシュキャッシュを構成するパラメータは何ですか。また、どんな注意点がありますか。

☑ **22** マルチプロセスマルチスレッドの利点は何ですか。

☑ **23** マルチプロセスマルチスレッドの有効化はどのように設定しますか。また、それによりどのような影響がありますか。

☑ **24** 一時 UNDO の特徴は何ですか。

☑ **25** SecureFiles LOB で変更された構成は何ですか。

☑ **26** 表圧縮で変更された構成は何ですか。

●　解　答　●

1 SQL チューニングアドバイザに連動して、未承認 SQL 計画履歴の計画ベースライン化を自動で行います。

2 DBMS_SPM.REPORT_AUTO_EVOLVE_TASK

3 ①タスクを作成　　　　　　：DBMS_SPM.CREATE_EVOLVE_TASK
②タスクパラメータの設定：DBMS_SPM.SET_EVOLVE_TASK_PARAMETER
③タスクの実行　　　　　　：DBMS_SPM.EXECUTE_EVOLVE_TASK
④レポート生成　　　　　　：DBMS_SPM.REPORT_EVOLVE_TASK
⑤タスクの推奨事項を実装：DBMS_SPM.IMPLEMENT_EVOLVE_TASK

4 実際の実行計画が SQL 管理ベース（SMB）に保存されます（実行時と異なる可能性はある）。

5 適応計画、自動再最適化、SQL 計画ディレクティブ、適応カーソル共有に影響します。

6 ・適応計画：初回の実行計画作成時、結合方法の調整
・自動再最適化：2 回目以降の実行計画作成時、統計フィードバック

7 適応問合せ最適化の情報収集は行いますが、最適化は行わず、デフォルト計画のみ選択されます。

8 ・列グループ（列の組み合わせ）のヒストグラム情報
・統計が欠落したりカーディナリティが不正確な場合に収集
・動的サンプリング（動的統計）にて収集
・SYSAUX 表領域に保存
・特定の SQL 文に対応付けられていない

9 デフォルトでは 53 週（1 年）未使用で自動削除されます。DBMS_SPD.SET_PREFS で SPD_RETENTION_WEEKS の調整を行います。

10 optimizer_dynamic_sampling パラメータを 11 に設定します。統計収集と結果が保持されます。

11 ・上位頻度（TOP-FREQUENCY）
・ハイブリッド（HYBRID）
いずれもバケット数＜固有値の時に使用されます。

12 ①ワークロードの分析：DBMS_STATS.SEED_COL_USAGE
②結果レポートの表示：DBMS_STATS.REPORT_COL_USAGE
③拡張統計の作成　　：DBMS_STATS.CREATE_EXTENDED_STATS

13 ・CREATE TABLE AS SELECT
・空の表への APPEND またはパラレルによる INSERT INTO SELECT 文

14 セッションごとのオプティマイザ統計が保持できます。
GLOBAL_TEMP_TABLE_STATS プリファレンスで設定（デフォルト：SESSION）

15 ・通常のログインができない場合に使用
・ハングアップしているインスタンスに直接アクセス
・SGA からパフォーマンスデータを読み込む

16 インスタンスにログインできる場合に使用します。SGA と PGA から情報を収集、分析（AWR スナップショットではない）します。

17 デフォルトでは実行されず、DBMS_ADDM.COMPARE_DATABASES、COMPARE_INSTANCES などで実行します。

18 任意の期間で範囲設定、フィルタリングなど、Enterprise Manager における出力結果の描画が変更されました。

19 ・sqlnet.ora にて SQLNET.COMPRESSION=ON
・圧縮レベル（SQLNET.COMPRESSION_LEVELS）、しきい値（SQLNET.COMPRESSION_THRESHOLD）の変更可能
・圧縮処理には CPU バウンド（CPU 負荷）が影響

20 ・sqlnet.ora の DEFAULT_SDU_SIZE
・最大 2MB まで設定可能

21 ・db_flash_cache_file：静的パラメータ
・db_flash_cache_size
- db_flash_cache_file と対で設定すること（個数合わないと起動エラー）
- 動的変更は 0 か元のサイズのみ可能（異なるサイズはエラー）

22 ・CPU 使用率の削減
・仮想メモリ使用量の削減
・パラレル実行のパフォーマンス向上

23
・threaded_execution=TRUE
・リスナー経由での使用：DEDICATED_THROUGH_BROKER_リスナー名=on
・OS認証が使用できなくなる

24
・temp_undo_enabled=TRUEで有効化
・REDO生成量を削減
・UNDO表領域の使用量も削減
・V$TEMPSEG_USAGE、V$TEMPUNDOSTATで確認

25
・SecureFiles LOB（拡張LOB）がデフォルトアーキテクチャ
・db_securefile=PREFERREDがデフォルト値

26
・ROW STORE句（11gはCOMPRESS句）を使用
・拡張行圧縮（OLTP圧縮）と基本圧縮

第8章

その他

本章の内容

アクセスキー **e**（小文字のイー）

この章で学ぶこと

Oracle Data Pumpによるエクスポート／インポートと、SQL*Loaderによるロード操作に新しい構文が追加されました。また、パーティショニングに対するパーティションメンテナンス操作の拡張、SELECT文による問合せ結果行を制限するSQL行制限、VARCHAR2などの最大サイズを32Kまで増加させる拡張データ型などの新機能も追加されています。

試験ではここが出る

- □11.2.0.3の非CDBをPDBとして追加するにはどんな方法があるか。
- □表としてのエクスポートビューの特徴は何か。
- □暗号化パスワードのエコーなしの特徴は何か。
- □table_compression_clauseインポートオプションの特徴は何か。
- □lob_storageインポートオプションの特徴は何か。
- □disable_archive_loggingインポートオプションの特徴は何か。
- □アイデンティティ列の特徴は何か。
- □FIELD NAMES FIRST FILE制御ファイルパラメータの特徴は何か。
- □FIELDS CSV WITH EMBEDDED制御ファイルパラメータの特徴は何か。
- □データファイルに関する制御ファイルパラメータの拡張とはどんなことか。
- □SQL*Loaderのエクスプレスモードの特徴は何か。
- □エクスプレスモードの条件は何か。
- □時間隔参照パーティション化の特徴は何か。
- □オンラインパーティション移動の特徴は何か。
- □複数パーティションでのメンテナンス操作とはどのようなものか。
- □並列でオプティマイザ統計収集とはどのようなものか。
- □パーティションメンテナンス操作のカスケード機能とはどのようなものか。
- □パーティション表の部分索引の特徴は何か。
- □部分索引を有効化するには何を使うか。
- □非同期グローバル索引メンテナンスの特徴は何か。
- □非同期グローバル索引メンテナンスが実行される文は何か。

□SQL 行制限句（FETCH 句）はどのように指定するか。

□最大サイズ制限の緩和とはどんなことか。

□DMU 実行条件は何か。

□DMU 実行の特徴は何か。

8

8-1 Oracle Data Pumpの拡張

Oracle Database 10gでサポートしたData Pumpエクスポート／インポートは、バージョンアップのたびに新機能が追加されています。Oracle Database 12cでは、既存機能が拡張されましたが、どのような機能なのかわかりにくいところもあります。目的や構成方法を確認しておきましょう。

▶参照
Oracle Data Pumpの拡張に関しては、『Oracle Databaseユーティリティ』マニュアルを参考にしてください。

8-1-1 全体トランスポータブル

全体トランスポータブルは、SYSTEM、SYSAUX、UNDO、一時表領域を除くユーザー系表領域をすべて転送します。新規データベースにユーザーデータだけを転送したり、マルチテナント環境向けに非CDBをPDB化したり、逆にPDBを非CDBに転送するのに使用できます（図8-1）。

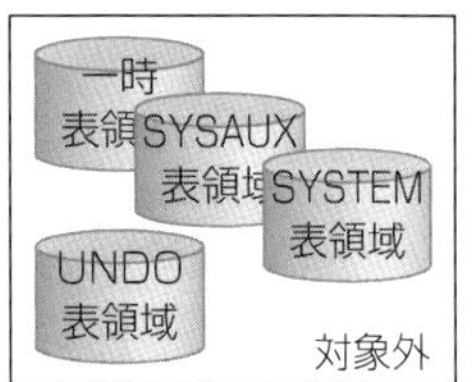

①対象表領域をすべて読取専用にする

```
ALTER TABLESPACE ... READ ONLY;
```

②全体トランスポータブルエクスポートを実行

```
expdp system full=Y dumpfile=full.dmp
  transportable=ALWAYS version=12
```

11g(11.2.0.3以降)を対象とする場合に「12」を指定

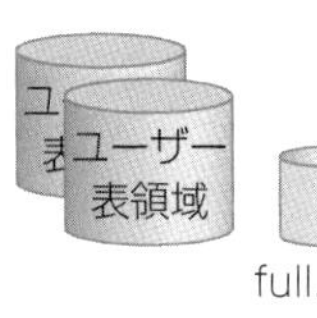

full.dmp

③対象データファイルとダンプファイルを転送

転送先データベースとエンディアン形式が異なるときは変換も必要(RMAN、DBMS_FILE_TRANSFER)

④全体トランスポータブルインポートを実行

```
impdp system dumpfile=full.dmp
 transport_datafiles='/u01/app/oracle/oradata/orcl/example01.dbf,
                      /u01/app/oracle/oradata/orcl/users01.dbf'
```

対象データファイルすべてを指定する
(一部の表領域だけインポートすることはできない)

図8-1　全体トランスポータブル

Data Pumpエクスポート時に「full=Y transportable=ALWAYS」を指定するか、Data Pumpインポートをネットワークモード（network_link=DBリンク名）で「transport_datafiles=対象ファイルリスト full=Y transportable=ALWAYS」を使用した場合、全体トランスポータブルになります。

全体トランスポータブルのシナリオ

全体トランスポータブルで非システム表領域を別のデータベースに転送することができます。SYSTEM、SYSAUX、UNDO表領域、一時表領域が対象外のため、次のシナリオで役立ちます。

- 非CDBを別の非CDBに転送
- 非CDBをPDBとして転送
- PDBを別のCDBに転送
- PDBを別の非CDBに転送

▶参照
マルチテナントのデータベース作成に関しては「2-2 CDBとPDBの作成」を参照してください。

全体トランスポータブルの実行

全体トランスポータブルは、表領域レベルの転送です。対象となるユーザー定義表領域は、すべて読み取り専用表領域にする必要があります。対象データファイルをRMANのCONVERTコマンドかDBMS_FILE_TRANSFERパッケージで変換することで、異なるエンディアン形式のデータベースに転送することも可能です。

全体トランスポータブルでは、Oracle Database 11.2.0.3以上のデータベースをソースにすることができます。Oracle Database 11gのデータベースをソースにする場合は、「version=12」を指定します。

ネットワークリンクを使用した全体トランスポータブルの実行

全体トランスポータブルでもネットワークリンクを使用することは可能です（図8-2）。

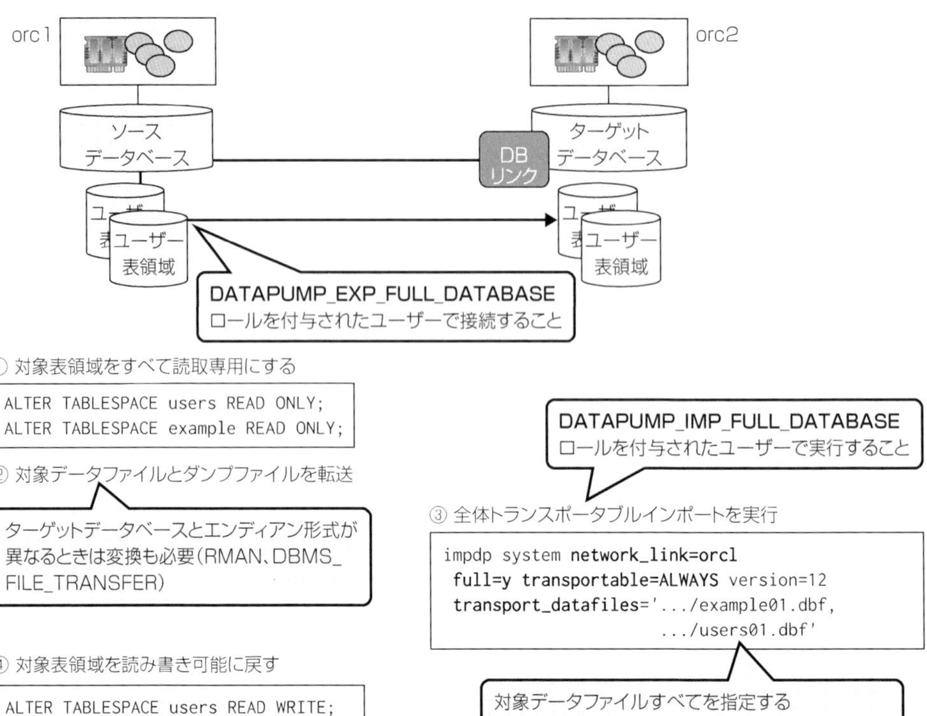

図8-2　ネットワークリンクを使用した全体トランスポータブル

ネットワークリンクを使用する場合は、エクスポートファイルを作成せずにインポートすることができます。

8-1-2 表としてのエクスポートビュー

ビューをエクスポートするときは、ビュー定義としてではなく、表に変換してエクスポートすることができます。これにより、定義だけでなくデータもエクスポートできるため、外部表を使用せずに、一部のデータをエクスポートしたり結合したデータのエクスポートを行ったりといった作業が可能になります(図8-3)。

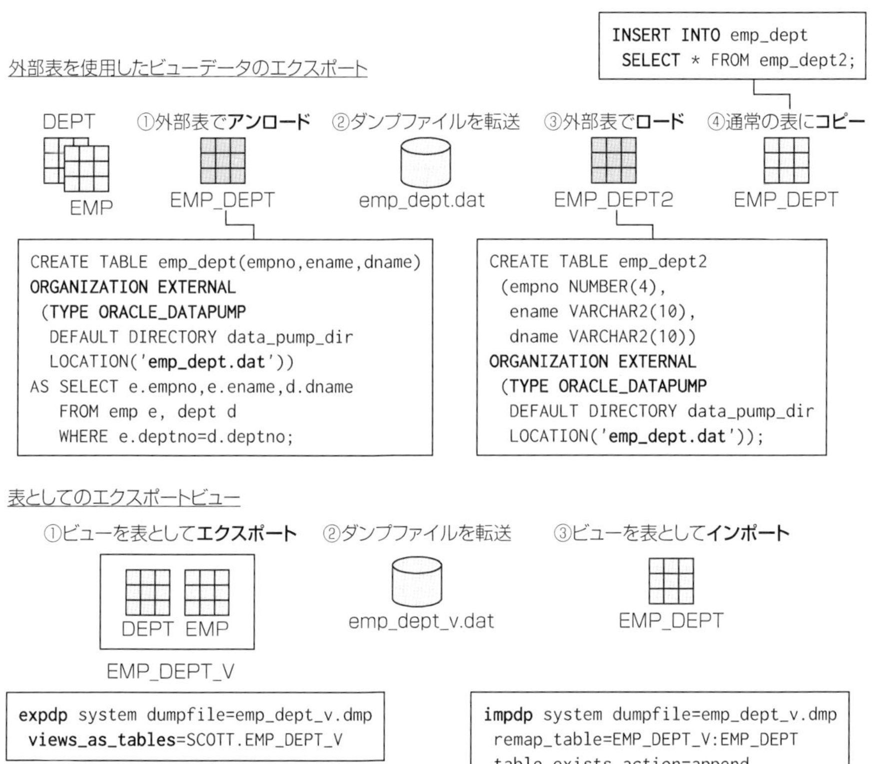

図 8-3　表としてのエクスポートビュー

複数の表を結合し、非正規化されたデータをエクスポートする場合、従来はData Pumpアクセスドライバを使用した外部表を使用していました。外部表のデータをインポートするには、ロードする外部表が必要なため複数のステップが必要です。

Oracle Database 12cの「表としてのエクスポートビュー」は、view_as_tablesをエクスポートで指定することで、ビュー定義を基に表としてエクスポートが行われ、表としてのインポートが行われます。

表としてのエクスポートビューの制限

ビュー定義として有効なのは、スカラー型のみで構成されたビューです。オブジェクト型やスカラー型以外を戻すファンクションを使用した複雑なビューはエクスポートエラーとなります。

ビューがアクセスする元の表が暗号化されていても、エクスポートデータは暗号化されません。暗号化が必要であれば、encryptionなどのオプションを使用してエクスポートデータを暗号化します。

8-1-3　暗号化パスワードのエコーなし

Data Pumpエクスポート時に暗号化を行うとき、従来はエクスポート引数としてパスワードを指定していました。この場合、プロセスリスト（psコマンドなどの結果）に引数が表示されることになり、セキュリティ上の問題になります。Oracle Database 12cでは、引数ではなく実行時にパスワード入力を行うことが可能になりました（図8-4）。

引数としてパスワードを指定=ps結果にも出力される

暗号化パスワードなし

```
expdp system tables=SCOTT.EMP encryption_password=oraora$ reuse_dumpfiles=y
```

```
impdp system remap_table=EMP:EMP2 encryption_password=oraora$
```

引数としてパスワードを指定しない=ps結果にも出力されない

暗号化パスワード使用

```
expdp system tables=SCOTT.EMP encryption_pwd_prompt=y reuse_dumpfiles=y
```

```
Export: Release 12.1.0.1.0 - Production on 木 3月 6 13:39:18 2014
Copyright (c) 1982, 2013, Oracle and/or its affiliates.  All rights reserved.

パスワード: 実行ユーザーのパスワード

接続先: Oracle Database 12c Enterprise Edition Release 12.1.0.1.0 - 64bit Production
With the Partitioning, OLAP, Advanced Analytics and Real Application Testing options

暗号化パスワード: 暗号化するためのパスワード

"SYSTEM"."SYS_EXPORT_TABLE_01"を起動しています: system/******** tables=SCOTT.EMP
 encryption_pwd_prompt=y reuse_dumpfiles=y
…
```

```
impdp system remap_table=EMP:EMP2 encryption_pwd_prompt=y
```

図8-4　暗号化パスワードのエコーなし

Data Pumpエクスポートやインポートでは、Oracle Walletを使用した透過的データ暗号化、またはパスワードを使用した暗号化を行うことができます。暗号化モードはencryption_modeで設定することができます。パスワードを使用する場合、encryption_passwordでは直接パスワードを指定するため、プロセスを確認するpsコマンドなどで表示されてしまいます。encryption_pwd_prompt=Yを使用することで、パスワードプロンプトに対してパスワードを入力することができます。パスワードが漏えいしにくいことからセキュリティが向上します。

8-1-4 インポート時の変換オプション

データのインポート時のTRANSFORMオプションを使用して表領域やSTORAGE句を変更するだけでなく、表の圧縮方法やLOBタイプ（SECUREFILEかBASICFILE）、REDOログに対するNOLOGGINGオプションを指定することも可能になりました（図8-5）。

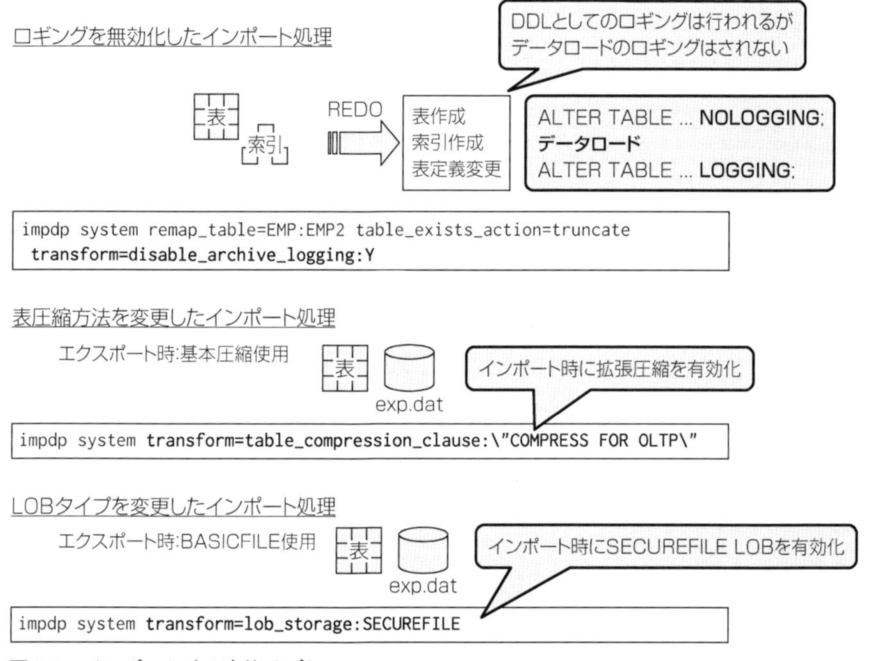
ロギングを無効化したインポート処理
DDLとしてのロギングは行われるが
データロードのロギングはされない
表
索引
REDO
表作成
索引作成
表定義変更
ALTER TABLE ... NOLOGGING;
データロード
ALTER TABLE ... LOGGING;
impdp system remap_table=EMP:EMP2 table_exists_action=truncate
transform=disable_archive_logging:Y
表圧縮方法を変更したインポート処理
エクスポート時:基本圧縮使用
表
exp.dat
インポート時に拡張圧縮を有効化
impdp system transform=table_compression_clause:\"COMPRESS FOR OLTP\"
LOBタイプを変更したインポート処理
エクスポート時:BASICFILE使用
表
exp.dat
インポート時にSECUREFILE LOBを有効化
impdp system transform=lob_storage:SECUREFILE

図8-5 インポート時の変換オプション

ロギングの無効化

データのインポート処理では、INSERT文が実行されるため、REDOログが生成されます。大量データのインポートで、リカバリを考慮しなくてよいのであれば、disable_ archive_loggingは、ロギングを無効化します。「disable_archive_logging:Y:TABLE」や「disable_archive_logging:Y:INDEX」とすることで、表や索引のいずれかのタイプに限定することもできます。

ただし、セグメントを作成するREDOは生成されます。また、FORCE LOGGINGに設定されたデータベースのロギングを無効化することはできません。

NOLOGGINGの動作はインポート中に限定されます。インポートの開始時に対象表でNOLOGGINGが設定され、インポート中のロギングが無効化されます。インポートの完了後はLOGGINGに戻されます。

圧縮の定義

table_compression_clauseは、圧縮オプションを設定できます。デフォルトはソースデータベースでの圧縮設定が使用されます。「table_compression_clause:NONE」を指定して表領域の圧縮定義を使用したり、「table_compression_clause:COMPRESS」で基本圧縮、「table_compression_clause:\"COMPRESS FOR OLTP\"」で拡張行圧縮を設定できます。

LOBアーキテクチャの定義

lob_storageは、LOBアーキテクチャとしてBasicFiles LOBにするか、SecureFiles LOBにするかを設定できます。デフォルトはソースデータベースでのLOBアーキテクチャ（lob_storage:NO_CHANGE）が使用されます。「lob_storage:DEFAULT」を指定してdb_securefileパラメータに依存させたり、「lob_storage:SECUREFILE」でSecureFiles LOB、「lob_storage:BASICFILE」でBasicFiles LOBに変換できます。

8-2 SQL*Loaderの拡張

テキストデータやバイナリデータのロードにSQL*Loaderは必須ですが、制御ファイルとデータファイルの作成が面倒な処理でした。Oracle Database 10gリリース2でEnterprise Managerからのロード時に制御ファイルの自動生成機能が追加されましたが、Oracle Database 12cからは制御ファイルなしでのロードも可能になりました。条件がいくつかありますので、必要な構文を確認しておきましょう。

▶参照
SQL*Loaderの拡張に関しては、『Oracle Databaseユーティリティ』マニュアルを参考にしてください。

8-2-1 新しい構文

どのようにロードするかを指定するSQL*Loaderの制御ファイルでは、小さな変更が数多く行われています。多少の構文の違いはありますが、この変更は外部表の定義にも適用されます（表8-1）。

表8-1：SQL*Loaderの新しい構文

拡張機能	説明
データファイル名でワイルドカード使用	INFILEで指定するデータファイル名で「*（複数文字）」と「?（1文字）」が使用できる 例）INFILE 'emp?.dat' → emp1.dat、empX.datなどが対象
CSVデータの自動判定と改行を含むデータの認識	・「FIELDS CSV」でCSVデータが自動判定されるため「TERMINATED BY ','」と「OPTIONALLY ENCLOSED BY '"'」が不要（他の記号なら指定必要）。 ・「INFILE データファイル ""STR '終了記号 '""」と「WITH EMBEDDED」でレコード終了記号を明記するため、データ内に改行を含むことができる 例）FIELDS CSV WITH EMBEDDED
表レベルの日付書式	「FIELDS DATE FORMAT」で、個々の列ではなくすべての日付フィールドの日付書式を変更 例）FIELDS DATE FORMAT ""YYYY-MM-DD""
表レベルのNULLIF	「FIELDS TERMINATED BY」で、区切り記号に加え、すべての文字フィールドのNULL値に対するNULLIFを設定 例）FIELDS TERMINATED BY ',' NULLIF=""N/A""

（※表は続く）

表 8-1：SQL*Loader の新しい構文（続き）

拡張機能	説明
フィールド順序	「FILED NAMES」でデータファイルの最初のレコードがフィールド名リストなのかデータなのかを指定できる。IGNORE を追加すると無視させることができる 例）FIELD NAMES FIRST FILE → 最初のデータファイルの最初のレコードにフィールド名リストが含まれる 例）FIELD NAMES ALL FILES → すべてのデータファイルの最初のレコードにフィールド名リストが含まれる 例）FIELD NAMES ALL FILES IGNORE → すべてのデータファイルの最初のレコードにフィールド名リストが含まれるが情報は無視させる 例）FIELD NAMES NONE → 最初のレコードはデータ（デフォルト）
アイデンティティ列のサポート	表の列定義でアイデンティティ列を使用している場合、列側のシーケンスジェネレータに値生成を任せることができる ・列側 ALWAYS：明示的にロードできない（すべてシーケンスジェネレータから生成必要） ・列側 BY DEFAULT：明示的なロードはできるが NULL 値を指定できない ・列側 BY DEFAULT ON NULL：明示的なロードができ、NULL 値指定でシーケンスジェネレータに任せることもできる

アイデンティティ列

アイデンティティ列は、Oracle Database 12c からサポートする ANSI に準拠した連番生成を行うデータ型です。明示的に順序オブジェクトを作成する必要がありません（図 8-6）。

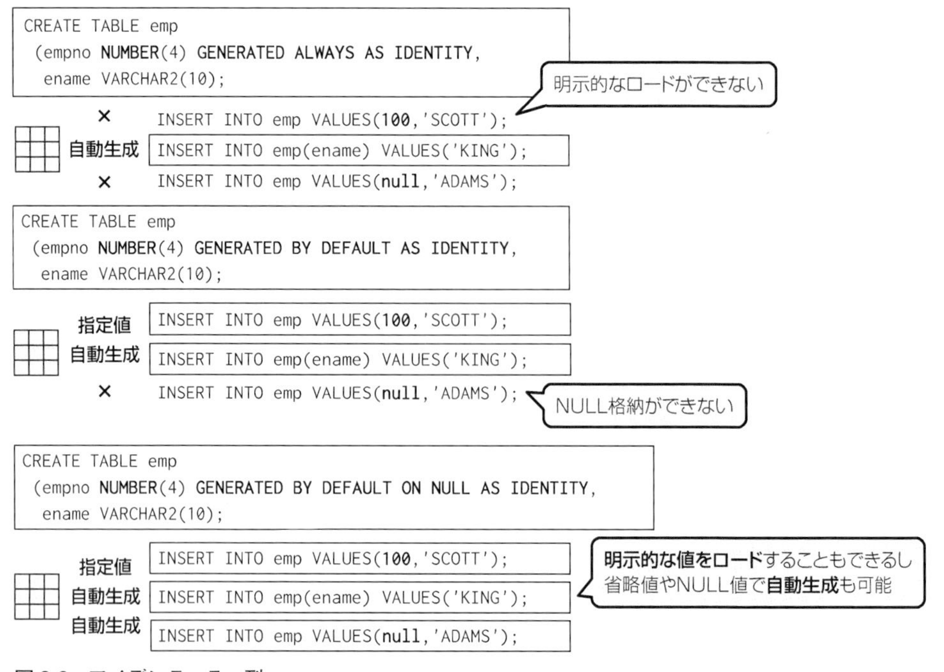

図 8-6　アイデンティティ列

アイデンティティ列は、特定列に関連付けられているものです。ALWAYSを指定した場合は自動生成しか許可されないため、明示的に値をロードしようとするとエラーになります。SQL*Loaderでロードするには、制御ファイルで対象列を除外しておく必要があります（対象列を設定していなければ自動ロードされます）。BY DEFAULTを指定すると、明示的な値はそのままロード、指定なしの場合に自動生成されます。

順序オブジェクトと同様、START WITHやINCREMENTALなどのオプションをアイデンティティ列に設定することができます。

CSVデータのロード

SQL*Loaderの制御ファイルで「FIELDS CSV」を使用すると、デフォルトで「,」区切り「"」で囲まれたCSVデータであることが自動判定されます。異なる記号が必要なら、明示的にTERMINATED BY句で区切り記号、ENCLOSED BY句で囲み記号を指定することもできます（例8-1）。

例8-1：CSVデータ用の制御ファイル

```
LOAD DATA
INFILE data.dat
INTO TABLE emp
FIELDS CSV WITH EMBEDDED
(empno,ename,text)
```

WITH EMBEDDED句またはWITHOUT EMBEDDED句を使用すると、データフィールドに埋め込まれたレコード終了記号を認識できます。デフォルトのレコード終了記号は「\n」か「\r\n」による改行です。WITH EMBEDDED句で埋め込みを行う場合、改行マークでレコード終了にしないためには、INFILE句の後に「STR "'レコード終端記号'"」を指定します。

データファイルに関する拡張

複数のデータファイルが存在する場合、INFIILE句を複数回指定することができますが、Oracle Database 12cではワイルドカードとして「*」と「?」を使用することができます。*は複数文字、?は1文字を表現します（例8-2）

8

例 8-2：データファイルに関する拡張用の制御ファイル

```
LOAD DATA
FIELD NAMES ALL FILES
INFILE 'data?.dat'
INTO TABLE emp
FIELDS CSV WITH EMBEDDED
(empno,ename)
```

FIELD NAMESを使用することで、データファイルの1行目をレコードにするのか、列見出しの指示にするのかを制御することができます。ALL FILES句が続く場合は、すべてのファイルの1行目が評価されます。FIRST FILE句が続く場合は、最初のファイルのみが評価されます。それぞれIGNORE句が続くと1行目を無視させることもできます。1レコード目は列名と対応付く順序を指示していますので、ほかのデータファイルとデータ順序が異なることも可能です。

8-2-2　エクスプレスモード

SQL*Loaderでロードするには、データファイルを制御ファイルに含めることはあっても、制御ファイルを必ず作成する必要がありました。Oracle Database 12cでは、表名と同じファイル名を持つデータファイルを用意することで、制御ファイルなしでロードすることができます。このようなロードのモードを「エクスプレスモード」と呼びます（図8-7）。

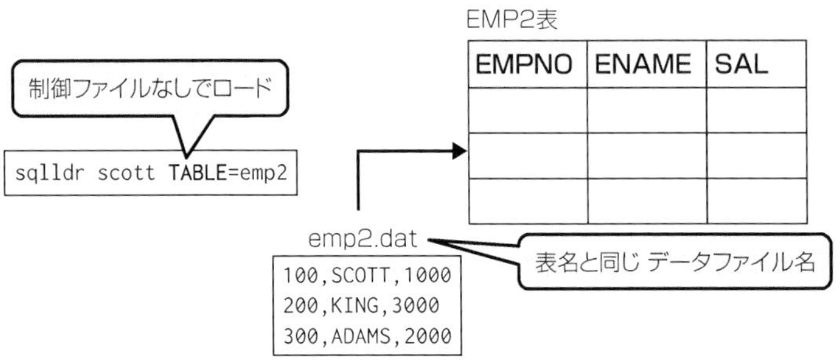

図8-7　エクスプレスモード

Oracle Database 12cのSQL*Loaderのエクスプレスモードで対象となるデータファイルは、「表名.dat」ファイル名でCSVデータを準備します。SQL*Loaderの実行時は「table=表名」でロードを開始します。

エクスプレスモードの制限

エクスプレスモードで実行する場合、次の制限があります。ただし、制御ファイルを使用できませんが、実行時の引数で、ある程度はカスタマイズできるようになっています。

- ファイル名は「.dat」であること
  エクスプレスモード時のデータファイル名は「.dat」である必要があります。また、table句は「スキーマ名.表名」とすることはできますが、ファイル名などを指定することはできません。
- データファイルの内容は区切られたデータであること
  作成しておくデータファイルは、区切られた文字データである必要があります。デフォルトはカンマ区切りですが、SQL*Loaderのコマンドラインオプションterminated_byとenclosed_by、optionally_enclosed_byを使用して変更することもできます。
- 対象表の列はスカラー型であること
  対象となる表の列は、スカラーデータ型（文字、数字、日付）のみが可能です。オブジェクト型などの複雑なデータ型を含む表の場合「SQL*Loader-805: Option NAMED TYPEs not supported by Express Mode」エラーとなります。

エクスプレスモードの実行ログ

エクスプレスモードでのロードは、APPENDで実行されます。ロード時は、SQL*Loaderを直接使用するか、外部表が使用されます。ロードが完了すると、結果となるデータだけでなく、ログファイルが生成されます。ログファイルには、再利用を目的とした制御ファイルや外部表を使用したロードのSQLスクリプトが含まれます（例8-3）。

例8-3：エクスプレスモードの結果

```
-- 区切り記号を変更したエクスプレスモード
$ sqlldr system TABLE=scott.emp2 terminated_by=/' /'
…
表SCOTT.EMP2:
  3行のロードに成功しました。
```

8

```
確認するログ・ファイル:
scott.log
scott_%p.log_xt
ロードの詳細を参照してください。
```

制御ファイルオプションや外部表作成文含むログ

外部表による結果ログ（scott_26129.log_xtなど）

```
-- 制御ファイルオプションや外部表作成文を含むログ
$ cat scott.log
…
可能性のある再使用のために生成された制御ファイル:
OPTIONS(EXTERNAL_TABLE=EXECUTE, TRIM=LRTRIM)
LOAD DATA
INFILE '(null)'
APPEND
INTO TABLE SCOTT.EMP2
FIELDS TERMINATED BY " "
( EMPNO,
  ENAME,
  SAL )
可能性のある再使用のために生成された制御ファイルの終わり。

一時ディレクトリ・オブジェクトSYS_SQLLDR_XT_TMPDIR_00000がパス/home/oracle/tmpに対して
作成されました

パラレルDML: ALTER SESSION ENABLE PARALLEL DMLを有効化します
外部表"SYS_SQLLDR_X_EXT_EMP2"を作成しています
CREATE TABLE "SYS_SQLLDR_X_EXT_EMP2"
( "EMPNO" NUMBER(4),
  "ENAME" VARCHAR2(10),
  "SAL" NUMBER(4))
ORGANIZATION external
( TYPE oracle_loader
  DEFAULT DIRECTORY SYS_SQLLDR_XT_TMPDIR_00000
  ACCESS PARAMETERS
  ( RECORDS DELIMITED BY NEWLINE CHARACTERSET AL32UTF8
    BADFILE 'SYS_SQLLDR_XT_TMPDIR_00000':'emp2.bad'
    LOGFILE 'scott_%p.log_xt'
    READSIZE 1048576
    FIELDS TERMINATED BY " " LRTRIM
    REJECT ROWS WITH ALL NULL FIELDS
    ( "EMPNO" CHAR(255),
      "ENAME" CHAR(255),
      "SAL" CHAR(255)))
```

エクスプレスモードはAPPENDで実行

現ディレクトリにグループへの書き込み権限、実行ユーザーにCREATE ANY DIRECTORYシステム権限が必要

```
  location
  ( 'emp2.dat' )
)REJECT LIMIT UNLIMITED

INSERT文を実行してデータベース表SCOTT.EMP2をロードしています
INSERT /*+ append parallel(auto) */ INTO SCOTT.EMP2
( EMPNO,
  ENAME,
  SAL )
SELECT
  "EMPNO",
  "ENAME",
  "SAL"
FROM "SYS_SQLLDR_X_EXT_EMP2"
外部表"SYS_SQLLDR_X_EXT_EMP2"を削除しています
...
```

ディレクトリオブジェクトの作成ができれば外部表が使用され、作成できなければSQL*Loaderが直接使用されます。

8-3 パーティション化の拡張

Oracle8でサポートしたパーティショニングも、バージョンアップのたびに各種機能が追加されており、今回のOracle Database 12cでも機能拡張が行われています。大きな機能というよりは小さな改善といったところですが、機能名と効果、制限にわかりにくいものがあるため、それぞれよく確認しておきましょう。

▶参照
パーティション化の拡張に関しては、『Oracle Database VLDBおよびパーティショニングガイド』マニュアルを参考にしてください。

8-3-1 時間隔参照パーティション化

Oracle Database 10gからサポートした時間隔パーティションは、既存レンジパーティションの上限を超えるINSERT時に不足するパーティションを自動的に追加してくれます。同じくOracle Database 10gでサポートした参照パーティションは、マスター／ディテールの関係を持つ表において、参照整合性制約で関係を保障することで、ディテール側にパーティションキーを持たずに済む機能です。Oracle Database 12cでは、時間隔パーティションでも参照パーティションが使用できるようになり、すべてのパーティションタイプで参照パーティションが可能になりました（図8-8）。

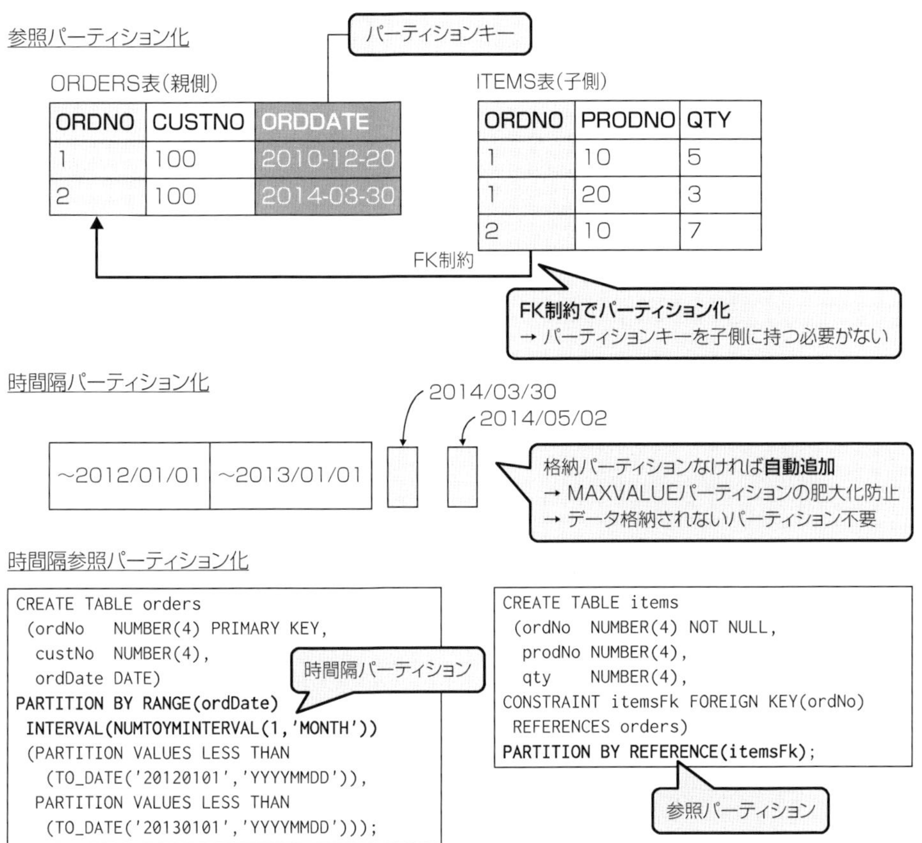

図8-8　時間隔参照パーティション化

参照パーティションは、親側のパーティション構成を子側で継承することで、パーティションキーの重複なく構成できるパーティションタイプです。親側のパーティションタイプとして、Oracle Database 11g以前はレンジ、ハッシュ、リストのみが可能でしたが、Oracle Database 12cから「時間隔」も可能になりました。

時間隔参照パーティション化で使用する表領域

時間隔パーティションは、格納パーティションが不足している場合に、自動的にパーティションを追加します。STORE IN句であらかじめ使用する表領域をリストしておくことができます。追加されるパーティションにあわせて自動的に使用されます。

子側の表が参照パーティション化されている場合は、明示的なデフォルト表領域を指定しない限り、親側と同じ表領域が使用されます。

8-3-2　オンラインパーティション操作の拡張

メンテナンス中もSELECT、DMLを受け付ける必要のあるシステムでは、オンライン操作が重要になります。Oracle Database 12cでは、パーティションを移動する際のオンライン操作が追加されました。これにより、ILM（情報ライフサイクル管理）の一環で別の表領域に移動したり圧縮したりする場合でもオンラインを維持できます（図8-9）。

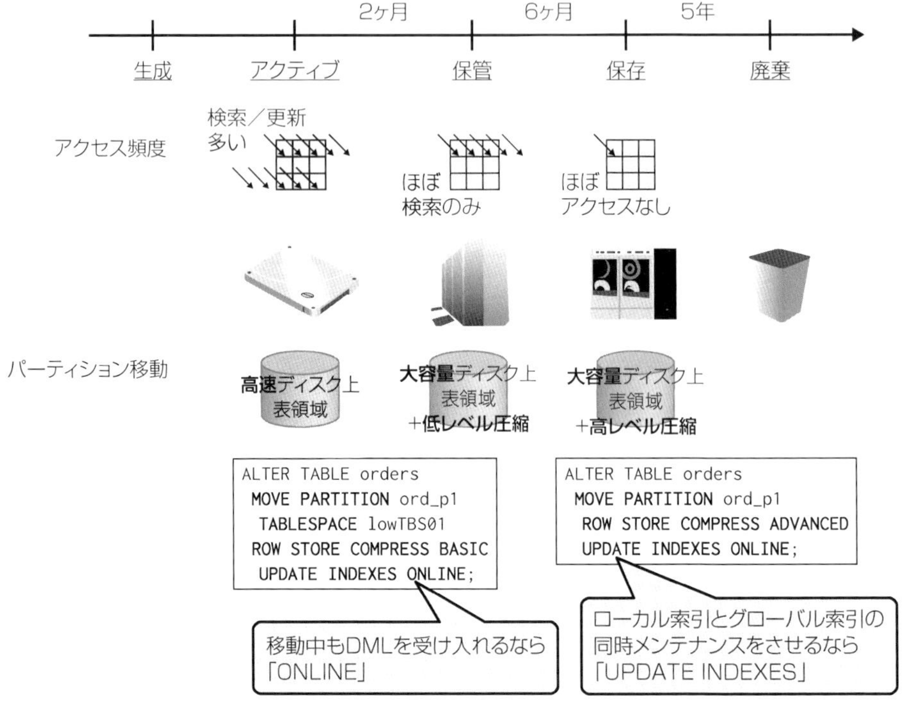

図8-9　オンラインでのパーティション移動

データライフサイクル管理において、データへのアクセスパターンが変わると格納するディスクを変更することがよくあります。表を格納している表領域を変更するには、ALTER TABLE文のMOVEが便利ですが、完了するまでDML操作がブロックされるのが問題です。Oracle Database 12cのパーティション表であれば、MOVE PARTITIONでONLINE句を使用できます。

MOVE PARTITIONのONLINE句

MOVE PARTITIONは、新規パーティションセグメントが作成され、対象パーティション内の既存レコードが移動されます。移動にともない表レコードのROWIDも変更されます。UPDATE INDEXESを指定しない場合、表レコードのROWIDが変わったことが索引に伝播されず、対象パーティションのローカル索引とグローバル索引全体がUNUSABLEになります。UPDATE INDEXES句によって、索引エントリのROWIDも自動更新されます。

既存のトランザクションが存在する場合は、トランザクションが完了するのを待機します。トランザクションが完了するとパーティション移動が開始します。

注意 ONLINE句を使用したMOVE PARTITIONを実行する場合、サプリメンタル・ロギングを無効にしておく必要があります。有効になっていると「ORA-14811: ONLINE MOVE PARTITION not supported under supplemental logging」エラーとなります。

8-3-3 複数パーティションでのメンテナンス操作

パーティションの追加や削除、切り捨てなどのメンテナンス操作は、1つのパーティションに対して行う必要がありました。Oracle Database 12cの新しい構文を使用すると、複数のパーティションに対して1つのSQL文でメンテナンス操作が可能です。大きくなりすぎた1つのパーティションを複数のパーティションに分割したり、時間隔パーティションで追加された月ごとのパーティションを1年分にまとめたりするマージも1つのSQL文で完了することができます（図8-10）。

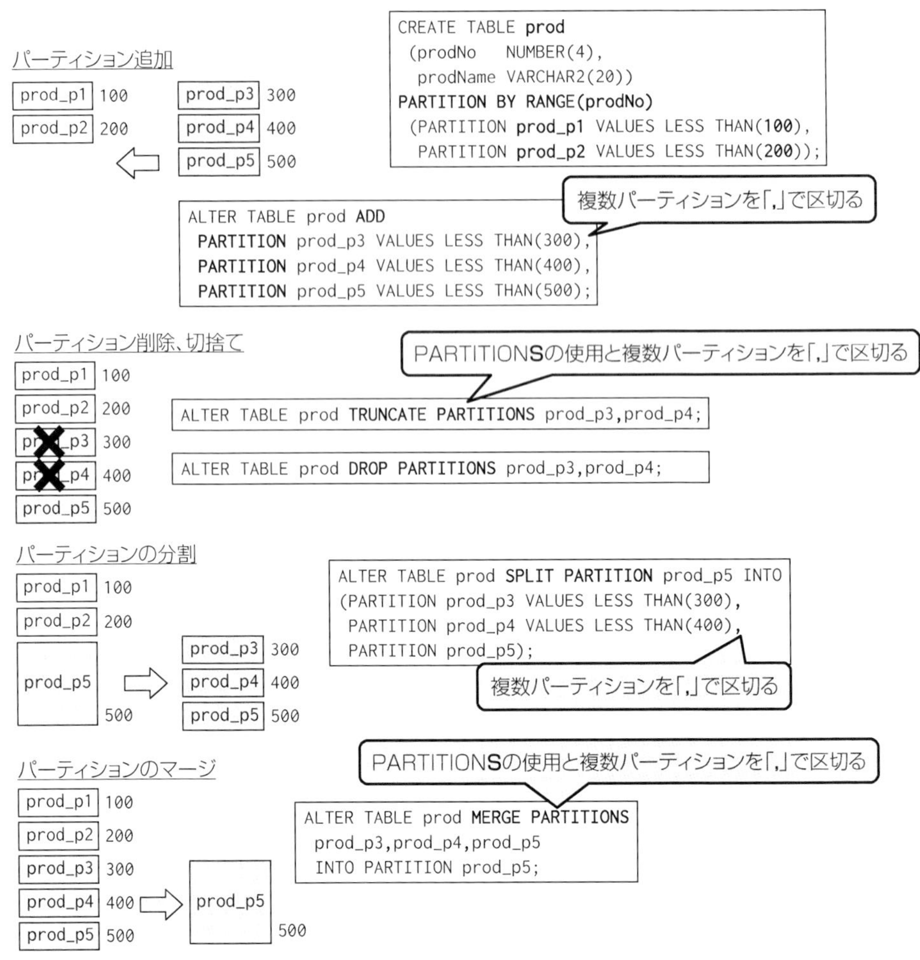

図8-10　複数パーティションでのメンテナンス操作

従来と句は変わらず、対象パーティションを複数指定するのはADD PARTITION句とSPLIT PARTITION句です。DROP、TRUNCATE、MERGEは、PARTITIONS句（Sが必要）を使用して操作します。

MERGE PARTITIONSによる考慮事項

複数パーティションで行うメンテナンス操作は、リストパーティションやシステムパーティションでも可能です（ハッシュパーティションは構造が異なるため不可）。MERGE PARTITIONSで複数パーティションをマージすると、対象パーティション内の最上位の範囲のパーティションにまとめられます。リストパーティションの

DEFAULTやレンジパーティションのMAXVALUEが存在する場合は、DEFAULTやMAXVALUEのパーティションになります。

複数パーティションで並列にオプティマイザ統計収集

Oracle Database 12cから、自動化メンテナンスタスクによる収集時に、複数パーティションで並列に収集することが可能になりました。CONCURRENTプリファレンスで制御することができます（デフォルトはOFF）（例8-4）。

例8-4：並列にオプティマイザ統計収集の設定

```
-- グローバルプリファレンスとして設定
SQL> exec DBMS_STATS.SET_GLOBAL_PREFS('CONCURRENT','ALL')

-- 並列収集を禁止する
SQL> exec DBMS_STATS.SET_GLOBAL_PREFS('CONCURRENT','OFF')
```

CONCURRENTプリファレンスは、グローバルレベルでのみ設定することができますが、既存の表の次回以降の統計収集に影響します。MANUAL（手動収集時のみ有効）とAUTOMATIC（自動収集時のみ有効）を指定することもできます。

8-3-4 パーティションメンテナンス操作のカスケード機能

前述の参照パーティションを使用する場合、参照整合性制約は解除することができなくなるため、マスター表への切り捨て操作ができないといった問題がありました。Oracle Database 12cでは、ON DELETE CASCADE付きの参照整合性制約であれば、マスター表への切り捨てをディテール表にカスケードすることが可能です。同様に、EXCHANGEを使用した通常の表と表パーティション間の変換もカスケードすることが可能です（図8-11）。

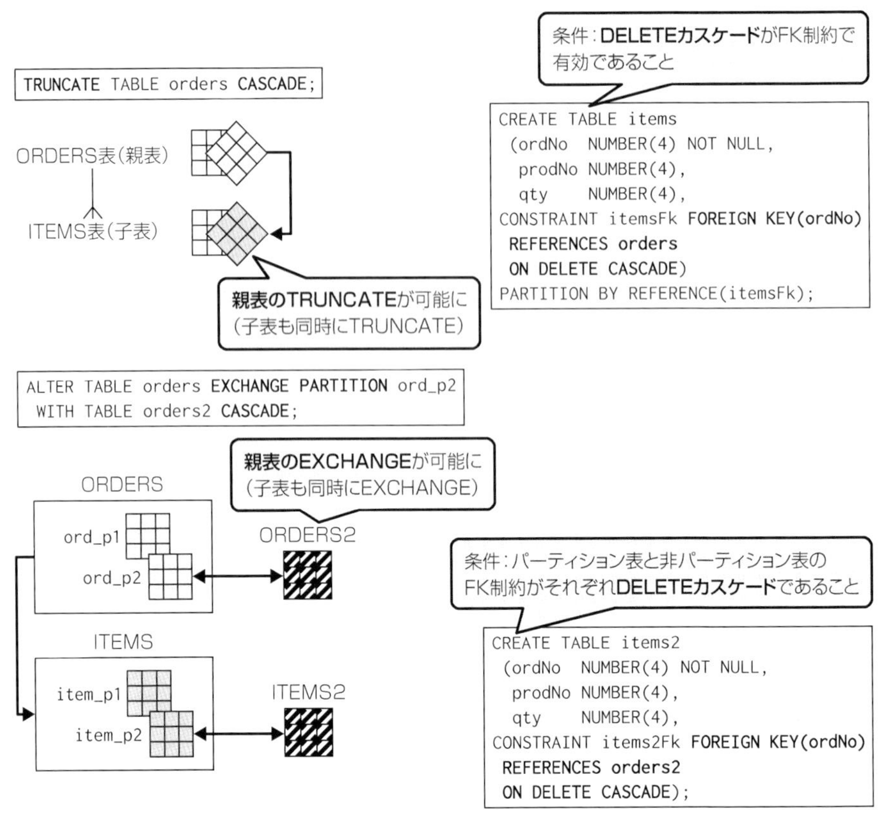

図8-11　パーティションメンテナンス操作のカスケード機能

親表のパーティション定義を利用する参照パーティション表では、親表に対するメンテナンス操作は子表に自動伝播されます。しかし、TRUNCATE PARTITION句とEXCHANGE PARTITION句は伝播できず、Oracle Database 11gではエラーになります。Oracle Database 12cでは、ON DELETE CASCADE句を使用した参照整合性制約の宣言とCASCADE句を追加したTRUNCATE PARTITIONやEXCHANGE PARTITIONであれば、子表に伝播できるようになりました。

8-3-5　パーティション表の部分索引

すべてのパーティションに均等にアクセスするのではなく、最新データの格納されたパーティションのみにアクセスするような表の場合でも、索引はすべてのデータに対して作成する必要があります。Oracle Database 12cの部分索引を使用することで、特定のパーティションのみの索引を有効化することができます。オプティマイザ統計情報の収集時間を短縮したり、索引を作成していない領域を不要としたりすることができます（図8-12）。

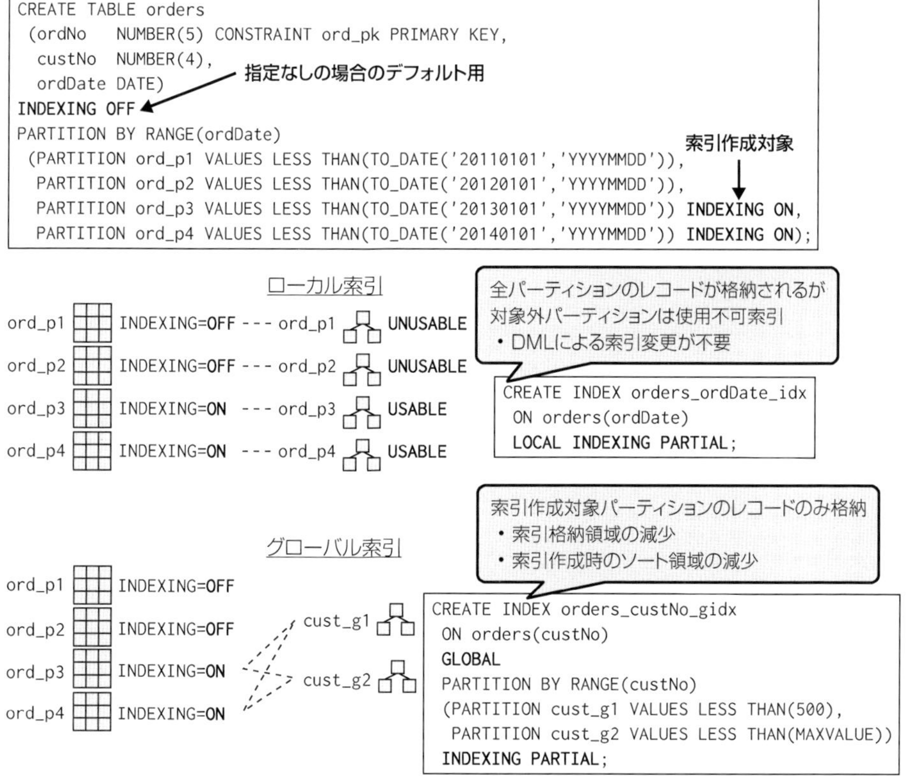

CREATE TABLE orders
 (ordNo   NUMBER(5) CONSTRAINT ord_pk PRIMARY KEY,
  custNo   NUMBER(4),
  ordDate DATE)
INDEXING OFF
PARTITION BY RANGE(ordDate)
 (PARTITION ord_p1 VALUES LESS THAN(TO_DATE('20110101','YYYYMMDD')),
  PARTITION ord_p2 VALUES LESS THAN(TO_DATE('20120101','YYYYMMDD')),
  PARTITION ord_p3 VALUES LESS THAN(TO_DATE('20130101','YYYYMMDD')) INDEXING ON,
  PARTITION ord_p4 VALUES LESS THAN(TO_DATE('20140101','YYYYMMDD')) INDEXING ON);
指定なしの場合のデフォルト用
索引作成対象
ローカル索引
ord_p1 INDEXING=OFF --- ord_p1 UNUSABLE
ord_p2 INDEXING=OFF --- ord_p2 UNUSABLE
ord_p3 INDEXING=ON --- ord_p3 USABLE
ord_p4 INDEXING=ON --- ord_p4 USABLE
全パーティションのレコードが格納されるが
対象外パーティションは使用不可索引
・DMLによる索引変更が不要
CREATE INDEX orders_ordDate_idx
 ON orders(ordDate)
 LOCAL INDEXING PARTIAL;
グローバル索引
ord_p1 INDEXING=OFF
ord_p2 INDEXING=OFF
ord_p3 INDEXING=ON
ord_p4 INDEXING=ON
cust_g1
cust_g2
索引作成対象パーティションのレコードのみ格納
・索引格納領域の減少
・索引作成時のソート領域の減少
CREATE INDEX orders_custNo_gidx
 ON orders(custNo)
 GLOBAL
 PARTITION BY RANGE(custNo)
 (PARTITION cust_g1 VALUES LESS THAN(500),
  PARTITION cust_g2 VALUES LESS THAN(MAXVALUE))
 INDEXING PARTIAL;

図8-12　パーティション表の部分索引

部分索引は、索引を作成したい表パーティションにINDEXING ON句を設定し、索引を作成するときにINDEXING PARTIAL句を設定することで作成されます。

部分索引の利点

特定の表パーティションのみに索引を作成する部分索引は、対象外の表パーティションの索引データは保存しません。索引用の領域が削減できます。

パーティション化されたオブジェクトのオプティマイザ統計は、各パーティションの統計と全体の統計があります。部分索引では、索引が存在する索引パーティションのみで統計情報が収集されるため、収集時間が短縮されます。

部分索引の構造

部分索引でローカル索引を作成すると、INDEXING ONの表パーティションに対応する索引はUSABLE、その他（INDEXING OFF）の表パーティションに対応する索引はUNUSABLEになります。

グローバル索引の場合は、対応する表パーティション内のレコードのみ参照するので、すべての索引パーティションがUSABLEになります（例8-5）。

例8-5：部分索引の確認

```
SQL> SELECT index_name,status,indexing FROM dba_indexes
  2  WHERE index_name IN ('ORDERS_CUSTNO_GIDX','ORDERS_ORDDATE_IDX');

INDEX_NAME         STATUS      INDEXIN
------------------ ----------- -------
ORDERS_ORDDATE_IDX N/A         PARTIAL
ORDERS_CUSTNO_GIDX N/A         PARTIAL

SQL> SELECT index_name,partition_name,partition_position,status
  2  FROM dba_ind_partitions
  3  WHERE index_name IN ('ORDERS_CUSTNO_GIDX','ORDERS_ORDDATE_IDX');

INDEX_NAME         PARTITION_NAME  P STATUS
------------------ -------------- -- -----------
```

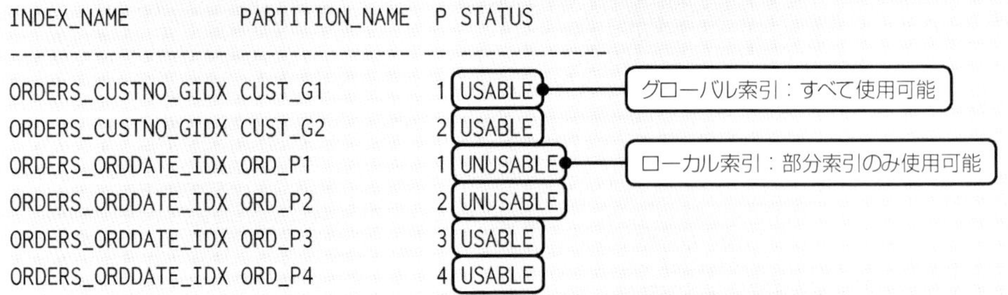

```
ORDERS_CUSTNO_GIDX CUST_G1         1 USABLE
ORDERS_CUSTNO_GIDX CUST_G2         2 USABLE
ORDERS_ORDDATE_IDX ORD_P1          1 UNUSABLE
ORDERS_ORDDATE_IDX ORD_P2          2 UNUSABLE
ORDERS_ORDDATE_IDX ORD_P3          3 USABLE
ORDERS_ORDDATE_IDX ORD_P4          4 USABLE
```

グローバル索引：すべて使用可能
ローカル索引：部分索引のみ使用可能

表パーティションの定義は、USER_TAB_PARTITIONSビューのINDEXING列で確認できます。索引が部分索引なのか全体索引なのかは、DBA_INDEXESビューのINDEXING列で確認できます。INDEXING列がPARTIALなら部分索引です。DBA_IND_PARTITIONSビューのSTATUS列で、使用可能（USABLE）か使用不可能（UNUSABLE）を確認できます。

注意 Oracle Database 11.2以降、UNUSABLEの索引は領域を削除していますので、ローカル索引でも使用する領域が減少する利点を享受できます。

8-3-6 非同期グローバル索引メンテナンス

パーティション表のメンテナンス操作は、作成済みのローカル索引とグローバル索引に影響します。Oracle Database 10gでサポートしたUPDATE INDEXES句を使用して、索引の使用可能状態を維持したままメンテナンス操作を行うことができますが、索引レコードの同時更新のために負荷をともないます。Oracle Database 12cでは、パーティションの削除と切り捨てに限り、非同期で処理が行われます。メンテナンス操作実行時はディクショナリのみをメンテナンスし、自動ジョブや手動コマンドで後から実際のメンテナンス操作を行うようにしました（図8-13）。

```
ALTER TABLE orders TRUNCATE PARTITION ord_p1 UPDATE INDEXES;
```

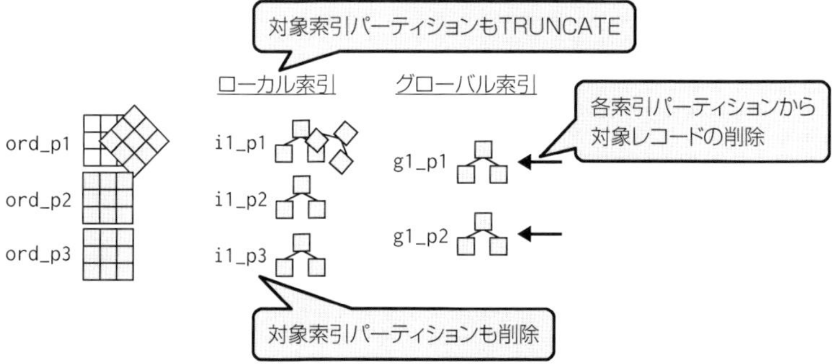


```
ALTER TABLE orders DROP PARTITION ord_p1 UPDATE INDEXES;
```

11g以前の処理

ディクショナリデータのメンテナンスと同時に索引メンテナンス → **メンテナンスオーバーヘッド**

12cの処理

- 即時に**ディクショナリデータのメンテナンス**
- 後から索引メンテナンス → **メンテナンスオーバーヘッドを遅らせる**
  - 自動ジョブ：**PMO_DEFERRED_GIDX_MAINT_JOB**
  - 手動：**DBMS_PART.CLEANUP_GIDX**プロシージャ
    ALTER INDEX ... **REBUILD PARTITION**... コマンド
    ALTER INDEX ... **COALESCE CLEANUP**（非パーティション索引）

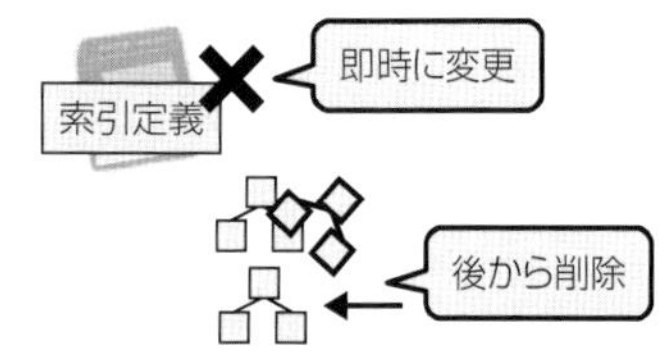

図8-13　非同期グローバル索引メンテナンス

Oracle Database 12cでは、UPDATE INDEXES句を使用してパーティション表に対するDROP PARTITION句とTRUNCATE PARTITION句が実行されると、グローバル索引のディクショナリ定義のみが更新され、グローバル索引内のデータはそのまま残されています。後から行われるクリーンアップは、自動ジョブと手動コマンドで行います。

グローバル索引のクリーンアップ

クリーンアップの自動ジョブとしてPMO_DEFERRED_GIDX_MAINT_JOBスケジューラジョブが作成されています。デフォルトでは毎日2時に起動するように構成されています。

手動で実行する場合は、DBMS_PART.CLEANUP_GIDXプロシージャを実行します。または、パーティション索引であればREBUILD PARTITION句、非パーティション索引であればCOALESCE CLEANUP句を使用したALTER INDEX文も使用可能です。

注意 クリーンアップするべき対象となるグローバル索引エントリが存在しない場合は「ORA-20000: No global index segments were cleaned」エラーが出力されます。事前に確認しておくのであれば、DBA_INDEXESビューやDBA_IND_PARTITIONSビューのORPHANED_ENTRIES列を使用します。YESならクリーンアップが必要、NOならクリーンアップは不要です。

8-4 SQLの拡張

バージョンアップのたびに、ANSIに準拠した構文が追加されています。Oracle Databaseは単体ですぐれたデータベースですが、環境によってはMySQLなど別のデータベースを利用していることもあるでしょう。使用できるSQLが統合され、使用できるデータ最大サイズが統合されていれば、アプリケーション移行もしやすくなります。ここでは試験範囲となるSQL行制限句と拡張データ型のみを解説しますが、そのほかのSQL拡張機能もよく確認しておくとよいでしょう。

▶参照
SQLの拡張に関しては、『Oracle Database SQL言語リファレンス』マニュアルを参考にしてください。

8-4-1 SQL行制限句

上位*n* SQLを使用することで、ソートした結果の先頭から*n*行を戻すことができますが、次のセットを戻すような動作を行いたい場合、別名を使用したROWNUM擬似列などパフォーマンスの悪いSQLになっていました。Oracle Database 12cのSQL行制限句は、ANSIに準拠した問合せ結果の行制限です。簡単な構文で、先頭*n*行や次の*n*行の取得ができます（図8-14）。

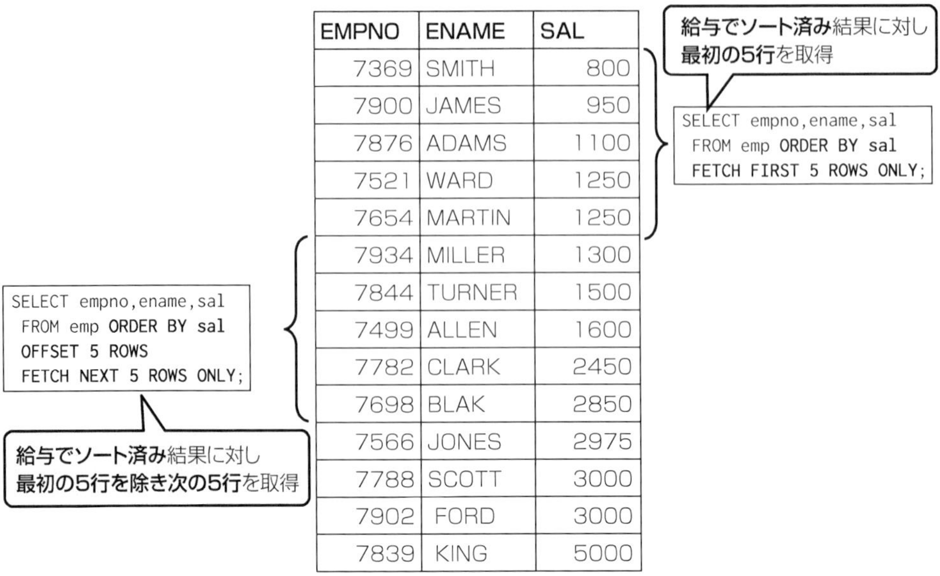

EMPNO	ENAME	SAL
7369	SMITH	800
7900	JAMES	950
7876	ADAMS	1100
7521	WARD	1250
7654	MARTIN	1250
7934	MILLER	1300
7844	TURNER	1500
7499	ALLEN	1600
7782	CLARK	2450
7698	BLAK	2850
7566	JONES	2975
7788	SCOTT	3000
7902	FORD	3000
7839	KING	5000

給与でソート済み結果に対し最初の5行を取得

```
SELECT empno,ename,sal
 FROM emp ORDER BY sal
 FETCH FIRST 5 ROWS ONLY;
```

```
SELECT empno,ename,sal
 FROM emp ORDER BY sal
 OFFSET 5 ROWS
 FETCH NEXT 5 ROWS ONLY;
```

給与でソート済み結果に対し最初の5行を除き次の5行を取得

図 8-14　SQL 行制限句

FETCH FIRST で最初の行を戻すだけでなく、OFFSET でスキップ後に戻すこともできます。

PERCENT を使用した SQL 行制限句

戻す行の制限では、行数だけでなく PERCENT による割合の指定も可能です（例 8-6）。

例 8-6：割合による SQL 行制限句

```
-- 12行の10%=2行（切り上げ）を戻す行制限句
SQL> SELECT empno,ename,sal FROM scott.emp ORDER BY sal
  2  FETCH FIRST 10 PERCENT ROWS ONLY;

     EMPNO ENAME             SAL
---------- ---------- ----------
      7369 SMITH             800
      7900 JAMES             950
```

8-4-2 最大サイズ制限の緩和

VARCHAR2 と NVARCHAR2 データ型は最大 4000 バイト、RAW 型は最大 2000 バイトまで扱えますが、拡張データ型を有効化することで最大 32767 バイトまで扱えるようになります。実体は、標準サイズを超えるデータを LOB セグメントとして格納しています（図 8-15）。

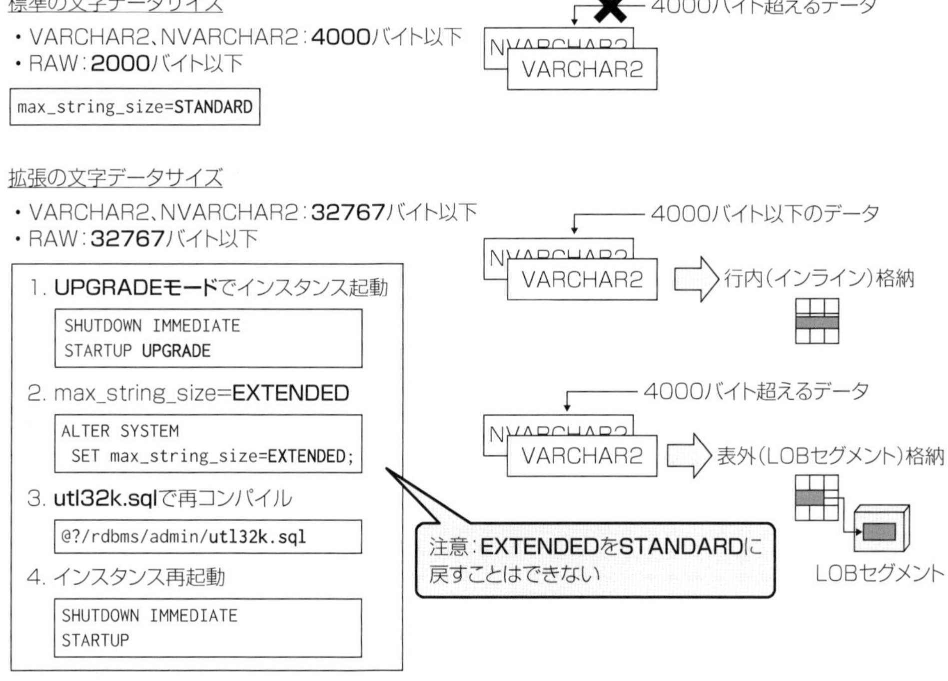

図 8-15　最大サイズ制限の緩和

EXTENDED で拡張文字データが有効化されると、STANDARD に戻すことはできません。

拡張文字データの有効化

拡張文字データを扱うには、max_string_size パラメータを EXTENDED に設定し、UPGRADE モードのインスタンスで utl32k.sql を実行することで、データベースの変更と再コンパイルが行われます。

注意 max_string_size パラメータを EXTENDED に変更するには、UPGRADE モードのデータベースにする必要があります。通常の OPEN モードの場合は「ORA-14694: database must in UPGRADE mode to begin MAX_STRING_SIZE migration」エラーとなります。また、utl32k.sql を実行しないまま再オープンしますと「ORA-14695: MAX_STRING_SIZE migration is incomplete」エラーでオープンが失敗します。

拡張文字データの列定義

新規表でも、既存表への列追加でも、既存列の変更でも、最大 32767 バイトまでを指定することができます。ただし、索引はブロックを連鎖することができないため、32767 バイトを使用した列に索引を作成したり、索引を作成済みの列の列サイズを大きくしようとするとエラーになります。

拡張データ列では、4000 バイト以下のデータは表内に格納され、4000 バイトを超える場合は表外（LOB）に格納されます。パフォーマンスを考慮すると、できる限り、従来どおり 4000 バイト以下で利用し、表内に格納されるようにします。

8-5 Unicode用データベース移行アシスタント

データベースのキャラクタセットを変更する方法として、従来はCSSCANとCSALTERスクリプトがありましたが、Oracle Database 12cでサポートされないユーティリティとなります。代りに、Unicodeへの変更を提供するデータベース移行ユーティリティ(DMU)が提供されます。Windows環境ではDatabaseソフトウェアと同時にインストールされますが、Unix環境ではOracle Technology Networkからダウンロードして利用します。

▶参照
Database Migration Assistant for Unicode(DMU)に関しては、『Oracle Databaseグローバリゼーションサポートガイド』マニュアルを参考にしてください。

Unicode用データベース移行アシスタントの利用

データベースのキャラクタセットをUnicodeに変更する場合、新規のデータベースを作成してデータのみエクスポート/インポートすることはできます。現在のデータベースを直接変更する場合は、Database Migration Assistant for Unicode (DMU)が簡単です。DMUは、Oracle Database 10.2.0.4、Oracle Database 11.1.0.7、Oracle Database 11.2.0.1、Oracle Database 12.0.1.1以上のデータベースで使用できます(図8-16)。

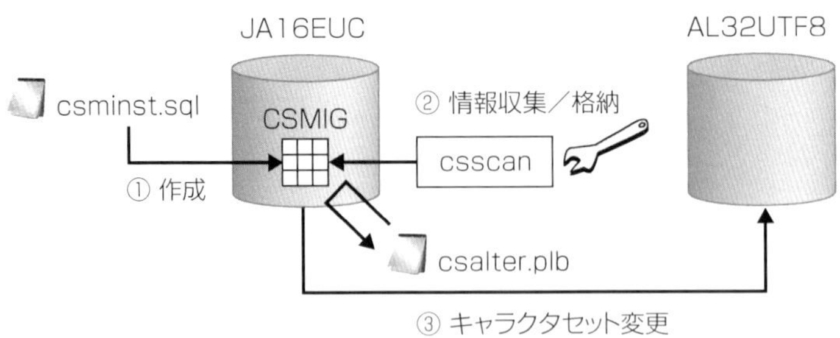

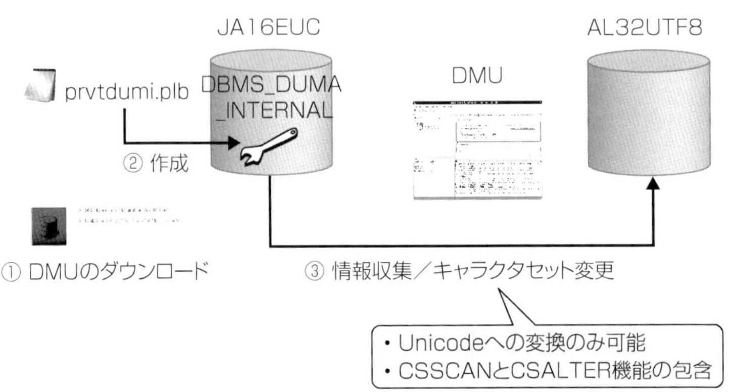

図8-16　Unicode用データベース移行アシスタント

DMUは、GUIのJavaアプリケーションです。情報収集から実際のキャラクタセットの変換まで、ウィザード形式で進めることができます。

Unicode用データベース移行アシスタントの手順

Database Migration Assistant for Unicode（DMU）は、データベースのキャラクタセットをUnicodeに変更する場合に使用するJavaアプリケーションです。以下のように対象となるデータベースにステップ形式で実行できます。

手順 データベース移行アシスタントの手順

ステップ 1 データベースのスキャンで、現在のデータを分析します。データベース全体を分析するほか、一部の表に限定することもできます。変換後、元の値と異なるか、列やデータ型の制限に収まるかなどが分析されます。

ステップ 2 データのクレンジングで、問題となるデータの編集を行います。クレンジングエディタがありますので、データを表示させ、変更することができます。

ステップ 3 データベースの変換を開始すると、データベースが制限モード（RESTRICTED）になり、キャラクタセットの変換が行われます。既存セッションが存在するとキャラクタセット変更に失敗しますが、再開することもできます。

自動でデータ変換などはできませんが、事前に不適切な列型やサイズを確認し、手動調整できる効果は大きいといえます。

学習チェック

この章で学んだことを正確に理解しているか、確認しましょう。

☑ 1 11.2.0.3の非CDBをPDBとして追加するにはどんな方法がありますか。

☑ 2 表としてのエクスポートビューの特徴は何ですか。

☑ 3 暗号化パスワードのエコーなしの特徴は何ですか。

☑ 4 table_compression_clause インポートオプションの特徴は何ですか。

☑ 5 lob_storage インポートオプションの特徴は何ですか。

☑ 6 disable_archive_logging インポートオプションの特徴は何ですか。

☑ 7 アイデンティティ列の特徴は何ですか。

☑ 8 FIELD NAMES FIRST FILE 制御ファイルパラメータの特徴は何ですか。

☑ 9 FIELDS CSV WITH EMBEDDED 制御ファイルパラメータの特徴は何ですか。

☑ 10 データファイルに関する制御ファイルパラメータの拡張とはどんなことですか。

☑ 11 SQL*Loader のエクスプレスモードの特徴は何ですか。

☑ 12 エクスプレスモードの条件は何ですか。

☑ 13 時間隔参照パーティション化の特徴は何ですか。

☑ 14 オンラインパーティション移動の特徴は何ですか。

☑ 15 複数パーティションでのメンテナンス操作とはどのようなものですか。

☑ **16** 並列でオプティマイザ統計収集とはどのようなものですか。

☑ **17** パーティションメンテナンス操作のカスケード機能とはどのようなものですか。

☑ **18** パーティション表の部分索引の特徴は何ですか。

☑ **19** 部分索引を有効化するには何を行いますか。

☑ **20** 非同期グローバル索引メンテナンスの特徴は何ですか。

☑ **21** 非同期グローバル索引メンテナンスが実行される文を2つ挙げてください。

☑ **22** SQL 行制限句（FETCH 句）はどのように指定しますか。

☑ **23** 最大サイズ制限の緩和とはどんなことですか。

☑ **24** DMU 実行条件は何ですか。

☑ **25** DMU 実行の特徴は何ですか。

● 解 答 ●

1
・全体トランスポータブルなら非 CDB のアップグレード不要
・ユーザー定義表領域はすべて読取り専用表領域にする
・ユーザー定義表領域のデータファイルはすべて配置する
・「full=Y transportable=ALWAYS versions=12」を指定

2
・view_as_tables= ビュー名 で指定
・ビュー定義を表定義に変換してエクスポート
・表としてインポートされる
・スカラー型のみで構成されたビューのみ可能

3
・encryption_pwd_prompt=y で指定
・パスワードプロンプトにてパスワード入力
・encryption_password= パスワードと同時に使用はできない

4
・エクスポート時と異なる圧縮設定ができる
・表、索引の一部に限定できる

5
・エクスポート時と異なる LOB アーキテクチャ
・db_securefile パラメータに合わせることができる（DEFAULT 指定時）

6
・セグメントを作成する REDO は生成される
・データ処理に関する REDO 生成をなくす

7 シーケンスが関連付けられた列です。

8 最初のファイルの 1 行目が列名を指定（ALL FILES ならすべてのファイル）します。

9
・CSV などの区切り記号のデータファイル
・改行マークがデータに埋め込める
・レコード区切りは別途 INFILE 句の STR オプション

10 INFILE 句でワイルドカードとして「*」と「?」が使用できます。

11 制御ファイルが不要です。

12 ・表の作成は事前に行っておく必要がある
・対象表の列はスカラー型
・実行ユーザーに CREATE ANY DIRECTORY 権限が必要（外部表使用時）
・区切り記号を使用したデータファイルを「表名 .dat」で用意

13 時間隔パーティションで参照パーティションが使用できます。

14 ・ONLINE 句を追加した MOVE PARTITION
・メンテナンス中の DML 実行可能
・表領域移動、同時に圧縮指定可能
・索引同時再構築は UPDATE INDEXES 句指定

15 ・対象タイプ：レンジ、リスト、システム
・コマンド変更なし：追加（ADD PARTITITON）、分割（SPLIT PARTITITON）
・複数形：削除（DROP PARTITITONS）、マージ（MERGE PARTITITONS）

16 ・CONCURRENT プリファレンスで制御
・複数パーティションで並列にオプティマイザ統計収集

17 ・ON DELETE CASCADE 句を指定した参照整合性制約
・親表のメンテナンスの子表への自動伝播
・TRUNCATE PARTITION、EXCHANGE PARTITION も子表に伝播

18 ・ローカル索引：対象外索引パーティションは UNUSABLE
・グローバル索引：対象外パーティションの行は作成されない

19 ・表パーティション：INDEXING ON
・索引：INDEXING PARTIAL

20 ・メンテナンス時：ディクショナリ定義のみ変更
・セグメント領域：後からクリーンアップ
・PMO_DEFERRED_GIDX_MAINT_JOB スケジューラジョブで実行
・DBMS_PART.CLEANUP_GIDX プロシージャで手動実行

21 ・DROP PARTITION
・TRUNCATE PARTITION

22 ・FETCH FIRST *n* ROWS ONLY：最初の *n* 行
・FETCH FIRST *n* PERCENT ROWS ONLY：最初の *n*%の行
・OFFSET *m* FETCH NEXT *n* ROWS ONLY：*m* 行飛ばした次の *n* 行

23
・最大32767バイトまでのVARCHAR2、NVARCHAR2、RAW
・max_string_size=EXTENDED（STANDARDに戻せない）
・utl32k.sqlにて再コンパイル（UPGRADEモード）

24
・10.2.0.4.4以降のデータベースが対象
・対象データベースは通常のOPENが必要

25
・対象表や列を限定できる
・変更後に大きくなる列や表現できなくなる列をレポート

索引

E

F

G

H

I

K

L

M

N

O

き

く

け

こ

さ

し

す

せ

そ

た

て

著者プロフィール

代田 佳子（しろた よしこ）

Oracle 認定講師。Oracleの認定コースを最も多く取得した講師として活躍。数多くのセミナーを実施するかたわら、Oracleコース開発に携わる。翔泳社のオラクルマスター教科書シリーズなど、雑誌執筆、著書多数。Oracle9i／10g／11g Oracle Certified Master（OCM）、10g／11g RAC Expert、Performance Tuning Certified Expert、Security Certified Implementation Specialistの保有者でもある。

本書の制作協力者
林 優子（株式会社 システム・テクノロジー・アイ）

装　　丁　　坂井 正規（志岐デザイン事務所）
編集・DTP　　株式会社 トップスタジオ

[ワイド版]オラクルマスター教科書
Gold Oracle Database 12c Upgrade[新機能]解説編

2016年1月1日　初版 第1刷発行（オンデマンド印刷版 ver.1.0）

著　　者　　株式会社 システム・テクノロジー・アイ 代田 佳子
発 行 人　　佐々木 幹夫
発 行 所　　株式会社 翔泳社（http://www.shoeisha.co.jp）
印刷・製本　　大日本印刷株式会社

本書は『オラクルマスター教科書Gold Oracle Database 12c Upgrade[新機能]編』（ISBN978-4-7981-3817-6）を底本として、その一部を抜出し作成しました。記載内容は底本発行時のものです。底本再現のためオンデマンド版としては不要な情報を含んでいる場合があります。また、底本とは異なる表記・表現の場合があります。予めご了承ください。

本書内容へのお問い合わせについては、iiページの記載内容をお読みください。

乱丁・落丁はお取り替えいたします。03-5362-3705までご連絡ください。

ISBN978-4-7981-4597-6　　Printed in Japan